Roswita Königswieser, Ebrû Sonuç,
Jürgen Gebhardt, Martin Hillebrand (Hrsg.)

Komplementärberatung

Das Zusammenspiel von Fach- und Prozeß-Know-how

Unter Mitarbeit von Gerhard Jochum

Klett-Cotta

Klett-Cotta
www.klett-cotta.de

Printed in Germany
Schutzumschlag: Dietrich Ebert, Reutlingen
Gesetzt aus der 10,5 Punkt Minion von Typomedia GmbH, Ostfildern
Auf säure- und holzfreiem Werkdruckpapier gedruckt
und gebunden von Kösel, Krugzell
ISBN-13: 978-3-608-94142-5
ISBN-10: 3-608-94142-8

Bibliographische Information Der Deutschen Bibliothek
Die Deutsche Bibliothek verzeichnet diese Publikation in der
Deutschen Nationalbibliographie; detaillierte bibliographische
Daten sind im Internet über <http://dnb.ddb.de> abrufbar

Inhaltsverzeichnis

Einleitung

Das Konzept »Komplementärberatung« hat eine lange Geschichte. Diese Geschichte repräsentiert gleichzeitig unseren eigenen Entwicklungspfad, den wir in diesem Buch mit beschreiben. Der Ansatz ist für uns kein goldener Weg zum Gipfel, sondern eine Gratwanderung, die aber bekanntlich besonders schön ist, weil sie einen weiten Rundumblick ermöglicht.

Über drei Jahre hinweg konzipierten wir die Idee in einem stabilen Forschungs- und Entwicklungskreis, bestehend aus Fach- und Prozeßberatern. Manager und Kunden haben wir immer wieder als resonanzgebende Gäste eingeladen, z.B. Wulf Walter, Lars Längauer, Wolfgang Kappl, Wolfgang Schwaiger und Sebastian Schuh[1]. Unsere Begleitforscher Ulrike Froschauer und Manfred Lueger gaben uns wertvolle Hinweise. Die Resümees verschiedener Supervisionsergebnisse von Kundenprojekten und Entwicklungswerkstätten flossen in unsere Reflexionsräume mit ein. Folgende Kollegen arbeiteten dabei besonderes eng mit uns zusammen: Uwe Cichy, Uwe Dahl, Gerhard Jochum, Ulrich Königswieser, Erik Lang, Christian Matul, Patricia van Overstraeten, Peter Panholzer.

Man kann diesen komplexen Entwicklungs-, Lern- und Reflexionsprozeß so darstellen wie in Abb. 1.

In unseren Diskussionen haben wir uns immer wieder die Frage gestellt: Wie kann man über Beratungskonzepte sprechen ohne ein tiefes Theoriewissen von Organisationen, Interventionen, Wirtschaft, Gesellschaft, Netzwerken, Ökonomie, ohne differenzierte Theorie des Wandels, des Lernens oder des Umgangs mit Paradoxien und Dilemmata? Wir haben versucht, uns diesen Anforderungen

---

1 *Dr. Wulf Walter*, Bereichsleiter Marketing Services, Swiss Re Germany AG, Deutschland;
Lars Längauer, Leiter Strategie-Entwicklung/Controlling, Migros-Genossenschafts-Bund, Schweiz;
Dr. Wolfgang Kappl, Senior Manager Corporate and International Finance, Oberbank AG, Österreich;
Dr. Wolfgang Schwaiger, Leitung Kommunikation und Investor Relations, VA Technologie AG, Österreich;
Dr. Sebastian Schuh, Leiter der Strategischen Personalentwicklung von Generali Vienna Group und Generali Akademie, Österreich.

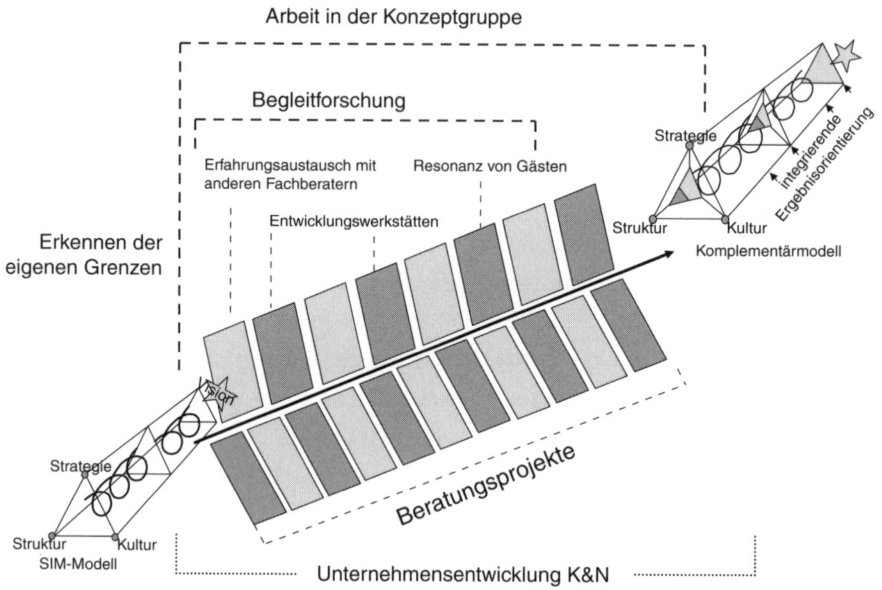

Abb. 1: Entwicklung des Komplementäransatzes und Unternehmensentwicklung

zu stellen und dabei die für uns stimmige Tiefendimension und gleichzeitig auch einen praxisorientierten Zugang zu finden.

Wir wollen mit diesem Buch in erster Linie Beraterkollegen ansprechen, die sowohl von der Fach- als auch von der Prozeßseite kommen, weil wir meinen, daß mit dem komplementären Ansatz ein qualitativer Sprung in der Beratung und ein deutlicher Mehrwert für den Kunden möglich wird. Es ist uns durchaus bewußt, daß wir damit in vielerlei Hinsicht ein schwieriges Terrain betreten, das uns herausfordert und uns damit von verschiedenen Seiten angreifbar macht. Die Systemiker könnten uns »Nestbeschmutzung« vorwerfen, die Fach- bzw. Businessberater achselzuckend denken: »Die sind nach wie vor Systemiker«. Eine dritte Gruppe könnte sagen: »Was ist daran neu, das machen wir ja immer schon so«. Aber unsere feste Überzeugung ist: Wer nicht bereit ist, »anstößig« zu sein, der liefert auch keine Anstöße.

Der Aufbau des Buches ist so gestaltet, daß wir erst den für uns gesellschaftlich und wirtschaftlich relevanten Kontext für Beratung betrachten, dann aus der Analyse der jeweiligen Grenzen der Fach- und Prozeßberatung heraus, die sowohl konzeptionell, vor allem aber auch aus dem Erfahrungswissen begründet sind, das Konzept der Komplementärberatung beschreiben. Den Fallbeschreibungen räumen wir breiten Raum ein, weil wir davon ausgehen, daß auch für diese Darstellung die Differenz von Wissen und Können gilt: So wie man Skifahren nicht aus Büchern lernen kann, so kann man sich Beratungskompetenz nur durch Praxiserfahrung aneignen. Dabei stellen Fallschilderungen eine gewisse Brücke zur Praxis her; das gilt insbesondere auch für nicht erfolgreiche Projekte. Wir haben dabei versucht, in den Projektbeschreibungen das Spezifische des Komplementäransatzes herauszuarbeiten, beschreiben auch in einigen Fällen ein »Tool«, das möglichst konkrete Einblicke in die praktische Umsetzung bieten soll. Dabei wird aber hoffentlich deutlich, daß es auch hier keine Gebrauchsanweisungen geben kann, sondern daß die *Haltung* der Berater der Schlüssel zu einer professionellen Komplementärberatung ist. Ihr ist ein eigenes Kapitel gewidmet. »Welche Haltung, welche Werte machen den komplementären Ansatz aus?«

Wir haben bewußt in Kauf genommen, daß es Redundanzen gibt, weil wir die einzelnen Beiträge in sich argumentativ abrunden wollen, ohne zu viele Querverweise einzubauen. Die Autoren haben unterschiedliche Schreibstile; wir haben diese absichtlich nicht vereinheitlicht. Die Fälle – ob bzw. inwieweit wir darüber berichten können – haben wir entweder mit dem Kunden abgestimmt oder stark verfremdet. Alle Autoren sind Netzwerkpartner oder Kunden und haben mehr oder weniger intensiv an dem erwähnten Entwicklungsprozeß mitgewirkt.

Wir setzen in diesem Buch Basiskenntnisse der Fachberatung und des systemischen Ansatzes, d. h. des Paradigmas aber auch der Interventionsebenen wie Architekturen, Designs und Techniken voraus. Wir haben diese Grundlagen an anderer Stelle ausführlich dargelegt. (vgl. Königswieser/Exner 2002; Königswieser/Hillebrand 2005a); deshalb beziehen wir uns immer wieder darauf, beschreiben sie aber nicht nochmals.

Es war nicht einfach, für diesen Ansatz, der neue Denkfiguren und vor allem ein anderes Selbstverständnis der Berater impliziert, eine Sprache zu finden, die vielgebrauchte Wortschablonen meidet und die den Kern der beabsichtigten Botschaften und unserer starken Erlebnisbilder trifft.

Es bleibt uns noch, unseren Mitforschern und -entwicklern, unseren Feedback-Gebern, von denen nur einige namentlich genannt sind, allen Netzwerkpartnern und Kollegen, die mit uns in den Beratungsprojekten gearbeitet und gerungen haben, und unseren Kunden, die uns und unserem Ansatz vertrauen, aufrichtigen Dank zu sagen. Wir bedanken uns speziell bei unserem Begleiter Gerhard Jochum, der in vielfältigen Rollen in dem aufregenden Entwicklungsprozeß mitgewirkt und das Buch intensiv mitgestaltet hat. Darüber hinaus danken wir unserem wissenschaftlichen Kollegen und Lektor Johann Ortner, der mit uns das Manuskript kritisch besprochen und konstruktive Beiträge geliefert hat. Ohne die unermüdliche Schreib- und Korrekturarbeit unseres Offices und ohne die Unterstützung durch Barbara Niehues als Projekt- und Officemanagerin wäre die Arbeit an diesem Buch parallel zu unserer Beratungsarbeit nicht so glatt gelaufen. Danke.

Wir möchten noch darauf hinweisen, daß wir für alle personenbezogenen Bezeichnungen wie »Berater« etc. der einfacheren Schreibweise halber nicht die genderneutrale Form »BeraterInnen« gewählt haben, aber selbstverständlich immer weibliche und männliche Personen gleichberechtigt meinen. Aus Gründen des Platzsparens haben wir für »Königswieser & Network« die Kurzform »K&N« gewählt.

1. Umfeld und Kontext von Beratung

Immer wenn es um anspruchsvolle Beratung, – z. B. um Change- und Entwicklungsprojekte – geht, wird dabei implizit mit Annahmen über aktuelle und zukünftige Einflußfaktoren, über die mögliche und erwünschte Zukunft und über die angestrebten konkreten Ziele der Entwicklung operiert. Wir wollen hier die Hypothesen über die mit solchen Annahmen verbundenen aktuellen und künftigen Anforderungsfelder für Beratung und Management darstellen, denn diese bestimmen unsere Vorstellungen über Interventionsrichtungen mit.

1.1 Mit welchen gegenwärtigen und zukünftigen Herausforderungen sind wir Berater konfrontiert? Unser Bild von der Zukunft

Roswita Königswieser, Ebrû Sonuç, Jürgen Gebhardt, Martin Hillebrand

Wir wissen: Die Zukunft kann man nicht vorhersagen, man kann sie nur mitgestalten. Angesagte Zukunftstrends sind meist Hochrechnung der Gegenwart oder Wünsche und Träume (vgl. Wippermann 1993/1995; Bosshart/Frick 2003). Aber auch wenn es nur wenig Gewißheit gibt, so gibt es doch Wahrscheinlichkeiten, mit denen innerhalb einer Bandbreite möglicher Szenarien zu rechnen ist, denn »die Zukunft hat schon begonnen«, wie der Zukunftsforscher Robert Jungk feststellte. Nicht nur Zukunftsforscher, sondern auch Unternehmen beschäftigen sich mit möglichen Entwicklungsszenarien, weil sie auf die Zukunft vorbereitet sein, ihre Frühwarnsysteme verbessern und Innovationsimpulse setzen wollen.

Die Differenz zwischen aktueller Situation und Zukunftsszenario stellt den Kontext für unsere beraterische Arbeit dar. Wir gehen davon aus, daß es vielschichtige Wechselwirkungen zwischen unternehmerischen und gesellschaftlichen Phänomenen gibt. Der gesellschaftliche Wandel spiegelt sich im organisationalen und persönlichen Wandel wider. Solange man nur die Dynamik des

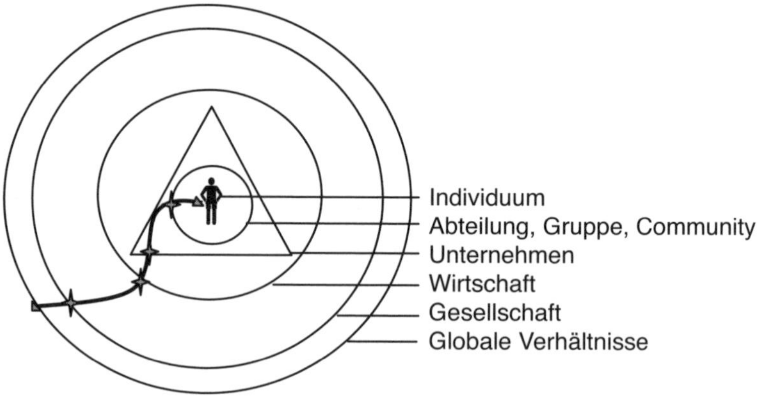

Abb. 2: Spiegelungsphänomene auf verschiedenen Ebenen

einzelnen Unternehmens im Blick hat, versteht man nicht, inwiefern sie mit den Umfeldbedingungen direkt oder indirekt zusammenhängt.

Versucht man, die Zusammenhänge zu sehen und zu verstehen, dann verschieben sich auch die Bedeutungen im Naheliegenden. Für dieses Verstehen helfen uns interdisziplinäre Arbeitsweisen, Reflexion und Studien. Bewußt oder unbewußt gehen auch wir Berater immer von Annahmen über zukunftsfähige Entwicklungen in der Gesellschaft und von Organisationen aus: Annahmen, die unsere Zielvorstellungen und Interventionsstrategien steuern. Hier wollen wir diese Hypothesen als Denken in Möglichkeitsräumen skizzieren.

Bei allem, was uns heute beschäftigt und beunruhigt – dem tiefgreifenden Wandel der Bevölkerungsstruktur, der Liberalisierung der Wirtschaft, der Globalisierung, der Deregulierung des Arbeitsmarktes, dem Umbau des Sozialstaates, der steigenden Virtualisierung von Prozessen, dem globalen Informationsaustausch, dem technologischem Fortschritt, der verstärkten Dezentralisierung und der um sich greifenden Krise der Hierarchie, der veränderten Beziehung zwischen Produzenten und Konsumenten (»Prosumer«), zwischen Arbeitgebern und Arbeitnehmern, – geht es um Teilaspekte einer allgemeinen Entwicklung, deren Opfer und Täter wir gleichzeitig sind.

Setzt man sich mit den Ergebnissen der Zukunftsforschungen und mit »Megatrends« auseinander, so wird klar, daß – neben der Ressourcenknappheit von Wasser und Energie – der demographischen Entwicklung eine zentrale

Bedeutung zugesprochen werden muß. In den kommenden fünfzig Jahren wird (nicht nur) die europäische Gesellschaft durch Geburtenrückgang, Überalterung und außereuropäische Zuwanderer tiefgreifend verändert. Das zahlenmäßige Verhältnis zwischen jung und alt kehrt sich um. Diese Entwicklung wird alle anderen Probleme in den Schatten stellen (vgl. Miegel 2002).

Die in der Vergangenheit angehäuften Lasten der Gegenwart können nicht mehr in die Zukunft verschoben werden, – der Generationenvertrag funktioniert schon jetzt kaum noch. Weil die nationalen Haushalte zu explodieren drohen, wird allerorten die soziale Umverteilung »zurückgefahren«. Dadurch steigt in großen Teilen der Gesellschaft die Angst vor der Zukunft, und der Schwund der Kaufkraft, vor allem bei der steigenden Zahl der Alten, führt zur Dämpfung des Konsums. Weil mit der Verlängerung der Lebensarbeitszeit (Erhöhung des Pensionsalters) und der Reduktion von Sozialleistungen ein Ausweg aus der Krise der Sozialsysteme gesucht wird, werden sich die Lebensbedingungen der Bevölkerung, ihre Erwartungen, Interessen, ihr Arbeits- und Konsumverhalten, ihre Einkommens- und Vermögensverhältnisse erheblich verändern.

Die in der zweiten Hälfte des vorigen Jahrhunderts gültigen Maximen wirtschaftlichen Handelns werden nicht mehr eherner Maßstab für Erfolg und Mißerfolg sein können. Damals gab es eine einzigartige Periode stürmischen Wirtschaftswachstums, als selbstverständlich erlebte Sozialleistungen, Arbeit für alle und die Überzeugung, ein Recht auf staatliche Versorgung und Sicherheit zu haben. Von einer »Gesellschaft des Mehr« entwickeln wir uns zu einer »Gesellschaft des Weniger« (vgl. Beck 2005). Dabei wird es nicht mehr selbstverständlich um Expansion, um Wachstum, um Vollbeschäftigung gehen können, sondern um Rückbau und Umbau (vgl. brand eins 2004).

Wir können daher davon ausgehen, daß das »Recht auf Arbeit«, auf »Lebensanstellung« der Vergangenheit angehören wird, daß es in vielen Unternehmen nur kleine Stammbelegschaften geben wird und eine große Schar nomadisierender Beschäftigter, die als »Lebensunternehmer« (vgl. Lutz 1997) mehr Freiheit, aber auch weniger Sicherheit haben werden. Der Begriff »Arbeit« muß neu definiert werden. Statt langfristiger Bindungen wird es eher kurzfristige Beziehungen geben, die in projektartige Arbeitskontakte eingebettet sind. Der Variabilität der Belegschaftsgröße werden vielfältige Formen der Beschäftigung entsprechen. Es wird verstärkt Zeitarbeitskräfte, Subunternehmen, Netzwerkstrukturen usw. geben (vgl. Königswieser 2006).

Natürlich wird es die Art von Loyalität gegenüber Organisationen, wie wir sie von der älteren Mitarbeitergeneration kennen, in dieser Form nicht mehr geben. An ihre Stelle tritt »Employability«. Unternehmen können keine Sicherheit des Arbeitsplatzes mehr garantieren, sie können nur unterstützend dafür sorgen, daß die »Marktfähigkeit« ihrer Mitarbeiter erhalten bzw. gefördert wird.

Die relative Flüchtigkeit von Beziehungen wird im privaten wie im beruflichen Bereich der Normalfall sein. Ulrich Beck und Elisabeth Beck-Gernsheim (1990) beschreiben in ihrem Buch »*Das ganz normale Chaos der Liebe*«, wie sehr sich der Trend von lebenslangen Ehen hin zu Konzepten wie »Lebensabschnittspartnern« und damit auch »Patchworkfamilien« verstärkt; dasselbe Muster ist auch im Berufskontext zu beobachten. Der »Finanzguru« George Soros hat diese Veränderung in dem Satz zusammengefaßt: »An die Stelle von zwischenmenschlichen Beziehungen treten Transaktionen« (vgl. Soros 1998). Der amerikanische Nobelpreisträger und Ökonom Paul A. Samuelson (2005) sagt ganz grundsätzlich: »Der Markt hat kein Herz«.

Die temporären Beziehungen in und zwischen netzwerkartigen, virtuellen, flexiblen Organisationen benötigen einen bestimmten Typ Mensch. Akteure, die cool »mit jedem oft virtuell und unsentimental in Projekten arbeiten können«, die nicht darunter leiden, daß sie nichts mehr »ganz machen« können, und die in der Lage sein müssen, rasch von einem Problem und Gegenstand zum anderen überzugehen (vgl. Sennett 2005).

Diese Veränderungen haben aber einen hohen Preis. Gezwungenermaßen wird es insgesamt mehr »Oberflächlichkeit« geben. Neben positiven Folgen dieser Entwicklungen –wie weniger Abhängigkeiten, Autonomie, Ausbau des eigenen Fähigkeitspotentials, der Möglichkeit, zwischen vielen Optionen auswählen zu können (vgl. Gross 1994) – gibt es auch problematische Folgen. Geografische, geistige und emotionale Heimaten, Zugehörigkeiten gehen damit verloren. Das Wort »Heimat« steht dafür, daß sich Dinge grundsätzlich wenig ändern, daß etwas immer erkennbar, vertraut bleibt, das Orientierung, Sicherheit und Geborgenheit gibt. Das hat gravierende Folgen für die persönliche Identität. Weil Identitäten nicht mehr über eine konsistente »Lebensgeschichte« und klar gegliederte Zugehörigkeiten aufgebaut werden können, werden sie sich verstärkt auf situative Befindlichkeiten und temporäre Sozialisation stützen. Bei Identität geht es nicht bloß um die Frage, wer man ist, sondern vielmehr darum, mit wem man welche Beziehungen hat und wo man sich zugehörig fühlt. Auch die Verkürzung der Zeitperspektive – nach dem Motto: »Was ich in fünf Jahren mache, wird sich herausstellen« – trägt zusätzlich zur Desorientierung der Menschen bei. Das alles setzt eine große Flexibilität und Veränderungsbereitschaft voraus, die aber die sicherheitsspendenden mentalen und emotionalen »Anker« lockert. Hand in Hand damit wird die Sehnsucht nach Sinn und Orientierung verstärkt spürbar sein.

Entschleunigung, Auszeiten, Nachdenken wären als Gegenmaßnahme gegen den steigenden Zeit- und Selbstinterpretationsdruck sinnvoll, sie passen aber nur schlecht zu der Dynamik der Lebensbedingungen. Die zentrale Kompetenz wird daher generell die Fähigkeit sein müssen, mit Unsicherheit und Veränderung so umzugehen, daß Menschen nicht unter Streß, Burnout und Depressionen leiden oder Zuflucht zu Drogen oder reduktionistischen «Heilslehren« suchen.

Hinter der Liberalisierung, der Deregulierung und Individualisierung steht daher die Frage: »Wieviel Freiheit kann sich der Mensch zumuten – wieviel Unsicherheit kann er ertragen?« Damit hängt schließlich auch die Frage zusammen, welche Rolle der »Staat« bzw. die über politische Meinungsbildung aufgebauten regulativen Strukturen demokratischer Gesellschaften spielen. Eine »souveräne« Gesamtintegration gesellschaftlicher Prozesse wird wegen der Zersplitterung in unterschiedlichste Interessenslagen, der notwendigen Dezentralisierung von Steuerungsmacht und wegen der autonomen Selbstorganisationslogiken der Teilsysteme bei gleichzeitiger Interdependenz von Problemzusammenhängen immer schwieriger. Der Wirkungsbereich des Unbeeinflußbaren wird immer größer.

Die postmoderne Gesellschaft ist durch zwei Strömungen gekennzeichnet, die Gebert (2005) als Werte der »offenen« bzw. der »geschlossenen« Gesellschaft beschreibt. Die Werte der »offenen« Gesellschaft sind unter anderem Individualität, Autonomie, Pluralität, Innovation Flexibilität und Wandel. Da diese aber Menschen vielfach überfordern, sehnen sie sich nach Werten der »geschlossenen« Gesellschaft wie Harmonie, Sicherheit und Ordnung, Sinn, Eindeutigkeit, Kontinuität und Stabilität.

Entwicklungen verlaufen aber eben nicht einfach geradlinig, etwa nur in Richtung der offenen oder in Richtung der geschlossenen Gesellschaft. Wir haben es fast immer mit Bewegungen und Gegenbewegungen zu tun: Jeder Trend hat Gegentrends.

Wir gehen bei unserer beraterischen Arbeit von der Annahme aus, daß drei Konsequenzen der Entwicklung in besonderem Maße für die Bewältigung der Zukunft zu berücksichtigen sind:

1. Die der modernen Gesellschaft inhärenten Desintegrationsprozesse erfordern dringend Integration. Auch die Integration der Prozeß- und Fachberatung ist ein Symptom dafür.
2. Autonomie- und Flexibilisierungsanforderungen rufen die Sehnsucht nach Heimat, Zugehörigkeit, Orientierung, Entlastung und Beständigkeit wach und verlangen entsprechende Lösungen.
3. Komplexität erzeugt das Bedürfnis nach Durchschaubarkeit, Priorisierung, nach Besinnung auf das Wesentliche, auf Einfachheit.

Unsere zentrale Herausforderung wird es sein, mit den steigenden fachlichen und sozialen Anforderungen, Unsicherheiten und Widersprüchen umgehen zu lernen.

Nur durch Lernen, gemeinsame Reflexion bzw. Metakommunikation und durch das intelligente Zusammentragen und Verknüpfen von verschiedenartigem Wissen wird die nötige Problemlösungskapazität entwickelt werden können (vgl. Ortner 2004b). Das gilt insbesondere auch für die Integration des Fach- und Prozeßwissens.

1.2 Mit welchen Herausforderungen kämpft die Wirtschaft?

Dirk Baecker

In diesem Interview mit dem Soziologen Dirk Baecker, der seine Position nicht auf die Perspektive der Ökonomie reduzieren läßt, sondern eine Metaperspektive einnimmt, stellen wir hier jene Kernfragen, die uns Berater und unsere Kunden besonders interessieren.

Mit welchen Herausforderungen kämpft die Wirtschaft?

Welche »Wirtschaft« meinen Sie, das weltweit operierende Wirtschaftssystem der Märkte und Zahlungsströme, oder die kleinen, mittleren und großen Unternehmen, die sich selbst mit dieser Wirtschaft verwechseln? Die Weltwirtschaft der Weltgesellschaft kämpft mit mindestens zwei Herausforderungen, mit der Herausforderung der Internalisierung externer ökologischer Effekte und mit der Herausforderung der Sicherstellung der Partizipation der Gesamtbevölkerung an der Wirtschaft. Gesellschaftlich betrachtet handelt es sich bei diesen beiden Herausforderungen um ein und dieselbe, denn die Kurzsichtigkeit der Zerstörung der Lebensgrundlagen auf dieser Erde kann nur korrigiert werden, wenn es gelingt, die Gesamtbevölkerung in die Sicherstellung der nötigen Aufmerksamkeit für die Art und Weise, wie wir leben, einzubinden.

Welche Logiken begründen das heutige Paradigma? Wie wird es sich verändern?

In gewisser Weise stecken wir immer noch in den ideologischen Kämpfen der Industriegesellschaft des 19. Jahrhunderts, in denen es darum ging, die Autonomie der Wirtschaft in der Gesellschaft überhaupt erst einmal durchzusetzen. Diesen Kämpfen verdanken wir eine Wirtschaftswissenschaft, die sich mit ihren Nachweisen möglicher Gleichgewichtszustände auf den Märkten der Gesellschaft zum Wächter dieser Autonomie stilisiert hat, und eine Sozialwissenschaft, die darauf hinweist, daß auch eine autonome Wirtschaft eine Wirtschaft innerhalb der Gesellschaft und nicht außerhalb von ihr ist. Das herrschende Paradigma heute ist jedoch nicht die Industriegesellschaft, sondern die Konsumgesellschaft. Sie ist nicht auf der primären Ebene der Technik, sondern nur auf der primären Ebene der Kommunikation zu verstehen. Sie nimmt die Gesellschaft insgesamt in Anspruch.

Welches ist der Einfluß der Globalisierung?

Der Einfluß der Globalisierung besteht meines Erachtens vor allem darin, daß das Mitlaufen eines Welthorizonts sowohl der eigenen Möglichkeiten als auch der Gefährdung der eigenen Möglichkeiten durch Wettbewerber nicht mehr zu leugnen ist. Je nachdem, ob man den Akzent auf die Möglichkeiten oder auf deren Gefährdung legt, wird man zum Befürworter oder zum Gegner der Globalisierung. Aber beides, die Befürwortung wie die Ablehnung, findet in der Weltgesellschaft statt. Man kann sich nicht aus ihr verabschieden. In meinen Augen ist der Einfluß der Globalisierung dort am sichtbarsten, wo neuartige Arbitragemöglichkeiten zwischen trägen und beweglichen Produktionsfaktoren genutzt werden, um etwa schnelles Kapital mit langsamer Arbeit zu kombinieren. Unternehmen sind zur Bewältigung ihrer eigenen Ängste vor dem Wandel ihrer Märkte darauf angewiesen, Anhaltspunkte für Inelastizitäten und Inflexibilitäten zu finden, die es ihnen erlauben, anspruchsvollere, d.h. langfristigere Planungen in Angriff zu nehmen. Gegenwärtig bedeutet Globalisierung vor allem, daß solche Inelastizitäten und Inflexibilitäten dramatisch abnehmen und daß sich schon deswegen zum einen die Kurzfristigkeit der Planungshorizonte verstärkt, zum anderen jedoch nach neuen Formen der Projektplanung gesucht wird – etwa mit Hilfe sogenannter »Product Life-cycle Management«-Software – die es erlauben, den Markt mit Entscheidungsdynamiken zu überformen, die so attraktiv sind, daß viele Akteure mitmachen und dergestalt den Markt mit temporären Trägheiten versorgen. Man weiß, daß jeder Lebenszyklus zu einem Ende kommt, kann jedoch auch verschiedene Phasen unterscheiden, die es trotzdem erlauben, erst einmal eine Reihe von Gelegenheiten auszubeuten.

Welchen Stellenwert hat die Weltwirtschaft für die Zukunft?

Man wird sich darauf einstellen müssen, daß die Logik wirtschaftlicher Opportunitäten nach den beiden Möglichkeiten der Teilnahme an der Weltwirtschaft und des versuchten Schutzes vor ihr strukturiert ist. Das ist ja nun auch wahrhaftig nichts Neues, sondern kennzeichnet die Wirtschaft der Stammesgesellschaften ebenso wie die der Hochkultur. Es wird immer Unternehmen geben, die die Möglichkeiten des Fernhandels, wie man früher sagte, nutzen, um sich mit Einkünften zu versorgen, die den Rahmen der eigenen Herkunftsgesellschaft sprengen. Und es wird immer Unternehmen geben, die die Politik dafür einzuspannen versuchen, daß sie eher für die lokalen Märkte und aus den lokalen Märkten arbeiten. Die Politik hat die Wahl zwischen der Abhängigkeit von den einen und der Abhängigkeit von den anderen. Immerhin, solange sie die Wahl hat, sind beide Abhängigkeiten keine vollständigen.

Wie kam es zu den paradoxen Shareholder-Value-Dynamiken?
Welche Auswirkungen könnte dies in der Zukunft haben?

Meines Erachtens liegt ein wichtiger Grund für den Erfolg des Shareholder-Value-Modells darin, daß es die Führungsspitzen von Unternehmen in dem Moment wieder mit Einflußchancen versorgte, als sie diese an die Abteilungen dezentralisierter Unternehmensorganisationen zu verlieren drohten. Der Shareholder-Value ist die Maßregel, mit der ein Vorstand ein Unternehmen disziplinieren kann, das gerade eben entdeckt hat, daß es dort draußen auf den Märkten Kunden gibt. Damit der Blick der Mitarbeiter und des Managements jedoch nicht nur nach draußen, sondern auch noch nach oben geht, inszeniert der Vorstand einen Shareholder-Value, der umso weniger negierbar ist, als er ebenfalls auf einen Markt verweist, nämlich den Markt der Kapitalaufnahme des Unternehmens. Der Streit darüber, mit welchen kurz-, mittel- und langfristigen Maßnahmen man die eigenen Kunden so gewinnen kann, daß der Shareholder-Value eher steigt als sinkt, strukturiert seither den inneren Konflikt des Unternehmens. Je illusionsloser man zur Kenntnis nimmt, daß es sich bei diesem Konflikt um das Zentrum immer wieder neu zu beobachtender Dynamiken auf allen Märkten des Unternehmens handelt, um so größer ist die Chance, daß die Paradoxien des Shareholder-Values das Unternehmen mit fruchtbaren strukturellen Spannungen, mit Lebendigkeit, versorgen.

Was bedeutet das für die Arbeitsformen der Zukunft?

Vicki Smith, Soziologin am Department of Sociology an der University of California in Davis, California, hat in ihrem Buch »*Crossing the Great Divide*« (2002) die Paradoxie herausgearbeitet, daß wachsende Unsicherheit des Arbeitsplatzes die Bereitschaft zur Einbindung in anspruchsvolle Leistungssysteme nicht senkt, sondern sogar eher steigert. Diese Paradoxie kann man nur scheinbar mit wachsender Arbeitslosigkeit erklären, denn diese ist für höher qualifizierte Arbeitskräfte, die sich im Gegenteil auf Anbietermärkten knapper Arbeitskraft bewegen, nicht maßgeblich. Wie also kommt es, daß mit der Unsicherheit der Arbeitsplätze die Bereitschaft zur Bindung, das *Commitment*, eher steigt als sinkt? Antwort: Qualifizierte Arbeitskräfte steigern ihre individuelle Kompetenz und Qualifikation, indem sie sich auf anspruchsvolle Arbeitsplätze einlassen, und erhöhen damit ihre Chancen auf Weiterbeschäftigung auf dem Arbeitsmarkt. Je anspruchsvoller die Arbeiten sind, auf die sie sich einlassen, desto knapper wird der Faktor Arbeit, den die Unternehmen in diesem Bereich nachfragen. Welche individuelle und kollektive Strategie wäre besser geeignet, die Unternehmen von jener Arbeitskraft abhängig zu machen, die von ihnen abhängig ist? – Um diese Arbeit braucht man sich demnach keine Sorgen zu machen. Um so mehr Sorgen muß man sich jedoch nach wie vor um diejenige Arbeitskraft machen, die keine Chancen hat, am freien Spiel der Preise teilzunehmen. Sie kann sich selbst nicht verknappen und wird daher auch nicht zum Gegenstand wirtschaftlicher Sorge und Vorsorge.

Welche Konsequenzen für Führung ergeben sich daraus?

Es liegt auf der Hand, daß eine Diskussion über die Rolle von Führung überfällig ist. Netzwerkorganisationen beruhen auf Formen der lateralen und horizontalen Verknüpfung, die nur ausnahmsweise, nämlich zur Bewältigung temporärer Problemstellungen, vertikal hierarchisiert werden. Führung, könnte man sagen, flaggt die Zentren aus, an die man sich wenden kann, wenn solche Problemstellungen auftauchen. Aber das Problem entsteht ja erst daraus, daß diese Führung dazu tendiert, an ihren Einflußmöglichkeiten auch dann noch festzuhalten, wenn das jeweilige Problem (Kapitalzugang, Personaleinstellung, Einführung einer neuen Technologie, Verhandlungen mit Kooperationspartnern) längst bewältigt ist. Wir diskutieren deswegen heute über eine Führung, die ebenso eingreifen wie loslassen kann, eine Führung, die um die Vorteile der Selbstorganisation weiß und für diese den erforderlichen Rahmen setzt. Und wir beobachten, daß das Führungspersonal, mit dem man es heute zu tun hat, sein Verhalten, seine Vorstellungskraft und seine Urteilsfähigkeit erst ganz allmählich auf die Bedingungen der Netzwerkorganisation einstellt. Man muß der Führung helfen. Ich teile die Befürchtung von Henry Mintzberg und anderen, daß die mittlerweile klassische Managementausbildung an Fakultäten der Betriebswirtschaftslehre und an Business Schools in hohem Maße geeignet ist, Typen von Persönlichkeiten auszubilden, die zwar in der Lage sind, jeden Unternehmenserfolg sich selbst und jeden Unternehmensmißerfolg anderen zuzurechnen, die aber kaum in der Lage sind, eine unternehmerische Verantwortung zu übernehmen, die diesen Namen verdient. Nicht auszudenken, wohin man käme, wenn die Zurechnungsvirtuosität, die hier bereits an den Tag gelegt wird, für die Verrechnung unternehmerischer, kultureller und gesellschaftlicher Kontexte genützt würde. Im Moment sind die Kapitalmärkte der Weltwirtschaft die einzige Instanz, die sicherstellen kann, daß Führungskräfte unter den Druck einer *Exit Option* gesetzt werden, d.h. nicht nur eingestellt, sondern auch entlassen werden können. Niemand weiß, ob das reicht, denn offensichtlich ist es dem Top-Management gelungen, das Spiel zu den eigenen Gunsten zu wenden, indem sie sich zur Zurechnungsadresse für Investorenerwartungen machen. Um so unmöglicher wird die Herausforderung an Führungskräfte, die diesen Namen verdienen. Sie müssen den Systemzusammenhang, auf den sie angewiesen sind, auf seine eigenen, meist sogar funktionsnotwendigen Blindheiten durchschauen und behutsam gegensteuern, mindestens jedoch reflektieren. Die einzige Ressource, auf die sie sich dabei stützen können, ist ihr persönlicher Witz und Verstand. Und der Rest der Gesellschaft hätte die noble Aufgabe, dem Führungspersonal der Wirtschaft klarzumachen, daß es auch dafür, für diesen Witz und Verstand, ein Publikum gibt.

1.3 Welche zentralen Widersprüche, Dilemmata beschäftigen die Unternehmensspitze?

Roswita Königswieser, Ebrû Sonuç, Jürgen Gebhardt, Martin Hillebrand

In diesem Beitrag beschäftigen wir uns mit der spezifischen Situation der Unternehmensführung, die in besonderer Weise, über die unmittelbar unternehmensrelevanten Aspekte hinaus, Themen der Wirtschaft und der Gesellschaft widerspiegelt. Wir gehen davon aus, daß das Verstehen dieser oft widersprüchlichen Erwartungen besonders für den komplementären Ansatz von großer Wichtigkeit ist, weil die Akteure meist unsere Auftraggeber sind und die Beratung, zusätzlich zur höheren Befähigung der beratenen Systeme, auch – direkt oder indirekt – zu erweiterten Handlungsoptionen um Umgang mit den hier beschriebenen Widersprüchen führen sollte.

In der öffentlichen Meinung gehört die Rolle des Vorstandes bzw. Geschäftsführers eines Unternehmens zu den erstrebenswertesten Positionen in unserer Gesellschaft und erweckt folglich auch Neid: »Er genießt Ansehen, hat Macht und Geld.« Schaut man allerdings hinter die Kulissen und beschäftigt man sich mit den Befindlichkeiten der Unternehmensführer, so erfährt das oberflächliche »Hochglanzbild« eine dramatische Veränderung. Wir stoßen mehr und mehr auf Widersprüche, Ängste, Unzufriedenheit, Hilflosigkeit, Überforderung, Schuldgefühle und nicht erfüllbare Wünsche. Goffman (2003) unterscheidet das »Impressionsmanagement« auf der »Vorderbühne«, auf der über die offensichtlichen Themen gesprochen wird, und im Gegensatz dazu das Agieren auf der »Hinterbühne«, wo der »Selbstentwurf stets in Gefahr ist«, weil es hier um Unsicherheiten, blinde Flecken und um Dilemmata geht.

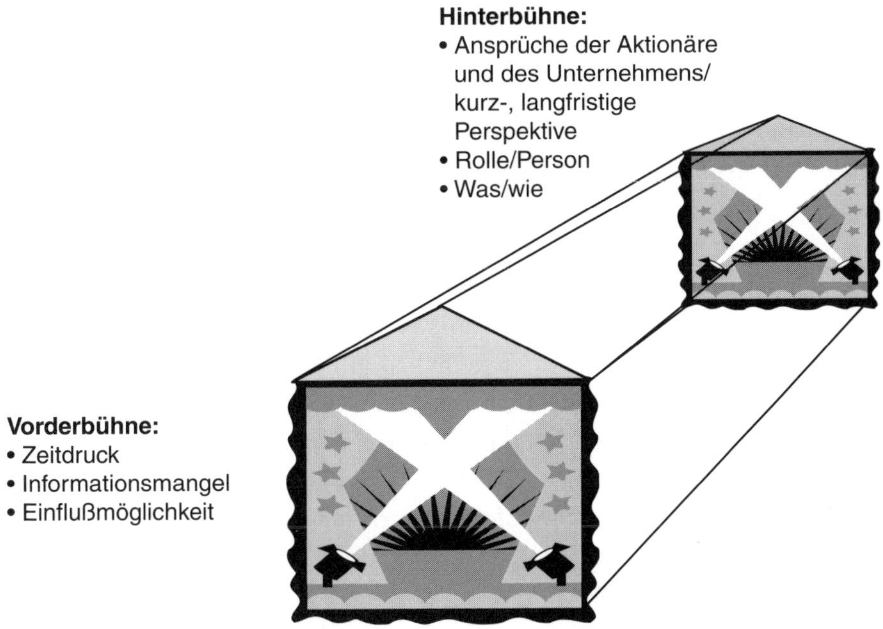

Abb. 3: Themen der Vorderbühne und der Hinterbühne

»Vorderbühne« – offensichtliche Themen

Zeitdruck

Fragt man CEOs selbst, was ihre größten Probleme sind (vgl. Porter 2005), dann kommt am häufigsten spontan die Antwort: »der Kampf mit der Zeit«. Die Kalender sind mit Terminen interner Sitzungen, externer Treffen mit wichtigen Kunden, Analysten, Wirtschaftsjournalisten, Politikern und Aufsichtsratssitzungen »vollgepflastert«. Die Zeitprobleme vergrößern sich noch durch den Anspruch, rund um die Uhr erreichbar, mit allen vernetzt zu sein und quer über alle Kontinente reisen zu müssen (vgl. Glotz 1999).

Wenn die Prioritäten von »außen« bestimmt werden, entsteht vielfach das Gefühl, ein Getriebener zu sein und »die Bodenhaftung zum Alltagsgeschäft zu verlieren«, oder, radikaler formuliert: die Angst vor Kontrollverlust. Das ist auch das Ergebnis einer Umfrage, die das Managementzentrums St. Gallen im Frühjahr 2003 mit 526 Führungskräften im deutschsprachigen Raum durchführte (vgl. Buchhorn 2004). Zeitprobleme sind aber meist ein »Deckthema«, hinter dem sich eine nicht artikulierte Überforderung verbirgt.

Informationsmangel
Die Führungsspitze muß nicht über jedes Detail der Vorgänge in ihrem Unternehmen und dessen Umwelt informiert sein, denn dann würde sie in einer Flut von Informationen ersticken. Unter Bedingungen einer immer komplexeren und dynamischeren Unternehmensumwelt reichen jedoch Selektionsregulative, Standards, Vereinbarungen oft nicht aus, um das Neue, das Unvorhersehbare zu beurteilen und in ein differenziertes Bild zu integrieren, um Entscheidungen daraus ableiten zu können. Beurteilungs-, Interpretations- und Entscheidungskompetenzen müssen nach unten abgegeben werden. Damit kommen aber Positionskämpfe und Beziehungsdynamiken ins Spiel, und vorselektierte Informationen bzw. nicht gelieferte Informationen müssen – naturgemäß lückenhaft – interpretiert werden. Mitarbeiter haben gelernt, Fehler zu vertuschen, und schlechte Nachrichten werden nicht gerne überbracht. Hinter dem Gefühl von Top-Managern, unter Informationsmangel zu leiden, steckt neben der grundsätzlichen Problematik, das Relevante zu selektieren, zum Teil auch ein Vertrauensproblem, denn das Gefühl des Mangels drückt aus, daß man der Vorselektion nicht wirklich traut (vgl. Sprenger 2002).

Mangel an direktem Einfluß.
CEOs geben an, daß ihr direkter Einfluß wesentlich geringer sei, als von ihnen erwartet wurde und von ihrem Umfeld angenommen wird. In erster Linie geht es eben an der Spitze um indirekte Steuerung, um strategische Orientierung, z. B. um das Schaffen von Rahmenbedingungen durch die Auswahl von Schlüsselpersonen, durch die Entwicklung von Management-Steuerungsinstrumenten, durch die Vorgabe von Entscheidungskriterien oder durch das Initiieren von Unternehmensentwicklungsprozessen. Es geht nicht darum, durch direkte Anweisungen in dafür ohnehin viel zu komplexe, vielschichtige Prozesse direkt einzugreifen. Das wissen alle Akteure. Dennoch bleibt der Wunsch, direkten Einfluß auszuüben, unverändert stark bestehen.

Die Wahrnehmung des begrenzten Einflusses steht im krassen Widerspruch zu der Allmachtsphantasie des Umfeldes: »Der Vorstand hat gesagt …«; »Der Vorstand will …«. Eine bedeutender Konzernchef Deutschlands sagte uns im

Gespräch: »Alle glauben, ich wäre so einflußreich, aber ich selbst fühle mich nur wie der Heizer einer Lokomotive, die auf Schienen fährt.« Ein anderer, nachdenklicher Top-Manager drückt die von D. Claessens (1974) beschriebene klassische Dissonanz zwischen Rolle und Macht mit folgendem Kommentar aus: »Mit einer höheren Position wurde zwar mein Machtzuwachs größer, aber das war nicht mit einem größeren Freiheitszuwachs verbunden. Ich habe nach meinem Funktionswechsel auch schmerzlich erlebt, daß diese Macht ausschließlich an meine Rolle gebunden war, nicht an meine Person, wie ich es mir naiverweise gewünscht hatte.«

Die Gründe für die beschränkte Einflußmöglichkeit liegen auch im System der Aufsichts- bzw. Verwaltungsratsgremien. Diese überprüfen die Leistungen der Vorstände, treffen letztlich die wichtigen Grundsatzentscheidungen – und das, obwohl sie nicht immer die Interessen des Unternehmens vertreten, häufig auch mit ihrer Verantwortung nicht professionell umgehen (vgl. Königswieser/Artho/Gebhardt 2004).

»Hinterbühne« – Dilemmata

Die drei eben angeführten Themen – Zeitdruck, Informationsmangel, zu wenig direkter Einfluß – werden als Hauptgründe für den Druck genannt, den Mitglieder der Führungsspitze verspüren. Auf der Hinterbühne geht es aber noch um weitere Themen, um Dilemmata, die man selbst nicht so klar formulieren kann.

Dilemmata sind sehr schwierige Situationen, »Zwickmühlen«, in denen keine eindeutige Lösung gefunden werden kann. Was bzw. wie auch immer man entscheidet, es ist – auch – falsch. Bateson (2001) spricht von Double-bind-Situationen. Auf drei der für uns wichtigsten Dilemmata wollen wir hier eingehen.

Ansprüche des Kapitalmarktes – Ansprüche der Mitarbeiter

Die Globalisierung der Finanzmärkte und die zunehmende Deregulierung haben eine unglaubliche Dynamik freigesetzt und damit Unternehmen selbst zu Spekulationsobjekten gemacht. Das Vertrauen in die Führung kapitalmarktorientierter Unternehmen wurde schwer erschüttert, weil Top-Manager durch ihre exorbitant hohen Gehälter und nicht zuletzt durch die Aktienoptionsprogramme unglaubwürdig erscheinen, was ihnen den Vorwurf einbrachte, »Söldner« zu sein, die nur an kurzfristigen Wertsteigerungen und nicht mehr an der grundsätzlichen Zukunftsfähigkeit des Unternehmens interessiert sind.

Innerhalb von Unternehmen gibt es auf unterschiedlichen Ebenen unterschiedliche Interessenlagen. Während die Unternehmensspitze im engen Austausch mit den Kapitalmärkten steht, sind das Mittelmanagement und der einzelne Mitarbeiter eher an Werten interessiert, welche die eigene Person (z. B. sinnvolle und befriedigende Arbeit, ein sicherer Arbeitsplatz, soziale Annerkennung, usw.) und das Unternehmen betreffen und mittel- und langfristigen Ziele nicht außer acht lassen (vgl. Weber/Hirsch/Müller 2004).

Auch Familienunternehmen mit ihrem über Generationen entwickelten Wertegerüst haben mehr Distanz zu kurzfristiger Orientierung. Ihre Führungskräfte denken über lange Zeithorizonte hinweg eher an das Erhalten des Lebenswerkes des Gründers und haften meist mit dem eigenen Vermögen. Wenn das Interesse des Unternehmens im Mittelpunkt steht und dies nicht durch Streit in der Eigentümerfamilie oder dadurch beschädigt wird, daß die Rücksicht auf die Familie wichtiger wird als das Unternehmen selbst, dann gehören Familienunternehmen sicher eher zu den auf nachhaltige Zielerreichung angelegten Unternehmen (vgl. Wimmer u. a. 1996). Top-Manager sind im Gegensatz dazu stärker versucht, einseitig und kurzfristig zu agieren.

Experten für die Steigerung von Unternehmenswerten wie z. B. Tim Koller, Partner bei McKinsey, weisen allerdings die ihnen gegenüber geäußerte Kritik, daß sie eine alleinige Ausrichtung von Unternehmen am Shareholder-Value verträten, zurück (vgl. Copeland/Koller/Murrin 2002). Es gehe ihm um eine langfristige Wertorientierung und nicht um die pure Zentrierung auf die Aktienkurse. Für ihn sind Quartalsergebnisse nur Symptome für zukünftige Entwicklungen. »Kurzfristiges Denken hat immer weniger Erfolg.« »Auf Dauer kann kein Unternehmen Geld verdienen, das keine zufriedenen Mitarbeiter und Kunden hat und die Anforderungen des Staates nicht erfüllt«, sagt er in einem Interview (McK Wissen 2004).

Trotz solcher Positionen wird der Unternehmenserfolg immer weniger an einer nachhaltigen Unternehmensentwicklung und immer mehr an einer kurzfristigen Dividendenausschüttung gemessen.

Die Anforderungen des Tagesgeschäftes, die Kurzfristigkeit, steht aber generell im Widerspruch zu den langfristigen, zukunftsorientierten Anliegen (vgl. O'Reilly/Tushma 2004). Das bedeutet für die Top-Manager ein massives Dilemma.

Die sachliche Zielerreichung, das Was – die Form der Kommunikations- und Entscheidungsprozesse, das Wie

Die Unternehmensführung muß dafür sorgen, daß Ziele erreicht, Erträge erwirtschaftet werden. Die Paradoxie besteht darin, in der Organisation Leistungen freisetzen zu müssen, ohne zu wissen, wie dies genau erreicht werden kann. Die »Spitze der Pyramide« kann nicht mehr alles wissen. Feste Vorgaben müssen daher durch Kategorien wie Selbstverantwortung, Engagement und Selbststeuerung ersetzt werden. Inhaltliches Nichtwissen muß durch Prozeßwissen und durch das Schaffen dafür geeigneter Kommunikationsräume kompensiert werden.

In unserem hier beschriebenen Ansatz versuchen wir, ebendiese zwei Dimensionen – das *Was* und das *Wie* – so zu verbinden, daß das innerhalb und außerhalb des Unternehmens zerstreute Spezialwissen integriert wird. Findet diese Integration nicht statt, so ist mit einem niedrigeren Wirkungsgrad von Umsetzungsprozessen zu rechnen. Nicht selten sind dafür spezifische Formen, ja Inszenierungen von Kommunikation erforderlich. Auch Weick (1985) führt aus, daß für den permanenten Prozeß der nötigen Integration von Sinnkonstruktionen die kommunikative Vermittlung und Aufrechterhaltung von Symbolen und »Inszenierungen« erforderlich ist. Dazu braucht man Sensibilität und soziale Kompetenz. Bei Prozeßfragen sind Unternehmensführer aber oft erstaunlich hilflos: »Für das Drumrum habe ich keine Zeit.«

Die bisher umfassendste Benchmarkstudie (vgl. Klettke/Sommerhoff 2004) zur Leistungsfähigkeit der deutschen Wirtschaft kommt zu dem Schluß, daß Unternehmen der fachlich-technischen Kompetenz der Führungskräfte, also dem *Was*, einen wesentlich höheren Stellenwert beimessen als der sozialen Führungs- und Kommunikationskompetenz, dem *Wie*. Nitin Nohria u.a. (2003) haben in einer Langzeitstudie über zehn Jahre mehr als 160 Unternehmen im Hinblick darauf untersucht, welche Methoden denn tatsächlich dauerhaften Erfolg bringen. Das Ergebnis überrascht nicht: Es gibt keine Patentrezepte. Die Nützlichkeit der Instrumente und Methoden ist kontextabhängig, und die Empfehlungen bezüglich Strategie, Kultur, Talenten und Führung bewegen sich naturgemäß auf der Metaebene: »Entwickeln Sie eine leistungsfähige Kultur. Lassen Sie die Mitarbeiter selbständig entscheiden. Belohnen Sie erwünschtes Verhalten. Bauen Sie eine schnelle, flexible Organisation auf. Fördern Sie die

Zusammenarbeit und den Informationsaustausch im gesamten Unternehmen. Binden Sie talentierte Mitarbeiter ans Unternehmen. Besetzen Sie Positionen möglichst intern. Streben Sie Wachstum durch Partnerschaften an.« Dirk Baecker (2003) spricht in diesem Zusammenhang von drei Grundregeln: Führung soll einfach sein, Autonomie fördern und zu einer Organisationskultur führen.

Erwartungen an die Rolle – Bedürfnisse der Person

Daß Rollenerwartungen mit den persönlichen Überzeugungen, Wünschen oder Ängsten immer wieder in Konflikt stehen, ist eine Begleiterscheinung fast aller Rollen (vgl. Neuberger 2002). Polizisten müssen für Ordnung sorgen, auch wenn ihnen nicht danach ist, Verkäufer müssen verkaufen, auch wenn sie von der Ware nicht überzeugt sind.

Unternehmensführer haben eine gesellschaftlich besonders exponierte Position, die mit starken Führungs- und Steuerungserwartungen verbunden ist. Es gibt zwar immer ausgeklügeltere Steuerungsinstrumente, welche die Arbeit der Entscheidungsträger erleichtern sollen, aber in unserer komplexen Welt wird erwartet, daß Verantwortung für Sachlagen und Entwicklungen übernommen wird, die von vielen Faktoren beeinflußt werden, die eigentlich unkalkulierbar sind und die kein einzelner und auch kein Top-Manager beeinflussen oder gar steuern kann.

Die Wirtschafts-, Verkehrs-, Umwelt- und Arbeitsmarktspolitik eines Landes, die Energie- und Lebensmittelindustrie, das Gesundheits-, Sozial und Bildungswesen, etc. können sich ebenso direkt oder indirekt auf die Ertragslage eines Unternehmens auswirken, wie internationale Fragen, politische Konflikte oder Naturkatastrophen (vgl. Ortner 2004a).

In unserer rational dominierten Wirtschaftswelt klammern wir uns an die Illusion, man könne Ungewißheit beseitigen. Immer häufiger wird dieser Mythos aber sogar in den Hochburgen des Rationalitätsdenkens relativiert. So schreibt z. B. der amerikanische Finanzmathematiker John Allen Paulos (2003), nachdem er die Logik der Börsen analysiert hatte: »Das einzig Gewisse ist das Ungewisse.« Die eigentliche Sicherheit erwachse alleine aus der Fähigkeit, mit der Unsicherheit zu leben. Wir gehen davon aus, daß es kein Zufall ist, welchen Beruf man wählt und welche Persönlichkeiten danach streben, den mit einer Führungsposition verbundenen sozialen Status zu erreichen. Wie das Wort »Status« schon nahelegt, wird damit auch etwas Bleibendes angestrebt, woran man sich »festhalten« kann und das eine »stabile Statik« verleiht. De Botton (2004) meint, von einem hohen Status erhoffe man sich vor allem die Abwehr der eigenen Zukunftsängste. Status hat aber auch mit Macht zu tun, mit Legitimation, mit öffentlicher Annerkennung in der Gesellschaft.

Die Rolle fordert ständig Souveränität und Selbstkontrolle, die Person hingegen fordert, »Mensch sein zu dürfen«. Es wäre ein Aus-der-Rolle-Fallen, wenn man zugäbe: »Ich bin selbst oft von Unsicherheit und Ängsten geplagt. Ich brauche Anerkennung und möchte manchmal schwach sein dürfen.« Wenn Top-Leute Unsicherheitssignale aussenden, dann werden diese vom Umfeld selten wirklich gehört, bzw. ernst genommen. Unternehmenssteuerer sind nämlich »Projektionsfiguren«. Was bedeutet das?

Die meisten CEOs sind anfangs von der »Wucht« der Aufmerksamkeit, die ihnen ständig entgegengebracht wird, überrascht und geblendet. Die Mitarbeiter verbinden mit dieser Rolle bestimmte Annahmen und Erwartungen, die weniger mit den tatsächlichen Aufgaben des Top-Managers selbst zu tun haben, als mit den auf ihn projizierten Bildern. Seine Stärke wird zur Stärke des Unternehmens, seine Schwäche zur Schwäche von allen. Der CEO kann in dieser Rolle nie privat sein, er ist Symbol und Galionsfigur, seine Handlungen werden immer als direkte oder indirekte Botschaften interpretiert. Zum Beispiel wird physische Anwesenheit immer als klare Wertschätzung erlebt.

Die widersprüchlichen Erwartungen gehen noch weiter. Wir erleben immer wieder, wie Unternehmer und Top-Manager damit kämpfen, Maßnahmen zu setzen, die Betroffene zwar überfordern, aber für das Unternehmen nötig sind – etwa Fusionen, Redimensionierungen oder generell das Einleiten wiederholter Veränderungen. Wir stellen uns selbst oft die Frage: Wieviel Veränderung ist Menschen zumutbar? Jeder Mensch denkt zuerst: »Was bedeutet das für mich?«, und erst dann denkt er an die Konsequenzen für das Unternehmen. Bei ständigen Veränderungen kommen die meisten Mitarbeiter an ihre Grenzen: »Wir haben mit Höchsteinsatz dreimal umstrukturiert und jetzt heißt es, der Konzern geht ins Ausland!« Der amerikanische Zukunftsforscher Alvin Toffler (1970) sprach in bezug auf die Desorientierung der Menschen in den entwickelten Gesellschaften, die zu viele Veränderungen durchmachen müssen, bereits vor Jahren von einem »Zukunftsschock«.

Solche Gedanken bewegen die Initiatoren permanenter Veränderungen nicht so sehr in ihrer Eigenschaft als Träger von Rollen, sondern vielmehr als Menschen. Es stehen dabei vor allem die persönlichen Werte, die eigene Selbstachtung und Glaubwürdigkeit auf dem Spiel. »Wie oft glauben sie, kann ich mich noch vor die versammelte Mannschaft stellen und sagen, daß wir mit aller Kraft eine gigantische Veränderung durchziehen müssen, um erfolgreich zu sein? Ich kann mich ja bald selbst nicht mehr im Spiegel anschauen.«

Besonders spürbar wird das Dilemma zwischen Rolle und Person eben, wenn es um Gewissensfragen geht: um unzumutbare Härten gegenüber Mitarbeitern, um soziale Ungerechtigkeit, um unethische Prinzipien. Bei Stellenabbau z.B. im Zusammenhang mit Einsparungsmaßnahmen, der Erhöhung der Wettbewerbsfähigkeit, der Verlagerung von Produktionsstätten usw. stehen zwei Logiken im Widerspruch zueinander: Für den Träger der Rolle ist es Pflicht und Notwendigkeit, die ökonomisch ertragsreichste Maßnahme »durchzuziehen«, ob es nun »nur« um die Steigerung von 18 auf 25 % Rendite geht oder um Entscheidungen, die hart an der Grenze der Legalität angesiedelt sind. Aus dem Blickwinkel der Person sind solche Maßnahmen oft absurd: »Ich will Gutes tun, und die anderen (z.B. Betriebsräte) sagen dir, du bist ein brutales Schwein.« »Ich muß oft grausam sein, um erfolgreich zu bleiben.« »Was ich im Job machen muß, würde ich privat nie tun.« Dirk Baecker (1994) spricht in diesem Zusammenhang vom Ende des »heroischen Managements«.

Auch der Familie gegenüber meldet sich ständig das schlechte Gewissen. Kann man ihr z.B. den häufigen Ortswechsel und die damit verbundenen Belastungen auf der Beziehungsebene – etwa auch durch häufigen Schulwechsel – zumuten? »Vernachlässige ich meine Beziehungen zu sehr?«

Um mit Belastungen und Widersprüchen umgehen zu können, helfen üblicherweise Gespräche mit nahen Menschen, vertrauensvolle Beziehungsnetze und Auszeiten. Allerdings gelingt es CEOs nicht nur aus Zeitgründen immer weniger, solche Beziehungen zu pflegen und zu erhalten. Auf dem Weg nach oben werden vielfach (geographisch und emotional) Freunde zurückgelassen. Man hat viele Neider und Schmeichler um sich herum und als »Projektionsfigur« von Stärke verlernt man es, über solche Tatsachen zu sprechen. Der Preis ist häufig Einsamkeit.

Resümierend kann man sagen, daß oberste Führungskräfte gleichsam »Sandwiches« (vgl. Hesse/Schrader 1996) zwischen verschiedenen Erwartungen sind und dadurch in strukturell bedingte Dilemmata geraten. Welche Konsequenzen haben diese Ausführungen für den komplementären Beratungsansatz?

Konsequenzen für die Beratung

Auf der Ebene der Hintergrundannahmen

Der systemische Ansatz operiert grundsätzlich mit Annahmen von Mehrdeutigkeiten, beschränktem Wissen und Paradoxien. Es gibt dabei auch einen Bezug zu anderen Konzepten, z. B. denen von Weick (1985) oder March (1990), die sich von der Zweckrationalität abwenden und im Zusammenhang mit Entscheidungssituationen und Organisationsdynamiken Begriffe wie Ambiguität, Mehrdeutigkeit und »Management by Dilemma and Paradox« benutzen. Wir haben auch bei anderen Autoren den Gedanken gefunden, daß man den Zugang zum Verstehen der Situation von Akteuren an der Spitze von Unternehmen über Dilemmata suchen muß (z. B. Müller-Stewens/Fontin 1997 oder Handy 1994). Gerade im integrierten Ansatz ist es wichtig, die Ereignisse auf der »Hinterbühne« nicht zu übersehen und sie im Zuge der inhaltlichen Entscheidungen und Entwicklungsprozesse mit zu thematisieren, was bei der klassischen Businessberatung unüblich ist.

Für die interventionsstrategische Ebene

Wir gehen davon aus, daß die bewußte Auseinandersetzung mit den erlebten Widersprüchen auf der persönlichen, mentalen Ebene große Entlastung bringt (vgl. Kühl 1998). Zwickmühlen werden dann nicht als druckvolle Entweder-oder-Entscheidungen definiert, sondern als unvermeidliche Konstruktionsmuster von Organisationen und Rollen. Durch diese Umdeutung können sich Blockaden in Handlungsenergie umwandeln.

Reflexive Einzel- und Gruppencoachings, die Inhalt und Prozeß verbinden, von Personen und Teams an der Spitze sind für uns auch in der Komplementärberatung für die erfolgreiche Beratung nötig. Darüber hinaus sind alle Architekturelemente, die Feedback-Schleifen und Reflexion ermöglichen, dafür geeignet, Druck, Widersprüche und Dilemmata besser bewältigen zu können.

2. Zur Entwicklung der Komplementärberatung

In diesem Kapitel geht es um die Entwicklung des komplementären Ansatzes. Welche Grenzerfahrungen – sei es in der systemischen Prozeßberatung oder in der klassischen Fachberatung – führten zu einer konzeptionellen und praktischen Weiterentwicklung unserer Arbeit? Zu welchen impulsgebenden Erkenntnissen kam unsere Begleitforschung, und auf welche historischen Wurzeln führt ein Sozialphilosoph und Erkenntnistheoretiker den Widerstreit zwischen Fach- und Prozeßberatung zurück? Anschließend werfen wir einen Blick auf einen ganz anderen Bereich, nämlich die Psychiatrie. Wir gehen der Frage nach, inwiefern es auch hier vergleichbare Strömungen gibt, und wollen damit ausdrücken, daß das Anliegen nach Integration dieser Gegensätze »in der Luft liegt«.

Zum besseren Verständnis der Argumentationen dieses Kapitels sei an dieser Stelle unsere pointierte Kurzdefinition von Fach- und Prozeßberatung erläutert.

Unter *Fachberatung* verstehen wir jenen Dienstleistungssektor, in welchem speziell ausgebildete Fachleute mit ihrem Fachwissen in den Bereichen Betriebswirtschaft, Technik usw. Unternehmen bei der Lösung von fachlichen Problemen zur Seite stehen. Fachberater stützen sich in ihrer Beratungstätigkeit in erster Linie auf standardisiertes Wissen und auf ihre Interpretationskompetenz von Daten.

Die Lösung des Problems liegt in der sachgerechten, genauen Auswahl, Vernetzung und Interpretation der Daten als Indikatoren und Wirkungsfaktoren. Die Logik der Interpretation und der abgeleiteten Handlungsoptionen und Konzepte entspricht einem mehr oder weniger komplizierten, vielschichtigen, aber »rationalen« Ursache-Wirkungsschema, dem sich soziale Prozesse anzupassen und unterzuordnen haben. Es ist die Sachlogik, die im Fokus der Aufmerksamkeit steht. Sie orientiert sich an den ökonomischen Geschäftszwekken – sie dient diesen Zwecken: Schaffung von Mehrwert und Verbesserung der Ertragslage, Steigerung der Produktivität und Effizienz, Sicherstellung der Effektivität und Behebung von Defiziten.

Die Fachberater denken und handeln analog der Denk- und Handlungslogik des Kunden-Systems. Sie halten sich vor Ort in den Räumen ihrer Kunden auf, sind also verfügbar, erarbeiten Konzepte, geben explizite Ratschläge, beteiligen sich inhaltlich an den Entscheidungsprozessen. Die Umsetzung der Maßnahmen bleibt den Kunden selbst überlassen.

In der *systemischen Prozeßberatung* steht die Verbesserung der Kommunikationsprozesse innerhalb von Organisationen und zwischen einer Organisation und deren Umwelten im Vordergrund. Das Transparentmachen der Denk- und Handlungsmuster dient letztendlich der autonomen, organisationsinternen Zielbestimmung, der Entwicklung gemeinsamer Vorstellungen, der Klärung von Erwartungen und der Einigung auf Vorgehensweisen bei der Umsetzung von Vorhaben. Die systemische Organisationsberatung sieht und behandelt Organisationen als lebende Organismen, die in sich selbst die Fähigkeit und Kraft besitzen, Lösungen für schwierige Situationen und Probleme zu entwickeln. In diesem Beratungsansatz dienen Interventionen (z. B. das Zur-Verfügung-Stellen der Außenperspektive) letztlich der Freisetzung blockierter Energien, der respektvollen Einigung auf gemeinsame Entscheidungen, Zielvorstellungen und deren konsequenter Umsetzung. Ziel ist es, zu erweiterten Handlungsoptionen beizutragen.

Die systemische Prozeßberatung ist kontextorientiert, offen in den Ergebnissen und Prozeßschritten, bindet Betroffene ein, mobilisiert Energien, fordert Reflexion und Feedback-Prozesse. Sie produziert daher vorerst keine Sicherheit, sondern Unsicherheit. Durch ein Erkennen der eigenen Denk- und Handlungsmuster, durch Verstehen, wie Probleme entstehen, und durch Verbesserung der Kommunikations- und Problemlösungsfähigkeit erzeugen sich nachhaltige Lösungen im Unternehmen quasi von selbst.

Beiden Ansätzen, der Fachberatung wie der systemischen Prozeßberatung geht es darum, das Unternehmen so zu beraten, daß es erfolgreicher wird. Dabei werden allerdings unterschiedliche Vorgehensweisen als zielführend angesehen.

2.1 Grenzen der systemischen Prozeßberatung

Roswita Königswieser, Ebrû Sonuç, Jürgen Gebhardt, Martin Hillebrand

Den Begriff »Grenze« beziehen wir auf drei unterschiedliche Aspekte:

- auf die Grenzen des systemischen Ansatzes im Rahmen unserer eigenen Projekte;
- auf die Grenzen, die dem Ansatz vom Kunden zugeschrieben werden;
- auf die eigenen mentalen Hürden, über die Sicherheit gebenden Identitätsgrenzen hinweg zu denken und zu handeln. Um über Grenzen zu gehen, muß man sie erst als solche wahrnehmen, sich die eigene Begrenzung eingestehen.

Als wir uns bei der Rekonstruktion der Entstehungsgeschichte des komplementären Ansatzes überlegten, wann diese Idee konkret das erste Mal auftauchte, wurde uns bewußt, daß wir implizit seit einigen Jahren auf vielfältige Weise mit den Grenzaspekten unseres Ansatzes konfrontiert gewesen waren.

Grenzerfahrungen in eigenen Projekten

Da gab es z. B. das breit und tief angelegte Projekt »Kultureller Wandel«, bei dem die Fachberater, die die BSC (Balanced Score Card) eingeführt hatten, zwar offiziell als Subprojekt – unter uns als Generalunternehmen – positioniert gewesen waren, aber letztlich dennoch ein abgespaltenes, konkurrierendes Projekt abwickelten (vgl. Königswieser/Cichy/Jochum 2001). – *Wir fragten uns: »Läßt unser Ansatz keine Positionskämpfe zu?«*

Da gab es einen Stop im OE-Prozeß eines Produktionsunternehmens, weil durch den Einbruch von Aufträgen eine Radikalredimensionierung mit der Unterstützung eines anderen Beratungsansatzes Priorität hatte, mit dem man sich noch dazu das Wissen eines global agierenden Beratungsunternehmens einkaufte. Diese Leistung konnten wir nicht anbieten. – *Wir fragten uns: »Warum traut man uns die Begleitung einer Redimensionierung nicht zu?«*

Besonders beschämend, so erinnere ich (R. Königswieser) mich, war für uns ein weiter zurückliegendes Erlebnis, als wir während eines Workshops mit den Top-Führungskräften eines Handelsunternehmen vom neuen Eigentümer, der vormittags hineinplatzte, überraschend erfahren mußten, daß die Eigentümer gewechselt hatten, unser Auftraggeber heimlich das Unternehmen verkauft hatte, weil die Geschäftsentwicklung unerfreulich gewesen war. Wir hatten uns die Zahlen und Bilanzen nicht genauer angesehen. – *Wir fragten uns: »Müßten wir nicht grundsätzlich bei allen Veränderungsprojekten den betriebswirtschaftlichen Teil mit berücksichtigen und abdecken?«*

Und dann gab es ein Ausgliederungsprojekt in einer Bank, bei dem wir mit Fachberatern zusammengespannt worden waren, was zwar inhaltlich Sinn machte, aber unendlich viel Zeit und Energien band, weil die Abstimmungsprozesse zwischen uns Beratern extrem mühsam waren. Die Fachberater entmündigten unserer Meinung nach die Klienten, machten alles bis zu den Präsentationsfolien selbst und warfen uns vor, davon nichts zu verstehen. Obwohl wir diese Unterstellung für nicht gerechtfertigt hielten, hinterließ sie bei uns Zweifel. Damals fehlte uns noch die für die Beurteilung nötige fachliche Expertise. – *Wir mußten uns fragen: »Hätten die Leute das Ziel wirklich auch effizient ohne externe Fachunterstützung erreicht?«*

Diese Fragen wurde aber zumeist bei der Fülle der anderen Projekte von uns verdrängt – sie paßten damals einfach nicht zu unserer Identität. Dennoch kam uns schon in dieser Zeit immer öfter der Gedanke: Ein integriertes Konzept wäre ideal!

Aber wir stießen nicht nur in den laufenden Projekten immer wieder auf Grenzen, es war uns auch bewußt, daß der Löwenanteil des Beratungsmarktes, auch der Veränderungsprozesse, von der Fachberatung besetzt ist. Die Kunden müssen, in ökonomischen Kennziffern darstellbar, erfolgreich sein, sie sind zu umfassenden Veränderungen gezwungen. Transformation geschieht aber nicht nur über Umweltimpulse, Strategien und mentale Prozesse, sondern auch über die Bildung neuer, sinnvoller Strukturen verschiedenster Art. Dafür holt man sich allerdings in erster Linie Fachberater. Bei diesen Entscheidungen spielt natürlich das Zutrauen in die unternehmenseigenen Fähigkeiten eine Schlüsselrolle, wichtig sind aber auch das schon angesprochene Motiv der Legitimation gegenüber Dritten, von denen man als Auftraggeber beurteilt wird, sowie das Motiv der Sicherheit und die Angst vor der Thematisierung von Beziehungsthemen. Grundsätzlich gilt, daß jeder Berater die Kunden hat, die zu ihm passen.

Dadurch entsteht ein sich selbst verstärkender Zirkel der Bestätigung der eigenen Wirklichkeitskonstruktionen.

Grenzen, die dem systemischen Ansatz vom Kunden zugeschrieben werden

Wir versuchten, diesen Selbstbestätigungszirkel zu verlassen. So konnten wir sehen, daß der Kunde Anliegen hatte, denen wir nicht entsprechen konnten, die aber legitime Gründe für die Nachfrage nach Fachberatung waren; folgendes wurde z. B. vorgebracht:

- »Ich brauche Entlastung durch die Entflechtung von Ressourcenbindung und Berater, die schnelle Lösungen erarbeiten.«
- »Es ist angenehm, wenn es ein Übernehmen inhaltlicher Verantwortung gibt.«
- »Ich brauche inhaltliche ›Sparringspartner‹, um mich zu den wesentlichen Veränderungsinhalten ›durchzuboxen‹.«
- »In solch einer wichtigen Sache brauche ich Orientierung und Sicherheit, was wann passieren wird.«
- »Ich finde es gut, zu radikalen Ideen provoziert zu werden.«
- »Ich benötige eine Legitimation dem Konzernvorstand gegenüber.«
- »Mit Beziehungsthemen wollen wir uns nicht beschäftigen, dafür haben wir keine Zeit.«

Grenzen in unseren eigenen Köpfen

Die Skepsis und die Grenzziehung gegenüber Prozeßberatern waren aber (außer in einem Nischensegment) nicht nur extern zu beobachten. Selbst in unseren eigenen Reihen überwogen damals die Gegenargumente gegen die Entwicklung eines komplementären Ansatzes:

- »Man muß bei seinen Kernkompetenzen bleiben, sonst ist man unglaubwürdig. Es ist professionell, zu wissen, was man kann und was man nicht kann, und dafür Experten zu empfehlen.«
- »Als systemische Berater gehen wir davon aus, daß das nötige Know-how

grundsätzlich vorhanden ist. Unsere Prozesse sind ressourcenorientiert, d. h. wir legen durch unser Vorgehen Potentiale frei.«

- »Wir bringen ohnehin Fach-Know-how ein, z. B. bezüglich Strategie und HR. Branchen- und Funktionsspezialisten wollen und können wir nicht sein.«
- »Wir haben als ehemalige Fachberater und Manager die Fachexpertenwelt bewußt verlassen. Dorthin wollen wir sicher nicht zurück.«
- »Es ist viel interessanter und anspruchsvoller, systemischer Prozeßberater zu sein als reiner Fachberater.«
- »Veränderungsprozesse scheitern nicht an den *hard facts*, sondern an den *soft facts*.«
- »Wir arbeiten meist nach den »McKinseys dieser Welt«, deren radikale Eingriffe nicht selten offene Wunden hinterlassen. Wie sollen wir mit denen arbeiten?!«
- »Wozu sollen wir uns einer derartigen Anstrengung unterziehen? Unsere Auslastung ist hervorragend.«

Unsere Vorurteile waren anscheinend unüberwindbar. Schon Albert Einstein schrieb, daß es »leichter ist, ein Atom zu zertrümmern, als ein Vorurteil zu überwinden«. Es war ein langer Lernprozeß, bis wir zugeben konnten, daß wir zwar Unternehmen im Wandelprozeß begleiten und unterstützen können, selbst aber Angst vor einer Identitätsveränderung und ihren Konsequenzen hatten, die uns möglicherweise überfordern würden.

Eine weitere schmerzliche Erkenntnis und gleichzeitig ein Impuls, diesen Weg zu beschreiten, war die Einsicht in die eigene Inkonsequenz, daß wir nämlich einerseits die Aufspaltung und Polarisierung in *sachlich* und *emotional*, in *hard facts* und *soft facts*, in *Spezialisten* und *Generalisten*, in *richtig* und *falsch* zwar kritisierten, andererseits aber auch durch unsere Einseitigkeit selbst dazu beitrugen. Den eigenen Anteil zu sehen ist immer schwierig, selbst wenn man gelernt hat hinzuschauen.

Ein weiterer Meilenstein war eine Auseinandersetzung im engen Kreis. In einer heftigen Diskussion über das gesellschaftlich tiefverankerte Muster, Probleme von sich auf andere zu schieben und die Schuld auf andere zu projizieren, wurde uns der eigene Beitrag dazu bewußt. Darauf wollen wir etwas näher eingehen.

Besonders deutlich erleben wir dieses Phänomen immer wieder an der lauten Kritik gegenüber dem herrschenden Wirtschaftssystem. In einer Demokratie ist die Wirtschaft aber Sache aller, wir alle sind Teil der Wirtschaft. Ob und wie sie sich weiterentwickelt, hängt von allen ab, von den gesellschaftlichen Kräften bzw. von der Strukturdynamik, die sich scheinbar hinter unserem Rücken ereignet. »Schuld« ist daran niemand oder sind alle.

Diese spezifische Strukturdynamik führt dazu, daß sich jedes Teilsystem zur Übertreibung der eigenen, partikularen Funktionserfüllung quasi gedrängt »fühlt«. Dadurch wird aber alles »zerstückelter«, unübersichtlicher und unsteuerbarer. Am Beispiel der Wirtschaft wird das besonders deutlich. So sind z.B. nicht nur die Unternehmer Arbeitgeber, auch die Arbeitnehmer sind es, etwa wenn sie andere z.B. bei ihrem Hausbau beschäftigen.

Es ist oft die paradoxe, inkonsequente Argumentation zu hören, daß man zwar Leistungen wie Abfindungen, Urlaubsgelder, Altersrente, Krankenversorgung, Bildungseinrichtungen, Straßen und Parkanlagen usw. in Anspruch nehmen will, die Steuerzahlungen aber als Ausbeutung empfindet, oder aber man beschäftigt lieber Schwarzarbeiter aus dem ehemaligen Ostblock, als mehr für Profis zu bezahlen, ereifert sich aber gleichzeitig darüber, daß z.B. billigere polnische Kräfte den Einheimischen die Arbeit wegnehmen.

Die Schizophrenie wird besonders deutlich, wenn Mitarbeiter gegen den »unnötigen« Arbeitsplatzabbau protestieren, weil Fondsmanager Druck auf möglichst hohe Gewinne machen, bei ihrer eigenen Anlagepolitik aber jene Fonds wählen, die ihnen für ihre Altersversorgung die höchsten Renditen bringen. Man hat längst ein Konto bei einer günstigen Online-Bank, weil das Gebühren spart, regt sich aber darüber auf, daß die Banken Leute entlassen.

Auch im Gesundheitswesen sind diese Muster zu beobachten: Man klagt über die hohen Kosten, lebt aber nicht gesund, d.h. man betreibt Völlerei, trinkt, raucht und lebt »gestreßt« und läßt sich zu viele, teure und oft unnötige Medikamente verschreiben. Die Beispiele könnte man beliebig fortsetzen.

Wir beteiligten uns aber nicht nur an der projizierenden Schuldzuschreibung, sondern auch an den üblichen Polarisierungstendenzen: Woher – so fragten wir uns – kommt die Selbstverständlichkeit, mit der wir Dinge spalten, zerlegen, abstrahieren, auf Grund deren wir in erster Linie Zahlen und alles, was meßbar ist, ernst nehmen, aber Gefühle, Intuition oder »Latentes«, nicht Offensichtliches in den »esoterischen Bereich« verbannen?

Das dominierende und an die Wirtschaftslogik anschlußfähige Paradigma ist das mechanistische: Wirtschaft als berechenbarer, prognostizierbarer, quasi maschineller Prozeß. Schon im Wort »Realität«, das vom lateinischen »res« (Sache, Ursache, Grund) abgeleitet ist, steckt dieses Denken. Die Naturwissenschaften gehen davon aus, daß wir die Natur der Dinge verstehen, wenn wir sie auseinandernehmen, analysieren und berechnen können.

Zur blinden Zahlengläubigkeit hat Albert Einstein gemeint: »Manchmal kann das, was zählt, nicht gezählt werden, und das, was gezählt werden kann, zählt nicht.« Das »alte« Denken in Polaritäten und Gegensätzen (die Guten und die Bösen, Schwarz und Weiß, Alt und Neu, oben und unten usf.) erzeugt Spannungen, Konflikte, Distanz zum Anderen, zum Fremden (vgl. Herbstrith 2004).

Im Zuge vieler Reflexionen über Projekte verdichtete sich der Gedanke, daß wir die eigenen Prinzipien des ganzheitlichen Denkens, die Einsicht, daß Unterschiede Reichtum bedeuten, ernster nehmen und das Zusammenbringen der unterschiedlichen Wissensbereiche systematisch betreiben sollten. Dabei ging es nicht nur um unser bewährtes Fachwissen wie Strategie, HR, Projektmanagement oder um Prozeßarchitekturentwürfe, sondern auch um branchenspezifisches Fachwissen und Management-Know-how, z.B. über Automobilproduktion oder Logistikketten.

Wir realisierten damals auch, daß es bereits da und dort »Grenzgänger« gab, die sich, wie Sutrich es bildhaft ausdrückte, zwischen den Inseln der Fach- und Prozeßberatung bewegen (vgl. Sutrich 2003), daß aber die Bewohner der Inseln einander grundsätzlich als Feinde sehen. In jüngster Zeit arbeitet z.B. ein McKinsey Kollege, Gregor Handler, an einer Dissertation zum Thema »Integration von Fach- und systemischer Prozeßberatung«.

Es gibt auf beiden Seiten einen prinzipiellen Anspruch auf Ergänzung um den jeweils ausgeblendeten Teil. So wie das 7-S Modell von McKinsey (vgl. Kapitel 2.2) schon vor Jahren die harten Fakten und weichen Faktoren mit einbezogen hat, kritisierten bereits 1977 auch French und Bell die Überbetonung der menschlichen, sozialen Dynamik in OE-Prozessen und die Vernachlässigung der aufgabenbezogenen, technischen und strukturellen Aspekte (vgl. Kühl 2001). In jüngster Zeit hat z.B. Dirk Baecker (2006) auf den »blinden Fleck« der Systemiker, nämlich die Ökonomie, hingewiesen. Darüber hinaus gibt es Konzepte – wie etwa die Balanced Score Card (BSC) –, die davon ausgehen, daß nur die

Integration der vier verschiedenen Elemente Finanz-, Kunden-, Potential- und Prozeßperspektive die Unternehmensrealität abbildet.

Die Überwindung unserer mentalen Grenzen

Bevor wir neue Wege gehen konnten, mußte erst in unseren Köpfen etwas in Bewegung kommen. Das SIM-Modell war dazu der konkrete erste Schritt (vgl. Königswieser/Cichy/Jochum 2001). »Ein Getriebe mit lauter gleichen Zahnrädern wäre völlig wirkungslos. Erst das Zusammenwirken der kleinen und großen Räder zeigt Wirkung«, argumentierte ein Kollege, der den Wandel in unserer Sicht befürwortete. »Je größer die Ausdifferenzierung, desto größer ist die Notwendigkeit der Integration«, sagten wir uns. Sinn, Ziel und Mehrwert für den Kunden und für uns kristallisierten sich immer deutlicher heraus.

Das zentrale Anliegen des komplementären Ansatzes sahen wir darin, Organisationen dabei zu unterstützen, Zukunftsfähigkeit zu entwickeln, und zwar ganzheitlich und nachhaltig. Dazu gehören nicht nur die *fachlich-sachlichen Fähigkeiten*, nämlich: sich inhaltlich auseinanderzusetzen, komplexe Sachprobleme frühzeitig zu erkennen und darauf intelligent, adäquat und flexibel zu reagieren (also das *Was*), sondern auch *prozessual-soziale Fähigkeiten*, wie Bewußtheit, Reflexivität, Sensibilität und Wachheit. Dazu gehört die Sicherheit, mit Unsicherheit und Komplexität umgehen zu können – dazu gehören ein hohes Maß an Differenziertheit und die Bereitschaft, auch mögliche soziale Auswirkungen und Interdependenzen von Entscheidungen mit zu überlegen, den Kontext mit einzubeziehen und die eigenen Anteile an beklagten Zuständen zu sehen (also das *Wie*).

Auf diese Weise etablieren sich Frühwarn- und nachhaltige Lernsysteme, bei denen Inhalt und Prozeß, das *Was* und *Wie* nicht mehr getrennt gesehen werden. Im Sinne von Alexander von Humboldt setzte sich die Haltung durch: »Bevor man eine Weltanschauung hat, muß man sich die Welt anschauen.«

Der strategisch-logisch nächste Schritt war das Experiment der Kooperation mit klassischen Fachberatungsunternehmen. Diese waren marktseitig massiv unter Druck gekommen. Sie sahen ihre eigenen Defizite, vor allem die Unmöglichkeit, eine erfolgreiche Implementierung ihrer Konzepte leisten zu können, obwohl dies vom Kunden mehr und mehr verlangt wurde (vgl. Lechner u.a. 2005). Zwei der größten, renommiertesten internationalen Unternehmen luden uns gerade in dieser Phase zu spannenden Projekten ein. In einem Team vereint, so meinten wir nach anfänglicher Skepsis, könnten wir nun dem Klienten eine große Breite und Tiefe der Beratungsleistung anbieten: Wir konnten kompetente Sparringspartner für relevante Businessthemen sein, konnten tiefgründiges Fach Know-how und virtuoses Prozeß- und Veränderungs-Know-how »aus einer Hand« zur Verfügung stellen.

Wir nahmen an, daß man das Experiment wagen könne, wenn beide Teile des Teams die selbe Vision hätten und der erklärte Wille da sei, eine gute Kooperation zum Wohle des Kunden zu leben und dabei die eigenen Kompetenzen zu erweitern. Allerdings spannten wir eine Art Sicherheitsnetz, indem ein Forschungsprojekt unsere Arbeit begleitete.

Diese Kooperationserfahrungen waren unverzichtbar, teilweise sehr positiv, teilweise sehr negativ. Sie bestärkten uns aber grundsätzlich in der konzeptionellen und praktischen Weiterentwicklung unseres Ansatzes. Parallel zu diesen Kooperationen gewannen wir nach und nach immer mehr Berater, Kollegen mit »Fachberatervergangenheit«, hinzu, die nach Absolvierung unseres Qualifizierungsprogramms Netzwerkpartner wurden (vgl. Kapitel 2.3). Einmal, als wir müde waren, ermunterte uns Ebrû Sonuç mit folgendem Kommentar zum Entwicklungsprozeß des komplementären Ansatzes und zu unserer eigenen Weiterentwicklung: »Es dauert auch lange, bis in der Muschel aus einem Sandkorn eine Perle wird.«

2.2 Grenzen der klassischen Fachberatung

Kai W. Dierke, Anke Houben

»Ein Beratungsunternehmen, das sein Prestige daran festmacht, sich mit nur einem Satz von Variablen (Systeme, Strukturen) zu befassen, weil darin seine Kompetenz liegt, läuft Gefahr, hervorragende Arbeit an einer irrelevanten Sache zu leisten. Es ist wenig nützlich, die Uhren nachzustellen, wenn das Haus in Flammen steht.« (Handy 1993)

Herausforderungen der Fachberatung

Analytische Objektivität, Methodenkompetenz, Know-how über Best Practices, hohe Effizienz – die Gründe, Fachberater zur Unterstützung des Managements heranzuziehen, sind vielfältig. Und ebenso vielfältig sind die Ursachen, die angeführt werden, wenn die Ergebnisse der Beraterleistung hinter den Erwartungen zurückbleiben: »Strategisch überzeugend, aber nicht umsetzbar.« »Die Mitarbeiter wurden nicht mitgenommen.« »Die Ergebnisse waren nicht auf uns zugeschnitten.«

Einschätzungen wie diese hören wir immer wieder, wenn wir beispielsweise von unseren Klienten beauftragt werden, »die Organisation in Richtung auf die neue Strategie zu bewegen«. Zwischen dem strategischem Konzept und dem, was die Organisation wirklich bewegt, besteht oft ein beträchtlicher Unterschied. Diese Erkenntnis hat sich in den letzten Jahren immer stärker ausgeprägt und drängt den traditionellen Ansatz der Beratung zunehmend in die Defensive: Die Studie der Universität St. Gallen »Berater unter Druck« (Lechner u.a. 2005) zeigt, daß von 186 Beratungsunternehmen 85 Prozent bei ihren Klienten einen starken Trend in Richtung Umsetzungsbegleitung durch die Beratung sehen. Mit einer Hinwendung zur Umsetzung aber verändern sich die Herausforderungen für erfolgreiche Beratung – in den Mittelpunkt rückt die Fähigkeit, ganze Unternehmen zur Veränderung zu bewegen. In den unterschiedlichsten Positionen – sei es als Führungskraft in Großkonzernen, sei es als Strategieberater in klassischen Beratungsunternehmen oder heute als selbständige Organisationsberater – waren wir immer wieder mit der Frage konfrontiert: Wo verlaufen die Grenzen der Wirksamkeit der Fachberatung, und wie kann der traditionelle Beratungsansatz ergänzt werden, um die Leistungsfähigkeit von Organisationen substantiell zu unterstützen?

Über Grenzen der Fachberatung

Harte und weiche Faktoren

Das »klassische« McKinsey-7-S-Modell von Peters und Waterman illustriert das Dilemma einer Beratungspraxis, die harte steuerbare Faktoren den weichen weniger berechenbaren Faktoren vorzieht: Dem »Hard Triangle« (Strategy, Structure, Systems) steht das »Soft Quarter« (Staff, Skills, Style, Shared Values) gegenüber. Die Einsicht »the soft S's are the real hard S's« ist für Berater wie für Manager zum Allgemeinplatz geworden. Und dennoch: In der Zusammenarbeit mit Kollegen aus der Fachberatung müssen wir Überzeugungsarbeit leisten, wenn es darum geht, Unternehmen als soziale Systeme zu verstehen.

Ein typisches Beispiel aus unserer Praxis ist die Einführung eines neuen Controlling-Systems in einer öffentlichen Institution. Unter dem strategischen Vorsatz, sich an Wirkung und Wirtschaftlichkeit auszurichten, hatte die Institution einen Fachberater beauftragt, ein Controlling zur Steuerung der Führungsebenen aufzubauen. Am Ende des Projekts stand ein Controlling-Cockpit mit hierarchisch geordneten Zielindikatoren, Analyse- und Steuerungskennzahlen, Treiberbäumen, Wirkungshebeln und Maßnahmen, kurz: ein quasi-mechanistisches Unternehmensmodell. Die Wirkung des Modells aber blieb hinter den Erwartungen des Managements zurück. Denn das Modell wurde in eine Unternehmenskultur implementiert, in der etablierte Führungspraktiken ein Wirksamwerden des Controllings verhinderten (Schein 1999). Die Kultur der Interaktion von Führenden mit Geführten, der Umgang mit quantitativen Analysen, das Einfordern von Eigeninitiative bei Mitarbeitern – all diese Faktoren blieben zunächst unberücksichtigt und konnten erst im nachhinein in systemisch angelegten Interventionen mit Führungskräften adressiert werden. Im Ergebnis konnten die Effekte des auf harten Faktoren basierenden Controllings erst durch Bearbeitung auch der weichen Faktoren erzielt werden.

Unser Beispiel zeigt, daß das hilfreiche Fachwissen zum Aufbau eines Controllings wirkungslos bleibt, wenn die Fachberatung – gemeinsam mit dem Klienten – nicht bereit ist, sich auch den weichen Faktoren zu stellen. Nur wenn

Begriffe wie »Macht«, »Rolle« und »Haltung« in Management-Kategorien übersetzt werden, können sie für Klienten handhabbar gemacht werden. Ein solcher Methodenapparat kann nicht die Begriffswelt »trivialer Maschinen« mit mechanistischen »Input-/ Output-Relationen« sein. Der Umgang mit weichen Faktoren basiert vielmehr auf Interpretation, Deutung und dem Verstehen von sozialen Mustern.

Linearität und Reflexivität

Das Management agiert in dem Dilemma einer organisationalen Komplexität, in der Entscheidungen, Maßnahmen und erwünschte Ergebnisse nur selten in einem Ursache-Wirkung-Zusammenhang stehen. Häufig werden Fachberater herangezogen, um durch hochstrukturierte Optimierungsprogramme Inseln von Berechenbarkeit zu schaffen. Konfrontiert mit Nicht-Linearität und Unsicherheit, tendiert das Management zum Aufbau einer »Illusion of Control« (Gabriel 1999) – und insbesondere die Fachberatung bedient das Bedürfnis nach einer Fokussierung auf das, was linear kontrollierbar scheint: Ausgefeilte Analytik und externe Expertise produzieren Sicherheit und Legitimation und verstärken damit die Kontrollillusion.

Eine Projekterfahrung illustriert diesen Ansatz: Einer unserer Klienten aus der IT-Branche hatte sich zum Ziel gesetzt, das Führungsmodell effizienter zu gestalten und die Interaktionen zwischen den Führungsebenen optimal aufeinander abzustimmen. Das Ergebnis der Fachberatung war eine kontrollfokussierte Überstrukturierung: eine Vielzahl von Führungsinteraktionen zwischen den Ebenen; eine Frequenz, die dem »Veränderungstakt« des operativen Geschäfts nicht angemessen war; ein Monitoring zur Nachhaltung jedes Führungsdialogs; und schließlich detaillierte Vorgaben zur Durchführung bis hin zu Agenden mit minutengenauen Zeitangaben. Die Führungskräfte reagierten nahezu geschlossen mit einer Blockade des von ihnen als praxisfremde Zumutung empfundenen Führungsmodells. In unserer Arbeit boten wir als Gegenentwurf gezielt Räume zur Reflexion. Die Führungskräfte konnten sich kritisch mit bisheriger Führungspraxis auseinandersetzen, im Rahmen von Handlungslernen konkrete Führungssituationen erfahren, als sinnvoll erachtete Führungsinstrumente vereinbaren und sich ebenenspezifische Haltungen zu Führung aneignen.

Das Beispiel mag extrem sein, illustriert jedoch gut die Grenzen eines linearen Management- und Beratungsbegriffs. Unabhängig von der Relevanz externen Fachwissens müssen die Erfolgsbedingungen von Beratung stärker in den Mittelpunkt gerückt werden: die Aktivierung der internen Ressourcen des Klienten wie Talente, Erfahrung, Wissen, Motivation. Diese Aufgabe bedeutet für Fachberater und Management das Verlassen der eigenen Komfortzonen. Die Abkehr von einer Kontrollperspektive auf Organisationen erfordert ein Sich-Einlassen auf Vieldeutigkeit und Eigendynamik, in der es weder Objektivität noch Sicherheit geben kann – mit der Aussicht aber, Veränderungsprozesse in ihrer Komplexität verstehbar und gestaltbar zu machen.

Konzeption und Umsetzung

Die Forderung nach Begleitung bei der Umsetzung stößt bei Fachberatern zwar durchaus auf positive Resonanz, die Umsetzung aber erweist sich als schwer. Fachberatung ist weitgehend einer Perspektive verpflichtet, in der Strategieentwicklung und -umsetzung abgegrenzte Phasen bilden. Geschäftsmodell und Einsatzlogik der Fachberatung sind auf diese Logik ausgerichtet: Fokussierung auf Zusammenarbeit mit dem Top-Management abseits der Organisation, kurze Projekte mit hoher Einsatzintensität vor Ort und ein Nutzenversprechen, das das Einbringen eigenen Expertenwissens ins Zentrum stellt. Nach dem Abschluß der Konzeptarbeit auch mittelfristig an der Umsetzung mitzuwirken gilt als unattraktiv. Die Begleitung bei der Umsetzung wird – wenn überhaupt – nur in Form technischer Programmsteuerung über die Definition von Endprodukten, Meilensteinen und Verantwortlichkeiten geleistet.

Am Beispiel der Einführung eines Kundenservice-Modells in einer dezentralen Flächenorganisation lassen sich die Probleme des sequentiellen Beratungsbegriffs illustrieren. Unser Klient hatte sich zum Ziel gesetzt, in seinen mehr als 180 Kundenkontaktpunkten die Effizienz der Kundenprozesse substantiell zu steigern. Die vom Fachberater vorgelegte Konzeption – zum einen eine an den Kernprozessen orientierte Umstrukturierung der Aufbauorganisation in den Kontaktpunkten und zum anderen eine Kundensegmentierung mit Vorgaben für Beratungszeit und -produkte – zeigte zunächst kaum spürbare Verbesserungen. Die Organisation »exekutierte« das neue Konzept im alten Geist. Eine Kurzdiagnose in den Piloteinheiten zeigte, daß die Konzeption keine Idee enthielt, die die innere Veränderungsbereitschaft der Organisation mobilisierte. Die Folge war ein eher diffuser Widerstand gegen das »von den Beratern aufoktroyierte

Konzept«. Erst durch systemisch angelegte Workshop-Reihen mit Mitarbeitern aller Ebenen zur reflexiven Aneignung des neuen Verständnisses von Kundenberatung und Mitarbeiterführung konnten sich die Einstellungs- und Verhaltensänderungen ausbilden, die den Erfolg der neuen Konzeption begründeten.

Eine wirkungsorientierte Beratung steht vor der Aufgabe, Konzeption und Umsetzung zu integrieren. Unsere Erfahrung zeigt, daß nicht nur die Einbindung verschiedener Hierarchieebenen in die Konzeptentwicklung erfolgversprechend ist; auch die kritische Reflexion und das Aneignen von Strategien und Prozessen im eigenen Bezugssystem können wirkungsvoll durch Berater unterstützt werden. Eine Strategieentwicklung, integriert mit Umsetzung gedacht, ist eine kontinuierliche Entwicklungsaufgabe, an der nicht nur Führungskräfte, sondern auch Funktionsträger auf unterschiedlichen Hierarchieebenen zu beteiligen sind (Nagel/Wimmer 2004).

Über die Grenzen hinaus ...

Die Geschäftsdynamik ist die Domäne und anerkannte Stärke der Fachberatung. Hier ist die Welt des Unternehmens rational geordnet, quantitative Analytik ist die Leitwährung. Wer sich aber dem Ziel verpflichtet, die Leistungsfähigkeit nachhaltig zu verbessern, wird anerkennen müssen, daß die Wirklichkeit komplex ist. Neben der Geschäftsdynamik tragen zwei weitere Dimensionen maßgeblich zur Leistungs(un)fähigkeit von Unternehmen bei: die organisationale Dynamik und die personale Dynamik. Organisationale Dynamiken mit Kategorien wie (Macht-) Beziehungen, Rollen, impliziten Verhaltensregeln werden aus der Perspektive der Fachberatung systematisch ausgeblendet. Unternehmen aber sind soziale Systeme – autonom, nicht trivial und komplex –, die einer eigenen inneren Logik folgen (Kets de Vries/Miller 1984). Ebenso relevant sind die Kategorien der personalen Dynamik wie mentale Modelle und »Inner Theatres« von Führungskräften und Mitarbeitern. Selbst- und Fremdbilder, Projektionen, intrinsische Motivationsmuster von Schlüsselakteuren sind gerade in Veränderungssituationen entscheidend, sind aber nicht Teil des Lösungsraums der Fachberatung.

Unser Ziel ist es, die Beratung von Organisationen in eine Richtung weiterzuentwickeln, die den Erfolgsbedingungen der Klienten optimal Rechnung trägt. Ein erster Schritt kann sein, daß die Fachberatung sich der Verengung ihrer

Perspektive und deren Folgen bewußt wird: einer Perspektive auf harte Faktoren, lineare Wirkungszusammenhänge und die Trennung von Konzeption und Umsetzung. Eine solche Reflexion über die eigenen Grundsätze macht das Eintreten in einen Grenzraum möglich, in dem sich unterschiedliche Beratungsansätze zum Nutzen des Kunden ergänzen: Fachliche Expertise, systemische reflexive Methoden, Einzel- und Gruppen-Coaching lassen sich wirkungsvoll kombinieren, wenn Berater – sei es mit Fach- oder Prozeß-Hintergrund – die Grenzen ihrer Ansätze reflektieren und bearbeitbar machen.

2.3 Unsere Erfahrungen in der Zusammenarbeit mit klassischen Fachberatern

Roswita Königswieser, Ebrû Sonuç, Jürgen Gebhardt, Martin Hillebrand

Wir haben unglaubliche Überraschungen, berührend positive aber auch zum Beziehungsabbruch führende Enttäuschungen in Kooperationen mit klassischen Beratern erlebt. Wir wollen hier exemplarisch einige Ereignisse erzählen und dann unsere konzeptionellen Schlüsse daraus ziehen.

Positive Erfahrungen

Ausgangssituation: Es ging um einen Post-Merger-Prozeß zweier Banken in Deutschland. Es gab die übliche Aufgabenstellung, in einem politischen Umfeld wirtschaftliche Synergieeffekte zu erzielen. Zum Beispiel sollten die beiden IT-Bereiche zusammengelegt und redimensioniert werden. Der Kunde forderte explizit Konzept und Implementierung, also auch einen gleichzeitigen Change-Prozeß. Wir wurden eingeladen, mit dem dreiköpfigen IT-Expertenteam der Fachberaterkollegen zusammenzuarbeiten.

Es soll hier nur die erste Sequenz der Vorbereitung und der Präsentation beschrieben werden. Die drei Berater von K&N hatten systemisches Prozeß-Know-how und auch eine generelle IT-Fachkompetenz. Im 6er-Team investierten wir einen ganzen Tag für Teamentwicklung, den Austausch unserer Erwartungen, für die Klärung der Inhalte und der unterschiedlichen Rollen. An zwei weiteren Tagen wurde sorgfältig das integrierte Angebot erstellt. Wir gingen davon aus, daß wir immer zu zweit in komplementären Staffs arbeiten würden. Obwohl der Kunde unterschiedliche Tagsätze bezahlen würde, sollte die interne Verteilung der Honorare 50:50 sein. Vorweg wurden klare Vereinbarungen getroffen, und zwar über die Rahmenbedingungen wie Ökonomie, über eine doppelte Projektleitung (von jeder Seite eine Person), über die anfragebedingte Leadfunktion der Fachberatung, über genügend Reflexionszeit im Staff und über eine regelmäßige Supervision. Die intensiven inhaltlichen Diskussionen waren für uns neu, die Teamentwicklungssequenzen im Staff waren wiederum für die Kollegen ungewohnt und berührend. Ein »Blitzlicht« dazu:

Wir hatten die Sorge, daß sich die häufig vor Ort arbeitenden Fachkollegen mehr an der aktuellen Situation vor Ort orientieren könnten als an den im Staff gemeinsam getroffenen Entscheidungen. Die Kollegen waren besorgt, daß wir ihre Effizienz durch übertriebene Reflexionsschleifen gefährden und sie dadurch in ein »schiefes« Licht gerückt werden könnten. Unsere Hoffnungen waren darauf ausgerichtet, durch diese Kooperation Pionierarbeit zu leisten. Die Fachkollegen sehnten sich danach, auch als Menschen und nicht nur als »Effizienzmaschinen« wahrgenommen zu werden.

Unsere Hypothesen über die Situation paßten zusammen. Die heftigsten Diskussionen führten wir über die Art der Präsentation. Statt der geplanten 100 Folien einigten wir uns auf 30. Die anschließend geradezu überschäumende Experimentierbereitschaft unserer Kollegen war faszinierend. Die Idee, dem Kunden unsere Hypothesen als Märchen zu präsentieren, konnten wir gerade noch in ein inhaltlich-bildliches Szenario abwandeln.

Wir trafen uns zur Präsentation in der Zentrale, im Meetingsaal des Unternehmens, mit acht Kunden (1 Vorstand + 1 Person aus der IT-Abteilung + 5 Fachexperten aus dem IT-Bereich + 1 Marketingvertreter). Nach der Vorstellungsrunde leiteten wir eine Interviewsequenz ein, bei der wir unter anderem die »klassische« Frage stellten: »Woran würden Sie erkennen, daß das Projekt ein Erfolg ist?« Wir fragten dann nach einem Bild, das die momentane Situation des Kunden-Systems symbolisch beschreibt. Diese Intervention löste Erstaunen aus. Ein Kunde meinte: »Wir haben Sie eingeladen, damit Sie uns sagen, wann es erfolgreich ist, und nicht umgekehrt.« Im »Reflecting Team« gelang es, die Latenzen, z.B. die verdeckten, unausgesprochenen Abwertungsmuster des IT-Bereiches gegenüber dem Rest der Organisation (Wie sind Steuerer, nicht Dienstleister!) anzusprechen. Die Folienpräsentation der Inhalte wurde mit dem bildlichen Szenario verknüpft. Einige Leute waren dadurch irritiert, die Mehrheit war beeindruckt. Die ungläubigen Fragen der Kunden, wie unsere Kooperation denn dann aussehen würde, konnten wir dank der sorgfältigen Vorbereitung gut beantworten. Ein Schwachpunkt war die Tatsache, daß wir damals in dieser Kombination noch auf kein ähnliches Referenzprojekt verweisen konnten.

Wir haben den Auftrag dann leider aus internen unternehmenspolitischen Gründen nicht bekommen, aber wir alle im Staff waren mit der Vorbereitungsarbeit sehr zufrieden. Es legte die Basis für die folgenden Kooperationen.

Enttäuschende Erfahrungen

Wir wurden als Implementierungsexperten in einen bereits angelaufenen, großen Umstrukturierungsprozeß mit eingeladen. Allerdings gab es keine Chance, auch nur einmal den Auftraggeber zu Gesicht zu bekommen. Also setzten wir uns im K&N Staff zusammen, um mit einer Artefaktanalyse (Analyse der Artefakte des Unternehmens; vgl. Froschauer 2002) dennoch tragfähige Hypothesen über die Organisation zu entwickeln. Unser Kollege von dem weltweit agierenden Unternehmen, ein angesehener Seniorpartner, vermittelte den Eindruck, sein Staff wäre von ihm bereits überzeugt worden, daß unser systemisches Prozeß-Know-how für den Erfolg des Projektes wichtig sei. Das erste gemeinsame Treffen der beiden Berater-Systeme im Hause der Kollegen erwies sich, trotz der grundsätzlich tragfähigen Achse zwischen mir (R. Königswieser) und dem Seniorpartner, als eine absolute Enttäuschung, und zwar für beide Seiten. Wir empfanden die Art der Kontaktaufnahme befremdlich: kein »Warming up«, 20 Leute um einen Tisch, Präsentation von 200 Folien mit genauen Umsetzungsplänen bis ins letzte Detail, keine wertschätzenden Berichte über die Klienten. Wir waren unerwartet in einer »Verkaufssituation«, sollten beweisen, warum wir gut miteinander kooperieren könnten. Wir brachten Hypothesen, Prozeßvorschläge, Architekturen vor, erwarteten, daß wir das Konzept gemeinsam entwickeln würden, aber nur soweit, daß die Kunden noch selbst mitgestalten konnten. Das wiederum enttäuschte die andere Seite: »Keine inhaltlichen Konzepte, die uns hätten überzeugen können«, »viel zu diffus, ergebnisoffen«. Die erwartete »Wunderwaffe« konnte man in uns nicht erkennen.

In anderen Situationen, in denen wir Spielregeln aufgestellt, in die Beziehung Zeit investiert hatten, stellte sich immer wieder heraus, wie unterschiedlich wir waren: im Zur-Verfügung-Stellen von Expertenlösungen, in der Beziehungsgestaltung zum Kunden, im Stellenwert von Folien, in der Sprache. Einmal baten wir die Kollegen in einem Prozeßschritt – einem Workshop-, die 15 Geschäftsführer zu fragen, ob sie mit dem von ihnen präsentierten Konzept einverstanden wären. Dem wurde zugestimmt. Allerdings lief diese Interaktion dann ganz anders, als wir es erwartet hatten. Die 15 Personen wurden, in »Kinobestuhlung« sitzend, nach der Folienpräsentation einfach gefragt: »Finden Sie das gut oder nicht?« Da niemand antwortete, ging man davon aus, dies bedeute Einverständnis. Hätte man die 15 Personen in Dreiergruppen gesetzt, ihnen dieselbe Frage gestellt und sie nach 10 Minuten Gruppenarbeit nach den Ergebnissen gefragt, wären sicher differenzierte Meinungen geäußert worden. So wurde Kritik erst später geäußert. – Die Liste solcher Beispiele ist lange.

Welche Schlüsse haben wir aus den Erfahrungen gezogen?

Revidierung der Vorurteile

- Wir haben keine kalten »Effizienzapostel« oder perfekten »Rationalitätsfanatiker« getroffen. Die Kollegen sahen Ziel- und Interessenspluralitäten, vertraten keine platten Machbarkeits- und Planbarkeitsideologien. Allerdings haben wir auch oft gehört: »Ich bin kein typischer McKinsey, BCG'ler« usw. (BCG = Boston Consulting Group)
- Eine gemeinsame Werthaltung ist der wichtigste Erfolgsfaktor. Wenn sie vorhanden ist, ist es auch möglich, mit Vertretern großer, »klassischer« Fach- bzw. Strategieberatungsunternehmen gut zu kooperieren. Wenn nun eine gemeinsame Sozialisation vorhanden ist – z. B. mit Fachberatern, die eine systemische Ausbildung gemacht haben und sich systemische Prozeßberater Fach-Know-how aneignen – und auch ein gemeinsames ökonomisches Interesse besteht, vergrößern sich die Wahrscheinlichkeiten eines Erfolgs.

Feststellen von Gemeinsamkeiten

- Neben dem ständigen Zeitdruck, den erduldeten Unannehmlichkeiten im Flugverkehr, war uns die Sehnsucht nach einem »ruhigeren Leben ohne Effizienzdruck« gemeinsam. Hier bestätigen wir den Befund von D. Kurbjuweit (2003), der sagt, daß eine Welt, die unter dem Druck einer allesbeherrschenden Effizienz stehe, keine besonders lebenswerte Welt sei, »weil diese Effizienzwelt keine Seele hat«.
- Die Zusammenarbeit war von der gemeinsamen Vision getragen, durch die Zusammenführung des Know-how einen Ansatz zu entwickeln, der etwas Neues, Besonderes, Sinnvolles bedeutet, etwas, das einen echten Mehrwert für den Kunden und für die eigene Person darstellt. In einer Reflexionsrunde hörten wir eine repräsentative Äußerung: »Als McKinsey Mitarbeiter war ich beliebig austauschbar – Ressource, Rohstoff. Jetzt bin ich nicht austauschbar. Ich stifte Sinn.«

- Sowohl die Fach- als auch die Prozeßberater haben eine stark identitätsbildende Kultur mit verinnerlichten Werten, einer speziellen Sprache mit besonderen Symbolen, bis hin zu bevorzugten Bekleidungscodes. Daraus leiten sich auch die klaren unterschiedlichen Anforderungsprofile in den Recruitingprozessen ab. Inhaltlich gibt es also große Unterschiede, die Kraft der Überzeugtheit ist aber identisch. Dasselbe gilt für den engagierten Einsatz in den Projekten, für die Leidenschaft der beraterischen Arbeit.
- Wir konnten auch feststellen, daß die Vertreter beider Ansätze letztlich das Gefühl hatten, *ihr* Ansatz bringe die eigentliche Veränderung: »Nur durch neue Strukturen findet eine wirkliche Veränderung statt.« »Nur die Veränderung von Mustern führt zu nachhaltigem Wandel.«

Feststellen von Unterschieden

- Die Arbeitssituationen waren insgesamt von großer Lernbereitschaft und Interesse aneinander – an dem Fremden – gekennzeichnet. Allerdings spürten wir an uns selbst, wie schwierig es war, »das Fremde« wirklich verstehen und wertschätzen zu können. Es gab die Verständigungsprobleme, die »Bürger fremder Welten« eben haben (vgl. Sutrich 2003). Es war oft wie das Zusammentreffen von »Öl und Wasser«: Das »Fremde« vermengt sich nicht leicht (vgl. Goffmann 1971; Simmel 1968).
- Beim Kontakt mit dem jeweiligen Beraterkollegen von der »anderen Seite« mußte der »gemeinsame Boden« stets vorsichtig daraufhin ausgelotet werden, ob er trug. Trotz Kennenlernen und dem Aufstellen von Spielregeln gab es stets Überraschungen, immer wieder Enttäuschungen und Irritationen. Über die Tatsache hinaus, daß eine völlig gelingende Kommunikation und ein genaues Verstehen ohnehin unwahrscheinlich sind, galt es, zwischen den Vertretern der fremden Welten »Brückenköpfe« zu bauen. Wenn aber die gebrauchten Begriffe unterschiedlich sind, die Sprachen erst decodiert werden müssen und die Weltbilder, die verschiedenen unsichtbaren Hintergrundannahmen, welche Interventionsstrategien steuern, voneinander abweichen, dann müssen die Gesprächspartner sensibel zwischen inhaltlichen und Beziehungsaspekten balancieren, wenn die Begegnung nicht scheitern soll. Dabei spielt das Bild von sich selbst bzw. »Image« eine große Rolle, das durch den »Fremden« leicht beschädigt werden kann.
- Auch die Größe der Beratungsunternehmen und das damit verbundene

Geschäftsmodell sind unterschiedlich, wenn man sich »klassische« Fachberatungsunternehmen und systemische Beratergruppen ansieht. Damit hängt es auch zusammen, ob Juniorberater oder erfahrene Berater eingesetzt werden, ob die Interventionen standardisiert oder maßgeschneidert sind, ob eine Pull-Strategie im eigenen Marketing oder eine Push-Strategie gewählt wird.

- Ein weiterer Unterschied liegt in der Beziehungsgestaltung zum Klienten. Unser Klient ist das ganze System, nicht nur das Top-Management. Die Auffassungen, woran sich Professionalität und Verantwortung zeigen, sind daher auch sehr unterschiedlich. »Ich bin dann ein guter Berater, wenn ich mehr weiß als der Klient. Ich muß ihn von der optimalen Lösung überzeugen. Ich muß dafür die Defizite aufdecken, dann kann ich verbindliche, quantitative Ergebnisse versprechen.« »Wir sind davon überzeugt, daß das Basiswissen im System vorhanden ist. Wenn wir entsprechende Fragen stellen und wertschätzende Kommunikationsprozesse gestalten, wird das System selbst die besten Antworten finden.«
- Auch der Umgang mit Zeit ist völlig anders. Wir forcieren Zeitverzögerung, ein sparsames Vor-Ort-Sein, Zeit für Selbstbeobachtung und Reflexion. »Klassische« Berater sind rund um die Uhr vor Ort, produzieren Zeitdruck. Dieses Verfahren ist ohne Frage anschlußfähig an die Logik der Wirtschaft und gibt den Klienten Sicherheit. Die Hälfte der Vorstände von Dax 30-notierten Unternehmen und ein Drittel der M-Dax-Unternehmensvorstände sind ehemalige Unternehmensberater (vgl. Dowideit 2005).
- Eine wichtige Verständigungshürde sind die verschiedenen Sprachen der Berater. Sie bringen die unterschiedlichen Logiken und Weltbilder zum Ausdruck, und so entstehen gleichzeitig Sprachbarrieren, die durch »Übersetzungsleistungen« überwunden werden müssen. Zum Beispiel verstehen Businessberater unter »Prozeß« Geschäftsprozesse, Abläufe – Prozeßberater verstehen darunter ausschließlich Kommunikationsprozesse. Während die einen in diesem Zusammenhang von »Methoden« und »Skills« oder »Moderation« sprechen, operieren die anderen mit »Strukturierung von Kommunikation« bzw. »Prozeß-Know-how«. Prozeßberater nennen die »anderen« Fachberater, diese selbst bezeichnen sich als Business-Consults bzw. als Strategieberater. Die Bezeichnung »Fachberater« beziehen sie auf Fach-Spezialisten mit tiefem Detailwissen.

- Unsere Vorgehensweise ist insgesamt gewöhnungsbedürftiger, sorgt für mehr Verunsicherung, überfordert oft, weil wir prozeßoffener agieren und quantitative Ergebnisse nicht vorweg zusichern können.

Erkenntnisprozesse im eigenen Haus

- Die Aufarbeitung unserer Erfahrungen hat auch zu schmerzlichen Erkenntnissen über uns selbst geführt und war Anlaß für Veränderungsprozesse im eigenen Unternehmen.
- In integrierten Projekten sind wir als Berater nicht mehr nur die »Guten«, die »Lichtfiguren«, sondern oft auch die »Dunklen«, »die Schuldigen« – verantwortlich für Rationalisierung, für Stellenabbau, für ein »Weniger« statt ein »Mehr«. Die eigene Rolle erfordert neben der positiven Konnotation auch ein Hinweisen auf Defizite.
- Aus psychoanalytischer Sicht kann man die These vertreten, daß das Motiv, Berater zu werden – egal welcher Ausprägung – die eigene Hilflosigkeit verleugnet und in der Rolle des Helfenden kompensierend ausgelebt wird (vgl. Schmidbauer 1977).
- Wir können uns vorstellen, daß gerade dieses Motiv dazu führt, daß man als »reiner« Prozeßberater die andere Art des »direktiveren« Helfens als besondere Provokation erlebt, weil man sich diese Haltung explizit verbietet und sie dann umso mehr kritisieren muß. Hat man sich doch trotz dieser Sehnsucht, direkt zu helfen, eine Kompetenz zugelegt, die genau diese »Hybris« kontrolliert (vgl. Barthelmess 2003). Es könnte dabei auch Neid auf die leichtere Anschlußfähigkeit der Fachberater zum Klienten-System eine Rolle spielen.
- Wir haben eine sogenannte »SUN-Academy« geplant. Dort finden nun eigene Qualifizierungsprogramme statt. Berater, die in Zukunft systemisch arbeiten wollen, lernen von den bereits systemisch qualifizierten Kollegen, und umgekehrt lernen diese fachliches Basiswissen und Businessthemen. »Vom Netzwerk fürs Netzwerk« ist das Motto. Da Systemiker oft Vorbehalte gegenüber dem »trockenen Stoff« haben, wurde das Konzept so gestaltet, daß es mit »Sonne und Spaß« verbunden ist.
- Die Konsequenzen auf der Ebene des Beratungsansatzes sind im Modell der Komplementärberatung dargestellt (vgl. Kapitel 3.1).

Welche Erfolgsfaktoren spielen beim komplementären Ansatz eine Rolle?

- Aus den hier geschilderten Erfahrungen haben wir die Überzeugung gewonnen, daß der komplementäre Ansatz nur dann erfolgreich ist, wenn »beide Seiten« ihren »reinen« Ansatz verlassen, um etwas Neues zu entwickeln. Wir haben aber unsere grundlegenden Werte nicht aufgegeben, sondern sie neu interpretiert.
- Eine gute Zusammenarbeit im Beraterstaff (BS) ist der erste Schritt, um als Berater-Klienten-System (BKS) im Klienten-System (KS) wirksam werden zu können (vgl. Kapitel 3.1: »Das Komplementär-Modell«).

2.4 Ergebnisse der Begleitforschung: Die »reflexiv–differenzierende Beratung«

Ulrike Froschauer, Manfred Lueger

Beratungsprojekte erfordern die Strukturierung und Regulierung von Beziehungen, womit einerseits die Verbindung zwischen Beratungsunternehmen und der beratenen Organisation und andererseits die jeweiligen internen Beziehungen gemeint sind; zudem müssen eventuell außenstehende Dritte (wie etwa Begleitforschung oder andere in die Beratung involvierte Organisationen) einbezogen werden. Die Komplexität dieser Beziehungsarbeit erhöht sich zusätzlich, wenn in der Beratungsarbeit zwei konträre Beratungsphilosophien aufeinandertreffen bzw. bewußt kombiniert werden. K&N als ein international tätiges Beratungsunternehmen versuchte, sich diesem Problem systematisch anzunähern. Dahinter standen zwei Interessen: (1) die Entwicklung eines innovativen Beratungsansatzes, der eine systemisch orientierte Organisationsberatung (vgl. Königswieser/Hillebrand 2005b) verstärkt mit fachlichen Beratungskomponenten verbindet; (2) die Berücksichtigung der Interessen von Kunden, die eine maßgeschneiderte Beratungsarbeit für die eigene Organisation erwarten, in der fachliches Know-how mit Prozeßwissen verbunden wird. Um diese Entwicklungsarbeit wissenschaftlich zu unterstützen, initiierte das Beratungsunternehmen eine Begleitforschung zu einem konkreten Beratungsprojekt, in dem eine Kooperation zwischen beiden Beratungsansätzen stattfand. Dieses Forschungsprojekt sollte (1) die Handlungs- und Entscheidungslogik sowohl der systemischen Beratung als auch der Fachberatung rekonstruieren und (2) Prämissen für einen integrierten Beratungsansatz erarbeiten.

Zur Analyse der Handlungs- und Entscheidungslogiken im Kontext systemischer Beratung und Fachberatung wurde unter anderem auf eine empirische Studie zur Analyse von Beratungsprozessen aus Kundenperspektive zurückgegriffen[2]. Schon damals zeigten die Ergebnisse, daß die gängige Ausdifferenzie-

2 Die Studie (2002) wurde durchgeführt von Ulrike Froschauer für die Beratergruppe Neuwaldegg, C/O/N/E/C/T/A und Hernstein International Management Institute (Koordination von Roswita Königswieser).

rung der Beratungsbranche bei Kunden auf Kritik stößt, weil diese verständlicherweise die Stärken von beiden für sich nützen möchten.

Vor dem Hintergrund dieser früheren Forschungsergebnisse und auf der Basis des Orientierungsgesprächs mit der Auftraggeberseite wurde das Forschungsprojekt in mehreren Zyklen parallel zur Beratungsarbeit strukturiert (zur Methodik siehe Froschauer/Lueger 2003). Dabei waren folgende Komponenten zentral:

- wiederholte qualitative Interviews mit dem Berater-System;
- Diskussion der Zwischenberichte als Reflexion des Beratungsprozesses im Rahmen von fünf eintägigen Workshops sowohl mit dem Berater-System als auch mit einem erweiterten Kreis von Netzwerkpartner des Beratungsunternehmens;
- Dokumentation mittels Tonbandaufzeichnungen und ausführliche Interpretation der geführten Gespräche sowie der Workshops;
- die zusätzliche Analyse dreier schriftlicher Angebote, die aus einer Kooperation zwischen jeweils zwei Beratungsunternehmen stammten, die völlig konträre Beratungsphilosophien vertraten;
- eine kontinuierliche Adaption der Begleitforschung an den laufenden Beratungsprozeß.

Die Studie machte deutlich, daß die einfache Kombination beider Beratungsansätze aufgrund ihrer kontradiktorischen Basisannahmen nicht zielführend ist. Daher konzentrieren sich die folgenden Ausführungen auf die Unvereinbarkeiten zwischen Fachberatung und systemischer Beratung, um anschließend die Prämissen für eine Verbindung beider Ansätze im Rahmen eines »reflexiv-differenzierenden Beratungskonzeptes« aufzuzeigen. Den Abschluß bildet eine kurze Diskussion des vorgestellten Ansatzes.

Unvereinbarkeiten zwischen Fach- und systemischer Beratung

Innerhalb der Vielfalt von Beratungsansätzen läßt sich eine Zweiteilung mit völlig konträren Ansichten über die Funktion von Beratung, deren Prinzipien, die Gestaltung der Beziehung zu den Kunden und die Art der erforderlichen Interventionen feststellen (zu ähnlichen Unterteilungen vgl. Sutrich/Schindelbeck 2005 oder Kolbeck 2001).

Die wichtigsten Differenzen zwischen Fach- und Prozeßberatung lassen sich auf folgenden Ebenen festmachen:

Fachberatung	**Prozeßberatung**
Vorstellung der Funktionsweise von Organisationen	
Die Fachberatung stellt in ihrer Betrachtung die Zweckrationalität ins Zentrum. In diesem Sinne sind Zweck-Mittel-Beziehungen und Nutzenerwägungen wichtige Ansatzpunkte der Beratung. Im Zuge dessen versucht sie, Wissens- und Kompetenzdefizite in der Organisation zu identifizieren, um diese dann zu beseitigen.	Sie sieht kommunikativ erzeugte Vorstellungsbilder von der Organisation als Handlungsgrundlage. Deshalb erlangen soziale Beziehungen und Kommunikation eine Schlüsselstellung in der Beratung. Dabei versucht die Prozeßberatung, Potenziale und Blockaden zu identifizieren, um die Selbstentwicklung der Organisation zu fördern.
Beratungsprinzipien	
Die Fachberatung bietet Fachwissen zur effizienten Lösung von Problemen an. Dadurch nimmt sie dem Management Entscheidungen ab und schlüpft in eine Art Führungsfunktion. Dies erfordert eine klare Definition von Zielen, um detaillierte Maßnahmen zu deren Erreichung entwickeln zu können.	Die Prozeßberatung bietet ein Prozeßwissen für die Entwicklung des Unternehmens an und unterstützt das Management bei der Entscheidungsfindung. Beratung wird als Ko-Konstruktion verstanden, in deren Verlauf Zielsetzungen, Problembearbeitungsformen und Erfolgskriterien verhandelt werden.
Beratungspraxis	
Fachberater bringen Wissen ein, das die Organisation übernehmen soll. Im Zuge dessen fördert sie ökonomisch rationale Organisationsstrukturen und die spezifische Kompetenz in der Aufgabenbewältigung. Intern tendieren entsprechende Beratungsunternehmen zu einer Standardisierung (ausdifferenziertes Wissensmanagement) der Beratungsinhalte. Das macht auch unerfahrene Berater schnell und effizient einsetzbar.	Prozeßberater regen die Organisation zur Entwicklung und Nutzung eigener Problemlösungskompetenzen an. Auf seiten der Organisation erfordert diese Vorgehensweise ein aktives Lernen, wobei auch die Dynamik der Organisation kritisch hinterfragt wird. Aufgrund der in diesem Prozeß erforderlichen hohen sozialen Kompetenz spielen die Erfahrung und die Persönlichkeit der Berater eine große Rolle.

Fachberatung	Prozeßberatung
Beziehungen zwischen Kunden- und Berater-System	
Die Annahme, daß – im Gegensatz zur Organisation – die Berater über das zur Problembewältigung erforderliche Wissen verfügen, schafft eine asymmetrische Kooperationsbeziehung. Dabei konzentrieren sich die Beratungskontakte auf die oberste Führungsebene. Nach der Aushandlung des Auftrags dominieren die Berater den weiteren Verlauf, wobei die Organisation für das ihr zur Verfügung gestellte Wissen zahlt.	Während das Kunden-System sein fachliches Wissen einbringt, stellen die Berater ihr Prozeßwissen zur Verfügung. Da erst die Kombination beider Expertisen den Erfolg gewährt, beruht die Beratung auf einer symmetrischen Beziehung unter Einbeziehung möglichst vieler Organisationsmitglieder. Die inhaltliche Verantwortlichkeit bleibt dabei immer beim Kunden, wobei für die Entwicklung des ganzen Unternehmens Honorar bezahlt wird.

- Die erste Gruppe (in der Folge verkürzt als »Fachberatung« bezeichnet) konzentriert ihre Aktivitäten auf die fachliche Expertise bezüglich spezifischer, in der jeweiligen Organisation zu lösender Problemstellungen.
- Die zweite Gruppe (in der Folge verkürzt »Prozeßberatung« genannt) fokussiert ihre Aktivitäten auf die Prozeßgestaltung zur Weiterentwicklung von Organisationen. Ihre Expertise besteht in der Gestaltung von Entwicklungs- bzw. Problembearbeitungsprozessen.

Aus einem Alltagsverständnis heraus wäre es nun plausibel, die beiden Ansätze einfach zu kombinieren, wie dies auch vielfach von Kundenseite gefordert wird. So könnte die mangelnde Akzeptanz der Fachberatung mit Hilfe einer verstärkten sozialen Unterstützung durch die Prozeßberatung verringert werden, oder die mangelnde inhaltliche Unterstützung der Prozeßberatung könnte durch die Fachberatung ausgeglichen werden. Dies entspricht auch der Erwartung des Managements, das durch Beratung verstärkt die Kontrolle erlangen will: in einer immer komplexeren und dynamischeren inneren und äußeren Umwelt, bei hohem Druck von seiten verschiedenster Interessengruppen und einem »Dschungel« an Managementmoden (Kieser 2002, S. 59 ff.).

Allerdings zeigte die Begleitstudie, daß dies eine Wunschvorstellung ist, die jene Widersprüche vernachlässigt, die sich aus einer Kombination beider Ansätze ergeben: Während etwa die Fachberatung die Problemlösung für die Organisation in den Mittelpunkt stellt, zeigt die Prozeßberatung der Organisation primär, wie die Organisation selbst an die Problembearbeitung herangehen kann. Für erstere muß es daher klar definierte Probleme und Lösungsmaßnahmen geben, während es für zweitere beides nicht gibt: Probleme und Lösungsalternativen werden im Beratungsprozeß gemeinsam erarbeitet und nach einer adäquaten Anbindung an die Organisationsdynamik gesucht.

In einem kombinierten Beratungsprozeß müßte nun das Berater-System einander gegenseitig ausschließende Anforderungen erfüllen. Diese Widersprüche lassen in der Regel nicht nur massive Spannungen zwischen den Beratern entstehen, sondern provozieren auch Inkonsistenzen in der Beratungsarbeit. Dabei taucht eine Reihe von Fragen auf: Wer übernimmt die Projektleitung? Wie konkret muß das Angebot ausformuliert sein? Sollten etwa die Fachberater klare Vorgaben zielstrebig angehen, oder müssen nicht doch die Vorgaben erst hinterfragt werden? Steht bei der Auftragsverhandlung die Definition und Umsetzung von Problemlösungsmaßnahmen oder die Etablierung eines internen Problemlösungsprozesses im Vordergrund? Soll man die Kundenvorgaben erfüllen und (Pseudo-)Sicherheit geben oder die Ansprüche der Kunden erst aushandeln und dabei die Zielsetzungen relativ offen halten? Soll man sich einzelnen Problemen widmen oder sich auf die Organisationsdynamik konzentrieren? Inwieweit sollen Berater der Organisation vor Ort zur Verfügung stehen?

Es ist daher nicht verwunderlich, wenn sich in der Praxis Konflikte im Team der Berater häufig darauf konzentrieren, welche Interventionen unausweichlich sind, was tunlichst zu vermeiden ist und welche langfristigen Folgen aus den Interventionen zu erwarten sind. Mitunter werden diese Konflikte beim Kunden ausgetragen und können bis hin zu einer internen Blockierung der Beratung führen, insbesondere wenn die Abstimmung zwischen den Beratern nicht funktioniert. Erschwert wird die Beratungsarbeit dann, wenn innerhalb des Berater-Systems unterschiedliche Wertvorstellungen bestehen, das Vertrauen zueinander schwach ausgeprägt ist, es wenig gegenseitige Wertschätzung gibt und insgesamt die Art der internen Beziehungen durch Konkurrenz gekennzeichnet ist.

Selbstverständlich sind die beiden Beratungsansätze in der Praxis nicht vollständig voneinander isoliert. Immer gibt es in der Prozeßberatung fachliche Impulse, während die Fachberatung auch auf die Implementierung von Maßnahmen achten muß. Da sich aber das zugrundegelegte Beratungsverständnis unterscheidet, gibt es kein gemeinsames Verständnis, welche Bedeutung dem Interventionsprozeß oder dem fachlichem Know-how zukommt und wie man damit umgeht. In solchen Situationen wird die Verbindung beider Ansätze leicht zu einer Art des »Muddling through« (»Durchwursteln«; vgl. Lindblom 1959), das in einer späteren Version dann als »Mülleimermodell« (vgl. March 1988) beschrieben wurde: Das Berater-System orientiert sich in einer Politik der kleinen Schritte weitgehend unreflektiert an momentanen Anforderungen. Dies führt aber mitunter dazu, daß man übergeordnete Ziele aus den Augen verliert, wodurch die Beratungsarbeit erratische Züge bekommt. Wenn sich also Beratungsansätze ohnehin nicht in ihrer reinen Form umsetzen lassen, stellt sich die Frage, wie man das Wissen der beiden Ansätze systematisch so nützen kann, daß sie einander wechselseitig ergänzen und darüber hinaus eine Entwicklung der Organisation ermöglichen.

Prämissen einer reflexiv-differenzierenden Beratung

Der Begriff »reflexiv-differenzierend« deutet bereits auf die beiden entscheidenden Komponenten hin: (1) eine systematische Reflexion des Beratungshandelns, um im Zuge des Beratungsprojekts Beratungsaktivitäten laufend auf die jeweilige organisationale Dynamik abzustimmen; (2) die Differenzierung der Besonderheiten beider Ansätze im Hinblick auf die verschiedenen Teilaspekte eines gemeinsamen Beratungsprozesses:

- *Reflexion des Beratungshandelns*: Beratungssysteme bilden eine kommunikative Ordnung, nach der Entscheidungen, Handlungsweisen, Personen oder Dinge in einen durch explizite oder implizite Regeln geleiteten Zusammenhang gebracht werden. Dabei ist zu berücksichtigen, daß genaugenommen zwei Ordnungssysteme eine Rolle spielen: das System der beratenen Organisation (Kunden-System) und das Berater-System. Beratung hat in diesem Zusammenhang die Aufgabe, die eigene Ordnung im Hinblick auf ihre Bedeutung für die Organisation zu hinterfragen, um den Blick für eigene und organisationale Entwicklungschancen zu öffnen, die über die etablierten Strukturen hinausgehen. Seitens der Berater (aber in letzter Konsequenz auch seitens der beratenen Organisation) erfordert dies ein hohes Maß an Selbsterkenntnis hinsichtlich der auf eine Organisation (bzw. auf die Beratung) bezogenen Wahrnehmungs- und Handlungsweisen sowie die dadurch ausgelösten Folgen. Moldaschl (2001, S. 145 f.) bestimmt einen solchen Reflexionsprozeß anhand dreier Kriterien: des Verständnisses der Selbsteingebettetheit in einen sozialen Kontext; der Berücksichtigung nicht-intendierter Folgen eigenen Handelns; der Anwendung der gegenstandsbezogenen Methoden und Theorien auf sich selbst. Von Seiten der Berater erfordert das, die eigene Heterogenität von Wirklichkeitskonstruktionen mit jener der Organisation zu verknüpfen und die Bedeutung der Positionierung sowie der Aktivitäten in der Organisation immer wieder kritisch in ihren Folgen zu überdenken. Konsequent auf die Seite der beratenen Organisation übertragen, heißt dies, die Organisation zu einer Betrachtung der eigenen Positionierung und der eigenen Aktivitäten im Beratungssystem anzuregen, weil nur dadurch Nachhaltigkeit abgesichert werden kann.

Mit all seinen Aktivitäten interveniert das Berater-System in eine Organisation und wird mehr oder weniger stark in die Aktivitäten der Organisation hineingezogen. Dies trifft etwa auf den Diagnoseprozeß, die Etablierung einer Prozeßarchitektur, die Implementierung von fachlichen Verbesserungen oder auch auf die Evaluierung der gesetzten Maßnahmen zu. In diesem Sinne muß die Beratung die eigenen Aktivitäten kritisch im Blick behalten, um Instrumentalisierungsversuche von Seiten bestimmter Gruppen in einer Organisation oder die Folgen eigener Interventionen zu erkennen und um den Beratungsprozeß darauf abstimmen zu können. Dies macht eine permanente Adjustierung der Beratungsstrategie und der darauf abgestimmten Interventionen notwendig, damit unerwünschte Entwicklungen frühzeitig erkannt werden und bei Bedarf gegengesteuert werden kann.

»Reflexion« meint daher einerseits Reflexion der Organisationsprinzipien im Hinblick auf die Logik der organisationalen Entwicklungsdynamik und die dafür erforderlichen fachlichen Kompetenzen, andererseits Selbstreflexion der Beratung im Hinblick auf die Entwicklung des Beraterteams und die Positionierung des Beratungssystems in der beratenen Organisation. Um die dafür nötige Distanz zum Beratungsprozeß herzustellen, ist eine Supervidierung durch Außenstehende besonders hilfreich. Die Regulierung von Nähe und Distanz im Hinblick auf die Beratungsdynamik und die verschiedenen Beratungserfordernisse ist generell ein kritischer Punkt.

Nur wenn man die Eigendynamik einer Organisation ernst nimmt, hat man die Chance, die Organisation nachhaltig in ihren eigenen Bestrebungen zur Bewältigung komplexer Anforderungen zu unterstützen. Dafür benötigt man die Akzeptanz und das Engagement der Mitarbeiter und ist folglich auf eine Kooperation mit ihnen angewiesen. Daher sollte man verstehen, was für sie wichtig ist und wie man sie in ihrem Engagement für die Organisation und ihrer Identifikation mit der Organisation unterstützen kann. Eine reflexiv-differenzierende Beratung muß sich im Zuge dessen der Mehrdimensionalität von Betrachtungsweisen (z.B. verschiedene Gruppen von Organisationsmitgliedern, divergierende Unternehmensphilosophien, widersprüchliche Interessen) bewußt sein. »Fachberatung« hieße in diesem Kontext, sinnvolle inhaltliche Entscheidungsalternativen aufzuzeigen. »Prozeßberatung« hieße, Rahmenbedingungen für die Ideenfindung und die Umsetzungskompetenz im Unternehmen zu fördern. Letztlich soll das die Prozeß- und Entscheidungskompetenz des Kunden verstärken, ohne dessen Eigenständigkeit in Frage zu stellen.

- *Differenzierung der Beratungsansätze:* Da fach- und prozeßorientierte Ansätze in vielen Bereichen im Widerspruch zueinander stehen, lassen sich die Strategien beider Ansätze nicht verschmelzen, sie lassen sich aber in ihrer Besonderheit für verschiedene Beratungsfunktionen kontextabhängig einsetzen. Um auf diese Weise den Handlungsspielraum der Beratung zu erweitern, bedarf es einer zweigleisigen Prozeßarchitektur, die den gesamten Beratungsprozeß von der Auftragsdefinition bis hin zur Qualitätskontrolle durchzieht. Abbildung 4 hebt die Beiträge der beiden Ansätze in den verschiedenen Teilprozessen einer Beratung heraus.

  Eine reflexiv-differenzierende Beratung muß also berücksichtigen, daß ohne fachliche Komponenten die Prozeßberatung den Organisationskontext potentiell aus den Augen verliert, ohne Prozeßkomponenten jedoch die Bedingungen der Entwicklung und Umsetzung fachlicher Konzepte weitgehend unterbelichtet bleiben. In den verschiedenen Interventionszyklen ist beispielsweise in bezug auf den Prozeß zu klären, worauf im nächsten Interventionsschritt vor dem Hintergrund der bisherigen Prozeßerfahrungen zu achten ist. Aus fachlicher Perspektive wiederum ist zu bestimmen, welche spezifischen Expertisen für die weitere Entwicklung benötigt werden. Es geht daher einerseits um die fachliche Planung und Umsetzung von Konzepten, andererseits aber auch um die Klärung der Rollen und die Berücksichtigung der Machtdynamiken in der Organisation, um das Engagement in der Orga-

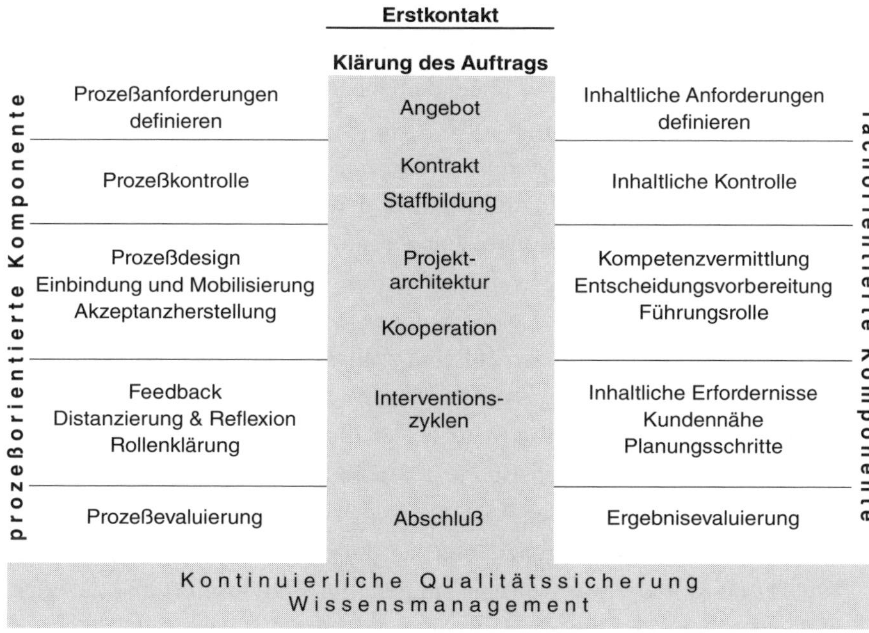

Abb. 4: Differenzierung in der reflexiv-differenzierenden Beratung

nisation sicher zu stellen. Der entscheidende Punkt ist dabei die Koordination der Beratung im Sinne einer in sich konsistenten Beratungsstrategie. Da im Prozeßverlauf nicht vorweg zu entscheiden ist, welche Beiträge die beiden Ansätze in welchen »Zeitfenstern« leisten können, ist es wichtig, jeweils im Vorfeld konkreter Interventionen die Stärken und Schwächen im Hinblick auf die fachlichen und prozessualen Erfordernisse zu ermitteln. Damit diese Abstimmung überhaupt funktionieren kann, sind zwei Rahmenbedingungen zu berücksichtigen: (1) Es bedarf eines stabilen Fundaments in beiden Ansätzen, d.h. im Berater-System müssen beide Kompetenzen vorhanden sein. Da aber dies allein nicht ausreicht, benötigen die Vertreter beider Ansätze ein Basiswissen über den jeweils anderen Ansatz. Das beseitigt zwar die Widersprüche nicht, hilft aber zu verstehen, warum die jeweils andere Seite auf eine bestimmte Weise in der Organisation handelt und welche Annahmen dahinterstehen. (2) Darüber hinaus ist eine begleitende Analyse des Beratungsprozesses hilfreich, die Informationen für die laufende Reflexion des Beratungshandelns und die Strukturierung der ver-

> schiedenen Komponenten der Beratung verfügbar machen kann. Diese Begleitanalysen bieten sich in verschiedensten Beratungsstadien an: als Einstiegsdiagnose am Beginn, als laufende Beobachtung des Beratungsverlaufs, als unterstützende Supervision oder auch als Evaluierung der inhaltlichen und/oder prozessualen Ergebnisse. Generell ist dabei eine möglichst unabhängige und kritische Sicht sinnvoll, um dem Beratungssystem möglichst zuverlässige (und beratungsunabhängige) Informationen über den Entwicklungsstand zu geben, ohne in die Diskussion über Fach- oder Prozeßberatung eingebunden zu sein. Das Beratungssystem kann solcherart nicht nur seine eigenen Entscheidungen auf eine breitere Basis stellen, sondern auch die Qualität des Beratungsprozesses steigern. Qualitätssicherung in diesem Sinne heißt somit, das Wissen über den Beratungsverlauf in kritischer Distanz zur Beratung zu generieren, um nicht der Versuchung der nachträglichen rationalisierenden Begründung eigenen Handelns zu unterliegen oder das Geschehen gar positiv umzudeuten. Auf diese Weise hält man das Wissen aktuell und ist in der Lage, sensibel auf den jeweiligen Kontext und die internen Sichtweisen und Problemlagen zu reagieren.

Um ein solches Konzept wirkungsvoll umzusetzen, bedarf es einer gemeinsamen Werthaltung und Sichtweise im Berater-System. Dies kann man nicht erzwingen. Die Voraussetzung dafür, nämlich das wechselseitige Vertrauen in die Kompetenz und Rücksichtnahme der jeweils anderen Seite und die Wertschätzung der jeweiligen komplementären Vorgehensweise, läßt sich auch nicht durch wechselseitige Zusicherungen erlangen, sondern nur durch eine konsequente Informationspolitik, gemeinsames Verstehen, permanente Abstimmung geplanter Interventionen und vor allem durch kontinuierliche Reflexion der Prozesse sowohl im Berater- als auch im Berater-Kunden-System.

Chancen und Schwierigkeiten einer reflexiv-differenzierenden Beratung

Eine reflexiv-differenzierende Beratung läßt sich in diesem Sinne mit Hilfe einer abgewandelten Brückenmetapher (siehe Abb. 5) verstehen, wonach nicht bloß zwei (Beratungs-)Ufer verbunden werden, sondern eine Aushandlung zwischen beiden Ansätzen auf der Brücke stattfindet, wobei die Ergebnisse von dort in beide Ansätze rückgekoppelt werden.

Für die Kombination kontradiktorischer Ansätze reicht es keineswegs aus, den Transfer durch eine einfache Brücke zu ermöglichen. Eine reflexiv-differenzierende Beratung begreift die Brücke als Verbindungsort von Sichtweisen und Strategien, als Marktplatz von Ideen und als Ruhepol zur Reflexion. Von beiden Seiten werden Beiträge beigesteuert, zum Leben werden sie aber auf der Brücke erweckt. Und von dort gehen die Ergebnisse an beide Ufer zurück.

Den Kern eines solchen Beratungskonzeptes bildet die Nachhaltigkeit des Beratungsprozesses, indem dieser die Organisation in der Entwicklung für die Zukunft unterstützt. Dabei sind die Beratungskonzepte so aufeinander abzustimmen, daß auch im Fall von Kriseninterventionen kurzfristige Notmaßnahmen in ein langfristiges Entwicklungskonzept überführt werden können. Dafür ist eine laufende Reflexion der Erfahrungen unentbehrlich, die zumindest drei Komponenten umfaßt: (1) Reflexionsphasen im Interventionsverlauf (kritische Distanzierung); (2) wechselseitige Feedbackschleifen innerhalb des Berater-Systems und zwischen Beratung und Organisation (Kontrolle der Wechselwirkungen zwischen beiden Ansätzen); (3) regelmäßige Rahmendefinition der anstehenden Prozeßmaßnahmen und der inhaltlichen Komponenten (kontinuierliche Feinabstimmung).

Abb. 5: Die Brücke als Marktplatz (Ponte Vecchio, Florenz)

Generell zeichnen sich drei besondere Schwierigkeiten im Umgang mit einem solchen Beratungskonzept ab: (1) Die erste ist die hohe Komplexität des Berater-Kunden-Systems, die durch die verschiedenen Perspektiven im Beratungsprozeß und durch die steigende Komplexität der Abstimmung zu einem in sich konsistenten Gesamtprozeß erzeugt wird. (2) Die zweite ist der Sog des Unternehmens, der in solchen Beratungskonzepten immer wieder Aspekte der Fachberatung dominieren läßt, weil diese auf konkrete und drängende Anforderungen am schnellsten reagieren kann und daher den Erwartungen des Unternehmens kurzfristig entgegenkommt. Aber gerade daraus resultieren enorme Abstimmungsprobleme, wenn man die Nachhaltigkeit einer Unternehmensberatung im Sinne einer Prozeßberatung nicht aus dem Auge verlieren will. Dieses Konfliktpotential für das Berater-System macht es besonders wichtig, sich immer wieder bewußt in eine reflexive Distanz zu den Vorgängen im Unternehmen zu begeben, wobei externe Begleitungen wichtige Hilfestellungen geben können. (3) Die dritte Schwierigkeit ist die Regulierung von Nähe und Distanz. Während in einheitlich fachlich oder prozessual ausgerichteten Beratungsströmungen aufgrund ihrer jeweiligen Funktionen entweder Nähe (Fachberatung) oder Distanz (Prozeßberatung) gefordert ist, vermischen sich beide Beziehungsformen in der reflexiv-differenzierenden Beratung, wodurch sich innerhalb des Berater-Systems verschiedene Informationsflüsse, Loyalitäten und Handlungsperspektiven ergeben.

Diese Schwierigkeiten in der Umsetzung eines solchen Ansatzes werden aber nach ersten Erfahrungen durch die Qualität eines reflexiv-differenzierenden Beratungsprozesses mehr als kompensiert. Hervorzuheben sind dabei: die Verbindung konkreter fachlicher Unterstützung mit einer nachhaltigen Förderung eines künftigen Problembearbeitungsrepertoires im Unternehmen, und damit eine verbesserte Ausschöpfung des unternehmerischen Potentials; die Förderung der Akzeptanz von Maßnahmen im Unternehmen durch eine gemeinsame Strategiebildung und eine zukunftsorientierte Umsetzung; die Erhöhung der Reflexionskompetenz, auch im Unternehmen. Dahinter stehen ein differenzierterer Umgang im Wahrnehmen von, aber auch im Umgang mit Irritationen und die Förderung der Selbstentwicklung bzw. Wandlungsfähigkeit von Unternehmen (vgl. Wimmer 2004, S. 190 ff.). Insgesamt wird der Beratungsprozeß im Hinblick auf die interne Dynamik eines Unternehmens und die verschiedenen Anforderungen an dessen Leistungsfähigkeit in seiner Umwelt flexibler.

2.5 Die historischen Wurzeln des Widerstreits zwischen Fach- und Prozeßberatung

Johann Ortner

»Deshalb erfolgt die Prüfung eines Paradigmas erst, nachdem ein fortdauerndes Unvermögen, ein bemerkenswertes Rätsel zu lösen, eine Krise hat entstehen lassen. Und auch dann erfolgt es erst, wenn das Bewußtsein der Krise einen Alternativkandidaten für das Paradigma hervorgebracht hat. In den Naturwissenschaften besteht die Prüfung niemals wie beim Rätsellösen einfach im Vergleich eines einzelnen Paradigmas mit der Natur. Vielmehr ist sie ein Teil des Wettstreits zwischen zwei rivalisierenden Paradigmata um die Gefolgschaft der wissenschaftlichen Gemeinschaft.« (Kuhn 1967, S. 192)

Steckt hinter dem Widerstreit von Fach- und Prozeßberatung ein Wettstreit zweier Paradigmen und dahinter eine Krise, das Unvermögen eines »alten« Paradigmas, das von einem neuen, besseren, angemesseneren abgelöst wird, vorausgesetzt es schart sich genügend Gefolgschaft hinter ihm? Ja, man kann in der Tat von einem Wettstreit zweier unterschiedlicher Paradigmen sprechen; dieser Streit reicht weit zurück, und dahinter steckt eine Krise, ein Problem, welches bis heute nicht gelöst zu sein scheint. Ich nehme an, daß keine der beiden Richtungen als Sieger aus dem Streit hervorgehen wird, weil beide nämlich einander brauchen, nicht ohneeinander sein können. Möglicherweise werden beide auch durch ein neues Paradigma ersetzt werden, – aber das ist hier nicht die Frage. Ich will eine Geschichte erzählen.

Eine bemerkenswerte Geschichte

Beginnen wir die Streitgeschichte in Amerika des ausgehenden 19. Jahrhunderts, also in einer Zeit der riesigen Stahlfabriken mit gigantischen Dampfmaschinen, Tausenden Hungerlohnarbeitern, Arbeiterunruhen, Rezessionen, aber auch mit viel Geld für die Produktion von Stahl für Maschinen, Eisenbahnschienen, Kanonen, Schiffe und was sonst noch rostet.

Zu dieser Zeit, um 1870, setzte sich der junge Frederick Winslow Taylor, Sprößling einer wohlhabenden Oberschichtfamilie in Germantown, einem Stadtteil von Philadelphia, in den Kopf, entgegen den Standesgepflogenheiten Maschineningenieur zu werden, und zwar nicht über ein Universitätsstudium, sondern »von der Pike« an, als Lehrling in einer Maschinenfabrik. Zunächst als Modellschnitzer für Stahlgußformen und dann als Maschinist lernte er die durch langjährige Erfahrung und Geschicklichkeit entwickelte Meisterschaft seiner Lehrmeister kennen, aber nicht wirklich schätzen: Sie war ihm ein Dorn im Auge.

Manisch besessen vom Drang, alles präzise in Teile zu zerlegen, zu messen, zu berechnen, zu systematisieren und – seiner Ansicht nach – wieder besser zusammenzubauen, begann er jeden einzelnen Schritt des Produktionsprozesses zu untersuchen und zu beschreiben. Sobald er verstanden hatte, wie der Laden lief, wechselte er vom »Patternmaking« zum Maschinenbau, zur Werkzeugfertigung, Materialverarbeitung und Logistik, von Bethlehem, Pennsylvania, nach Midvale, und jedes Mal gleich von ganz unten in die unteren und mittleren Planungs-, Befehls- und Kontrollebenen. Zur Verkürzung der Produktionszeiten, der Reduktion von Fehlern und Produktionsstillständen, zur Steigerung der Produktionsrate und der Produktqualität hatte er auch einige nicht unwesentliche technische Erfindungen gemacht. Bei diesem nicht so wirklich ungewöhnlichen Karriereweg sollte es allerdings nicht bleiben.

Wie gewöhnlich hatten die Fabrikanten mit ihren »Arbeitstieren« ihre Probleme, weil diese gerade nur soviel rackerten, um nicht entlassen zu werden, und gerade so wenig, um nicht eine höhere Leistungsquote zum gleichen Lohn als Standard vorgeschrieben zu bekommen. Mr. Taylor fand die Lösung. Er hatte beobachtet – zumindest erzählte er diese Geschichte immer wieder so – daß es unter den Arbeitswilligen einige, insbesondere *einen* »wenig intelligenten Ochsen« namens Mr. Schmidt gab, der pro Tag dreimal soviel Stahl auf den Waggon hieven konnte wie andere. Also setzte er eine »mittlere« Verladequote fest und versprach jedem, der diese Quote übertraf, auch entsprechend mehr zu zahlen. Viele konnten diese mörderischen Quoten nicht oder nur für kurze Zeit erbringen und wurden daher gefeuert. Daß er der meistgehaßte Mann auf dem Betriebsgelände war, störte Frederick nicht weiter, im Gegenteil: Fortan sah man ihn mit seinen Assistenten fast nur noch mit Stoppuhr und Notizzettel in der Hand durch die Fabrikhallen »forschen«.

Um der »Unmenschlichkeit« noch die Spitze aufzusetzen, entzog er den Vorarbeitern, Meistern und Arbeitern einfach jegliche Selbstverantwortung für das, was sie zu tun hatten, für ihre Werkzeuge und Maschinen und nahm ihnen die Identifikationsmöglichkeit mit ihren Produkten. Jede elementare Prozeßeinheit wurde standardisiert, per Instruktionskärtchen vorgeschrieben und auf unqualifizierte Durchführungsagenten aufgeteilt, die exakte Durchführung streng überwacht und Abweichungen wurden ebenso bestraft. Man stelle sich Charly Chaplin hinter dem Fließband mit den Schraubenschlüsseln in den Händen vor! Alles hatte Methode, und diese nannte Taylor »Scientific Management«: wissenschaftliche Betriebsführung.

So in etwa kann man es – spannend wie ein Kriminalroman – bei Nelson (1980), Kakar (1970) und Gabor (2000) nachlesen. Faszinierend auch, wie es Taylor später schaffte, bei den diversen Klagen, Hearings, Interviews und Selbstdarstellungen die ganze Geschichte des »Scientific Management« nachträglich aufzupolieren, Fakten umzuinterpretieren, den Leuten in seiner »Privatakademie« in Boxly ein U für ein X vorzumachen, so daß schließlich und endlich auch die Gelehrten von Harvard zu dem Schluß kamen, die Sache wäre ein riesiger Erfolg gewesen, zum Wohle der Nation, zum Nutzen der Arbeiter und gut für den Profit der Industriellen. Es bleibt nur noch – als Fragezeichen –, auf eine Aussage eines seiner Ex-Bosse zu verweisen, der gesagt haben soll, er würde gerne ein tolles Asylantenheim für irre Psychopathen bauen lassen und eine ganze Etage nur für Taylor reservieren. Für Menschen hatte Fred nichts übrig, zumindest nicht für jene aus unteren Schichten, und mit sozialer Gerechtigkeit und Gewerkschaften hatte er noch weniger zu schaffen, außer aus dem Blickwinkel des Maschinisten, der mit möglichst wenig Energie möglichst viel produzieren will: Arbeiter sind Teile des Räderwerks und sonst nichts.

So schlimm wird's wohl nicht gewesen sein? Doch, noch viel schlimmer, wenn man den Dokumenten, der Geschichtenschreibung Glauben schenken darf, und es war wohl auch nicht nur für das Land der unbegrenzten Möglichkeiten dieser Zeit typisch.

»Scientific Management« heute

Sie werden sich etwas betreten fragen, was die Geschichte eigentlich mit »Fachberatung« zu tun habe soll (systemische Prozeßberatung kann's ja wohl nicht sein). Sehr viel, denn die »wissenschaftliche Betriebsführung« ist das Paradigma der Fachberatung, und diese hat sich – ein wahrer Triumphzug – bis heute erhalten und wird uns wohl weiter erhalten bleiben.

Freilich stehen heutzutage keine dummen Arbeitstiere an den Maschinen, nein, dank Taylor und technologischem Fortschritt sind sie selbst in die Rolle Taylors geschlüpft und steuern elektronisch Produktionsprozesse, messen, kalkulieren, kontrollieren, korrigieren und denken völlig rational immer an die Optimierung des Verhältnisses von Input und Output, an Effizienz und Effektivität. Auch Taylor war die Einsicht nicht fremd, daß Verletzungsrisiken, physische und psychische Zusammenbrüche der Arbeiter im Sinne der Input-Output Logik minimiert werden müssen: »*Untersuche und protokolliere den Prozentsatz der Zeit, der für Pausen gewährt werden muß, und auch die Intervalle zwischen den Pausen, in denen ausgeruht werden muß, um physische Erschöpfung der Arbeiter zu verhindern.*« Aber, so Taylor, und das gilt auch heute: »Ein Vogel, der singen kann, aber nicht singen will, der hat keinen Platz in den ›Modern Times‹« (vgl. Gabor 2000).

Heute spricht man von freundlichem Arbeitsklima, Unternehmenskultur, Qualitätsmanagement, Selbstverantwortung und »Work Life Balance«, weil sich die Einsicht durchgesetzt hat, daß man Menschen zum Wohle derselben Input-Output-Logik ebenso sorgfältig und »liebevoll« behandeln muß wie ein empfindliches, teures Werkzeug oder Meßinstrument. Die Bedienung eines Karosserieschweißroboters oder einer Tunnelfräse erfordert auch mehr Hirnschmalz als die »händische« Verladung von Eisenbahnschienen. Der autokratische, sachlich-fachlich rationale Managementstil Taylors, sein »Scientific Management«, ist heutzutage in die Produktionsprozesse, Maschinerien und Infrastrukturen, in ISO-Standards, Regeln, Vorschriften, Gesetze und in betriebswirtschaftliches »must know« eingearbeitet. Wenn die Strukturen und Normen nicht mehr passen, weil sie veraltet sind und eine bessere Input-Output-Ratio möglich wäre, dann bedarf es eines Hammerschen Reengineering: »*Im Grunde geht es darum, mit einer Axt und einem Maschinengewehr in eine Organisation zu gehen und die existierenden organisationalen und operationalen*

Prinzipien und Strukturen zu zerschlagen und völlig neue zu installieren.« (Hammer/Champy 1994).

Es ist die Welt Taylors, in der wir uns bewegen, wenn wir unsere Lohnarbeit verrichten – es sei denn wir sind Künstler oder Handwerker. Geht auch gar nicht anders. Man erinnere sich bloß, was passieren kann, wenn in einem Atomkraftwerk eine Regel oder Vorschrift nicht eingehalten und schlampig gearbeitet wird.

Man muß dem vielgehaßten Frederick also zugute halten, daß er die Zeichen der Zeit, die Bedingungen der industriellen Revolution erkannt hatte. Ohne Analyse, Systematisierung und Standardisierung von Arbeits-, Produktions-, Kooperationsprozessen, Techniken und Werkzeugen (und natürlich Erfindungen) wäre jenes Ausmaß an Produktivitätssteigerung gar nicht möglich gewesen, welches heutige Produktionsstätten von denen zu Beginn des 20. Jahrhunderts unterscheidet.

Ein Fachberater – zumindest stellen wir uns nach den obigen Überlegungen einen typischen »Fachberater« so vor – geht ganz »fachmännisch« an die Sache heran, tayloristisch »wissenschaftlich«. Dafür wird er bezahlt, und zwar von jenen anderen, praktischen Taylors, welche die Objektivität des »Scientific Management« nicht studiert und auch keine Zeit für die harte Kleinarbeit der Analyse und Systematisierung haben, was auch nicht ihre Aufgabe ist, denn sie sollen Entscheidungen treffen und nicht mit Stoppuhr und Normblatt die Arbeiter belästigen.

Fachberater sind also »Fachmänner« für die Gesetzmäßigkeiten von normierten, objektivierten Prozessen. Sie zeigen, wie der Input-Output-Ertragsoptimierungslogik zum Durchbruch verholfen werden kann. Das haben sie auch ein Jahrhundert lang getan, und der erste Fachberater war wohl Mr. Taylor. Auch wenn man heutzutage Fachberater als wichtig, notwendig, gut und richtig ansieht, und das mit gutem Grund, so ist ein wenig von Taylors Rigorismus doch an ihnen hängengeblieben; aber es kommt in den Auseinandersetzungen mit Arbeitern und Gewerkschaften nicht mehr zu Prügeleien und Schießereien.

Eine Gegenbewegung

War es das? Nein, denn Taylor ist noch eine andere wichtige Errungenschaft zuzuschreiben. In seinem Ringen um Anerkennung und Durchsetzung des »Scientific Management« hat er nämlich eine beachtliche Gegenströmung ausgelöst, die wohl ohne das Feindbild »Taylorismus« nicht so stark und erfolgreich geworden wäre.

Taylors Botschaft hatte sich rasch über den ganzen industrialisierten Globus verbreitet und fand Anhänger und Bewunderer, wozu auch Friedrich Engels gehört haben soll. Das Wort »wissenschaftlich« (im Sinne von naturwissenschaftlich, mathematisch, technisch verwertbar) stand auch zu Beginn des 20. Jahrhunderts hoch im Kurs, und so verwundert es wenig, daß auch Psychologen, wie am Berliner Psychologischen Institut, sich für die Sache zu interessieren begannen: Wie kann man mit wissenschaftlichen Methoden der psychologischen Forschung das Problem in der Beziehung zwischen Management und Arbeitern lösen?

Kurt Lewin schrieb dazu 1920 einen Artikel mit dem Titel »Die Sozialisierung des Taylorsystems« (Lewin 1920), worin er auf die zentrale Rolle von Arbeit im Leben der Menschen hinwies – sie gebe der Existenz Bedeutung und sei daher an sich ein »Lebenswert«, freilich nicht im Sinne des Maschinisten Taylor, sondern nur insofern, als Menschen an der Arbeit Freude haben, sich mit ihr identifizieren und auf die Produkte der Arbeit stolz sein können. Aus dieser frühen Schrift Lewins spricht noch ganz der Optimismus, man könne den Taylorismus vermenschlichen, verbessern – man brauche ihn nicht gänzlich umzukrempeln oder gar abzuschaffen. Wie bekannt, hat Lewin später seine Meinung geändert und das Maschinistendenken heftig kritisiert.

Was nun in den zwanziger Jahren des vorigen Jahrhunderts begann, ist eine Geschichte, die bis heute andauert, die Geschichte jener endlosen Überzeugungsbemühungen, nämlich die Arbeitgeber zur Einsicht zu bringen, daß Arbeiter als Menschen zu behandeln sind und in der Arbeit – wie von Lewin angesprochen – etwas Sinnvolles, Sinnstiftendes zu sehen ist: die Geschichte der »humanistischen Bewegung«.

Die Leute, die sich dafür engagierten, waren freilich keine »Softies« und Sozialromantiker, sondern durchwegs Profis in Theorie und Praxis der Unternehmensführung, und sie waren durchwegs in der Praxis erfolgreicher, als es Mr. Taylor und hartgesottene Tayloristen je gewesen waren.

Die Reihe der Namen, die hier zu nennen sind, beginnt natürlich mit Kurt Lewin, reicht weiter zu seinen wie er aus Europa vertriebenen Kollegen, Freunden und Studenten in Amerika, zur praktischen Sozial- und Handlungsforschung, zur Gruppendynamik und »The Human Side of Enterprise« (McGregor 1985). Die Liste reicht von den frühen Pionieren Mary Parker Follet (Graham 1995), Chester Barnard (1968), Fritz Roethlisberger (1977), Elton Mayo (1975), Abraham Maslow (1998), bis hin zu Peter Drucker (1993), Chris Argyris (1997), Edgar Schein (2000, 2003) und Peter Senge (2003).

Man kann sich fragen, warum sich deren Einsichten, Botschaften und Erfolgsgeschichten nicht sofort und »nachdrücklich« in den Köpfen der Managergenerationen festgesetzt haben.

Man könnte darauf zynisch antworten, die Geschichte lehre, daß Menschen aus der Geschichte nichts lernen; wieso sie daraus nichts zu lernen scheinen, dies war tatsächlich ein wesentlicher Teil der Fragestellung der »Humanisten«. Damals (wie heute) gab es reichlich Forschungs- und Erklärungsbedarf: warum es zu Pleiten, Wirtschaftskrisen, Bankencrashs und Börsenkrachs, Verfolgung und Vertreibung, Mord und Totschlag kommt – und vor allem: wie und warum es zu den Greueln der beiden Weltkriege kommen konnte.

Ein handfester Grund mag auch darin liegen, daß die Lösung der »*Human Problems of an Industrial Civilization*« (Mayo 1975) nicht so einfach mathematisch operationalisierbar und auf PP-Folien »verkastelbar« ist, wodurch die BWL Studenten dann multiplechoicemäßig abgeprüft werden können, was auf welcher Folie in welchem Kästchen steht. Man stelle sich vor, was daraus folgt, wenn Generationen von Studenten (die dann wieder als Lehrer weiter »lehren«) eine bestimmte (i.e. tayloristische) Sicht der Dinge »souffliert« bekommen, und im Hintergrund die jeweils passende Wirtschaftsphilosophie (die ja auch eine Gesellschaftstheorie mit je eigenem Menschenbild ist) die »Theaterkulisse« abgibt: Wie schwer hat es dann der Hausverstand, sich Gehör zu verschaffen?

Ich möchte die Frage mit Thomas Kuhn, den ich schon zu Anfang zitiert habe, etwas nüchterner beantworten: *Es fehlte einfach das passende Paradigma*, ein einprägsames, schönes Marken- und Erkennungszeichen.

Ein neues Paradigma – der Systemansatz

Ein solches »Markenzeichen« hat sich mit dem Wort »System« in den letzten Jahren durchgesetzt, und es wird (neben »Komplexität«) von jedermann so selbstverständlich und häufig gebraucht, daß man sich fragt, was die Leute eigentlich damit meinen und was sie ohne dieses Wort sagen würden.

Interessanterweise ist etwa zur selben Zeit, als Taylor sein »Scientific Management« propagierte, auch jene Theorie entwickelt worden, für die das Wort »System« Programm und Paradigma wurde – interessant auch, daß sie aus demselben Nährboden entsprang: Mathematik, exakte Naturwissenschaft, Experiment, Technologie, rationales Denken und Fortschrittsglauben. Allerdings gab und gibt es einen entscheidenden Unterschied: Die Forscher in Berlin, Frankfurt, Prag, Wien und Graz (vgl. Stadler 2000; Neurath 1995; Wertheimer 1925) beschäftigten sich – durchaus streng naturwissenschaftlich – mit Psychischem, mit Lebendigem und mit den ganz kleinen kuriosen Dingen, den Elementarteilchen.

Die Berliner, Frankfurter und Grazer Psychologen wählten als Paradigma das Wort »Gestalt« (Ganzheit) und die Wiener Physiker, Biologen und Logiker das Wort »System«, und beide Gruppen versuchten, ihre jeweilige Theorie, die in den Grundelementen durchaus ähnlich waren, zu einer Universaltheorie auszubauen. Den Ausgang der Geschichte kennen wir: Das Paradigma »Gestalt« blieb im wesentlichen auf die Gestaltpsychologie beschränkt, während »System« sich zu einem Allerweltsparadigma mauserte. Einen wesentlichen Beitrag zum Siegeszug des gar nicht so neuen Paradigmas »System« leistete die Kombination von Biologie und Informationstheorie, natürlich auf der Basis der digitalen und biologischen (wissenschaftlichen und technologischen) Revolution, – so eine Revolution braucht eben ihre Zeit. Also nicht mehr Dampfmaschinen und Eisenbahnschienen.

Irgendwie fanden die beiden Forschergruppen dann auch wieder zusammen, und zwar als Emigranten in den USA: zunächst über die Sozialpsychologie und dann in der soziologischen Forschung, bzw. der neuen Organisationstheorie, wozu die vorhin genannten Vertreter des »Human Relations Movement« zu zählen sind (vgl. Hoffmann 1997). Der »langen Rede kurzer Sinn« des neuen Paradigmas ist: Soziale Systeme sind komplex und vor allem lebendig, nach dem Motto »Das Lebendige ist das Maß aller Dinge und nicht die Maschine«. Das ist es, was die »Humanisten« und die Systemiker verbindet: das Lebendige, die Ökologie und die »ganzheitliche« Sicht.

Aus diesem »Garten« stammt die Prozeßberatung, die eigentlich besser »Systemprozeßberatung« heißen sollte. Der Unterschied zwischen der sogenannten Fach- und der Prozeßberatung liegt daher eher darin, daß sie jeweils unterschiedliche Prozesse »beraten«. Anders gesagt: Mit »Systemtheorie« kann man zwar keine Eisenbahnbrücken, Staudämme oder Autos bauen, aber die ökologischen, sozialen, ökonomischen und sonstigen Ein- und Auswirkungen, die vielfältigen (dynamischen) Zusammenhänge bekommt man damit besser ins Gesichtsfeld. Das könnte nun zu der These verleiten, die »Fachberatung« sei eigentlich ein Bestandteil der systemischen Prozeßberatung und nur der Spezialisierungsdruck spreche heute dafür, daß sie noch nicht miteinander verschmolzen sind. Ob das die beiden »Streitparteien« auch so sehen?

Zu guter Letzt wirft die Geschichte aber noch eine schwer zu beantwortende philosophische Frage auf. Wenn, wie ich oben mit einem Seitenblick auf Pierre Bourdieus »Habitus«-Konzept (Bourdieu 1970) angedeutet habe, der sozialisierte und zivilisierte Mensch soviel an Fixierungen, Strukturen und Reglementierungen »inkorporiert« und wiederum nach außen hin »verdinglicht« hat, was ja sein »Wesen« und seine kulturelle, sozialisierte Existenz und Identität ausmacht, dann gibt es viel zu verteidigen, nicht nur das nackte Leben. Die Frage lautet also: Wie können wir (modernen) Menschen – auf diesem Hintergrund – ein Verhalten, ein Bewußtsein und eine Identität entwickeln und leben, welche(s) – wie von allen Seiten gefordert – nicht klammert, festhält, verteidigt, abwehrt, sondern eben offen, flexibel »postmodern« ist? Sollten wir uns nicht näher mit den Abwehr- und Verteidigungskriegen, den »defensive routines« nach Argyris (1997) und den »Barrieren«, wie ich sie in Anlehnung an Kurt Lewin nenne (Ortner 2002), beschäftigen, denn diese sind doch das eigentliche Problem und die meist verdeckte Ursache hinter all den »Offensionen« und Aggressionen in der Welt? Ist der Mensch nicht zu letzt auch ein »defensives« Wesen?

2.6 Grenzen der klassischen Psychiatrie und ihre Überwindung

Thomas Keller

Ein kurzer Bericht über die Entfaltung systemischer Ideen und Arbeitsformen in der Praxis traditioneller psychiatrischer Institutionen[3].
»Man braucht einen Traum, wenn man die Zukunft gestalten will.«
(Victor Hugo)

Der Traum: Eine menschlichere Psychiatrie

Als junger Arzt wandte ich mich 1972 dem Ziel der Verbesserung der Psychiatrie zu. Die Patienten der Großkrankenhäuser mußten unter elenden, großenteils als menschenunwürdig zu bezeichnenden Umständen leben. Auch stand ich den Inhalten sowohl der psychiatrischen Krankheitslehre als auch der zugehörigen täglichen Praxis mit beträchtlicher Distanz gegenüber. Ich wollte an der grundlegenden Verbesserung der psychiatrischen Institutionen mitwirken *und* nach neuen Sichtweisen suchen, die ein besseres Verstehen der Schwierigkeiten meiner Patienten ermöglichen und daraus ableitbare therapeutische Optionen eröffnen sollten.

Traditionelle Phänomenologie und Psychoanalyse: Beschreibungen und Erklärungen

Die klassische *Psychopathologie* befaßt sich mit der Beschreibung von sogenannten »abnormen seelischen Phänomenen«. Diese begrifflichen Konstrukte bilden die sprachlichen Grundlagen der psychiatrischen Diskursgemeinschaften. Für meine psychotherapeutischen Absichten jedoch schien mir zunächst die *Psychoanalyse* der beste Ausgangspunkt zu sein, da hier ein Zugang durch Verstehen möglich war. Beide Systeme – Psychotherapie und Psychoanalyse – bedienen

3 Ich widme diesen Aufsatz Gianfranco Cecchin, der einer meiner wichtigsten Lehrer war. Er kam am 2. Februar 2004 bei dem Versuch, anderen Menschen zu helfen, ums Leben.

sich unterschiedlicher Sprachen. Zunächst war ich um Kohärenz bemüht, mußte aber lernen, daß sie nicht beliebig miteinander zu einer neuen Einheit verschmolzen werden können, nicht einmal völlig ineinander übersetzbar sind. Ich mußte zwei parallele »Weltbilder« pflegen, zwischen denen ich unter pragmatischen Aspekten wechselte. Sie konnten nur kompatibel bleiben, indem ihre jeweiligen exklusiven Wahrheitsansprüche relativiert wurden.

Um 1980 kam ich zu dem Schluß, daß die psychoanalytischen Arbeitsformen wegen ihres hohen zeitlichen Aufwandes nicht einer relevanten Anzahl psychiatrischer Patienten gerecht würden.

Der systemische Aufbruch: Personen im Beziehungskontext

Die folgerichtige Beschäftigung mit der Kurzzeit-Therapie der »Palo-Alto-Gruppe« (um Gregory Bateson, Paul Watzlawick, John Weakland, Jay Haley) führte mich unmittelbar zum darauf aufbauenden »Mailänder Team« (um Mara Selvini-Palazzoli, Luigi Boscolo, Gianfranco Cecchin, Giuliana Prata), dessen Familientherapie erstmalig mit dem Begriff »*systemisch*« bezeichnet worden war.

Während psychoanalytisches Denken sich auf das Innenleben der Menschen und die Spuren konzentrierte, welche (Beziehungs-)Erfahrungen darin hinterlassen haben, lenkten die systemischen Grundannahmen die Aufmerksamkeit mehr auf das Hier und Jetzt und auf das, was *zwischen* den Personen geschieht: Die zirkulären Beschreibungen von Beziehung, Interaktion und Bedeutung ergaben den relevanten Sinn. Über zwei therapeutische »Brillen« zu verfügen wurde schließlich zu einer Bereicherung der Verstehensmöglichkeiten (Keller 2001). Die Idee der Aktivierung individueller Reaktionsbereitschaften durch aktuelle Erlebnisse und Beziehungssituationen wurde zu einem wichtigen Bindeglied zwischen beiden Paradigmen.

Die Entfaltung systemischer Praxis: Von der Intervention zur Kooperation

1985 erhielt ich eine Stelle als Chefarzt an einem alten psychiatrischen Großkrankenhaus. Es gab eine systemische Arbeitsgruppe unter der externen Supervision durch Klaus Deissler, von dem sehr wichtige Impulse ausgingen (Deissler

1990). Wir hatten die Absicht, die systemische Familientherapie in den Klinikkontext einzuführen. Dabei stießen wir bald auf unerwartete Schwierigkeiten:

- Erstens mußten wir lernen, daß das psychiatrische Großkrankenhaus ganz verschiedenartige Dienstleistungen erbringt und Behandlungskontexte gestaltet, die unterschiedliche Implikationen beinhalten (Keller 1996).
- Zweitens glaubten wir, es komme darauf an, *die* Wahrheit über die jeweilige Familie zu erfassen und in der Intervention am Schluß der Sitzung optimal im Sinne von Veränderungen einzusetzen. In unseren Team-Diskussionen hinter der Spiegelscheibe wurde abwertend über die Familie gesprochen, und es gab Rangeleien über die »wahrere« Wahrheit. Als Ausweg erwiesen sich reflexive Arbeitsformen (Andersen 1990): Die Teamreflexion in Gegenwart der Familie sorgte dafür, daß es notwendig war, wertschätzende Formulierungen zu gebrauchen, und ließ unterschiedliche Ideen (Denkmöglichkeiten) sowohl der Fachleute wie der Familienmitglieder gleichrangig werden; Abschlußinterventionen wurden entbehrlich.
- Drittens fanden wir heraus, daß wir die beteiligten Fachleute vernachlässigt hatten. Wir gingen dazu über, neben der jeweiligen Familie auch die zum »Problemsystem« gehörenden Profis zu unseren Gesprächen einzuladen. Der Kooperationsgedanke rückte in den Mittelpunkt unserer Arbeit.

Nicht selten reicht ein Kooperationsgespräch, um die Dinge in Fluß zu bringen, es können auch mehrere solcher Gespräche in mehrwöchigen Abständen erforderlich sein. Um die schwierigsten und langwierigsten Situationen zu bewältigen, werden Arbeitsgemeinschaften gegründet, die sich so lange treffen, bis sich die Dinge zufriedenstellend entwickeln. Therapiesettings im herkömmlichen Sinne (Familien-, Paar-, Gruppen- und Einzeltherapie) sind Sonderfälle therapeutischer Kooperation (vgl. Andersen 2002).

Da sich eine Kooperation in psychiatrischen Kontexten eher ausnahmsweise von selbst einstellt (eine psychische Störung geht in der Regel mit gestörter Kommunikation einher), entwickelten wir aus unserem systemischen Knowhow eine Methodik der *kooperationsfördernden Gesprächsmoderation* (Deissler u. a. 1995, 1998; Keller 2002). Sie bewährt sich sehr gut, auch in anderen institutionellen Arbeitsfeldern, und ist auch in der Organisationsberatung erfolgreich.

Auch mental »im Fluß bleiben«: Weitere ideengeschichtliche Einflüsse

Dem *Konstruktivismus* (Watzlawick 1985) verdanken wir die Einsicht, daß alle Personen ihre individuelle Wirklichkeit konstruieren; hier interessiert besonders die »Welt der Bedeutungen«, ohne die kein Sinn und damit keine Orientierung möglich sind. Wie verständigen wir uns aber mit den anderen? Der *soziale Konstruktionismus* (Gergen 2002) schlägt Modelle über die Erzeugung sozialer Wirklichkeiten vor, Sprache spielt dabei eine hervorragende Rolle. Unser Selbst ist in Beziehungen und Dialoge eingebunden. Das gibt den von uns gestalteten Gesprächsprozessen die Dimension eines wirklichkeitserzeugenden Mediums.

Zusammenfassende Übersicht über traditionelles psychiatrisches Denken (A) versus systemisches Denken (B): Ein dialektischer Versuch mit pragmatischen Brückenschlägen (C)

Um der Prägnanz willen formuliere ich die Unterschiede holzschnittartig als Gegensätze, und das aus meiner mehr systemischen Sichtweise heraus. Solche polarisierenden Konstruktionsweisen sind riskant: Sie können Kooperationsmöglichkeiten zwischen ihren Repräsentanten eher verschütten als eröffnen (da sie von »der anderen Seite« leicht als entwertend empfunden werden) und Chancen der Weiterentwicklung blockieren.

Linear-biologische Konzepte versus interpersonale Zirkularität

A Geistes- und Gemütskrankheiten werden als Ausdruck von biologischen Krankheiten des Gehirns verstanden.

B Eine Psychische Störung wird als Ausdruck einer widersprüchlich, existentiell und unauflösbar erlebten Kommunikations- und Beziehungssituation verstanden.

C Biographische Einflüsse (Lebensereignisse, Beziehungserfahrungen, Kommunikationsstile) greifen im Zusammenhang mit genetischen Disponiertheiten in einer dynamisch-komplexen Weise so ineinander, daß die betroffene Person angesichts einer existentiell erlebten Herausforderung vielfältige Beschwerden sowie Wirklichkeitskonstrukte entwickeln kann, die mit den sozialen Konstrukten ihrer Umwelt schwer vereinbar sind.

Medizinisches Krankheitsmodell versus Skepsis gegenüber »Krankheit«

A Symptome verweisen auf »an und für sich« und »objektiv« existierende Krankheiten. Medikamente sind Korrektive für einen gestörten Hirnstoffwechsel und stellen die wesentliche Behandlung dar.

B Dieses Krankheitskonzept suggeriert, die betroffene Person wäre ohnmächtig ihrem Schicksal (und den Ärzten) ausgeliefert; es kommt aber darauf an, zuversichtlich heilsame Handlungsoptionen zu eröffnen. Medikamente können die mentalen Funktionen und das Selbstbewußtsein der Betroffenen lähmen.

C Im systemisch-klinischen Alltag bewährt sich ein pragmatischer Krankheitsbegriff: Zum Beispiel ist Stimmenhören nicht per se krankhaft, es kann aber krank machen. Medikamente können im günstigen Falle Stabilität vermitteln, aber eine Therapie im eigentlichen Sinn nicht ersetzen.

Defizitorientierung versus Ressourcenorientierung

A Die betroffene Person wird als mit letztlich angeborenen Mängeln behaftet gesehen, die Krankheit ist immer da, auch wenn sie gerade nicht sichtbar ist. Der Fokus liegt auf der Beschreibung von Defiziten.

B Die Störung entsteht in existentiellen Dilemmata und verschwindet mit deren Auflösung. Die Ressourcen der Person werden durch die Therapie mobilisiert.

C Die Störung kann ferner mit dysfunktionaler Kommunikation und tiefergehender individueller Problematik im Hinblick auf Selbstwert, Schuld oder andere zentrale Lebensthemen in Verbindung gebracht werden. Auch zerebrale Reifungsstörungen können eine Rolle spielen. Diese Faktoren sind nicht immer mit wenigen Sitzungen aufzulösen und erfordern unter Umständen eine Kombination unterschiedlicher Hilfen über einen längeren Zeitraum. Dabei ist eine Ressourcenorientierung äußerst bedeutsam.

Dekontextualisierte Beschreibungen versus kontextbezogenes Verstehen, Sinnlosigkeit versus Sinn

A Losgelöst von Biographie und sozialem Kontext, erscheint das »pathologische« Erleben und Verhalten als unsinnig; prinzipielle Unverstehbarkeit wird zum Theorem erhoben.

B Das Unverständlichkeitstheorem stürzt die betroffene Person noch weiter in

Sinnlosigkeit und damit in Handlungsunfähigkeit; die Therapie kann helfen, den Sinn durch Rekontextualisierung wieder herzustellen, und kann damit die Rückkehr in die soziale Wirklichkeit fördern.

C Siehe B.

Hierarchisches versus kooperatives Expertentum

A Der Arzt weiß am besten, was für den Patienten gut ist, und muß versuchen, diesen zur Einhaltung seiner Verordnungen zu bringen.

B Im klassischen systemischen Verständnis ist ein ähnlich hierarchisches Expertentum vorgesehen, daß sich im nicht hinterfragbaren Intervenieren ausdrückt.

C Neuere Ansätze zielen auf eine tendenziell gleichrangige Kooperation zwischen Therapeuten und Klienten in einem gemeinsam gestalteten Prozeß ab (vgl. Andersen 2002); die Therapeuten stellen neben ihrer Gesprächskunst ihr Wissen bescheiden und selbstkritisch zur Verfügung und machen ihre Sichtweisen transparent. Ein Expertentum der Klienten für sich und ihr Leben wird vorausgesetzt und gefördert.

Fazit: Pragmatische Ergänzung und gemeinsame Weiterentwicklung

Neue Paradigmen brauchen wohl den polaren *Gegensatz* zum Bisherigen für ihre Entstehung, können aber in der Praxis nicht dauerhaft darin verharren. Aus dem *Nebeneinander* der Ansätze und ihrer Diskurse kann ein *Miteinander* werden, in dem sich beide Seiten wechselseitig verändern, sogar bereichern. Die Komplexität nimmt für die Akteure zunächst zu. Aus »Wahrheit« wird »Bewährung«.

Dies vollzieht sich eingebettet im permanenten Strom der allgemeinen ideengeschichtlichen und sozialen Entwicklungen, der keine längerfristigen Voraussagen über das Schicksal der Ideensysteme erlaubt. Wie Jean-François Lyotard sagt: »*Wir sind zu ständiger Entwicklung verurteilt.*«

3. Der komplementäre Beratungsansatz

In diesem Kapitel wollen wir zunächst das Modell des komplementären Ansatzes vorstellen. Das Fundament des relativ komplexen Modells bilden Grundhaltungen und Wertvorstellungen, die wir im darauffolgenden Beitrag in einer kompakten Form mit Hilfe von Schlüsselbegriffen beschreiben. Im Anschluß stellen wir als Konkretisierungsbeispiele des Modells ein komplementäres Diagnoseprodukt und eine Produktfamilie für Transaktionskontexte vor.

3.1 Das Komplementär-Modell

Roswita Königswieser, Ebrû Sonuç, Jürgen Gebhardt, Martin Hillebrand

»Das Was bedenke, mehr bedenke das Wie!«
(Homunculus in der Laboratoriumsszene in J. W. Goethes Faust II)

Was, wie und warum?

Es interessiert uns, wie durch ein stärkeres, effizienteres Ineinandergreifen der beiden Komponenten – des *Was* und des *Wie* – in der Beratung bzw. in der Zusammenarbeit von Kunden und Beratern (im Berater-Klienten-System) die Handlungsoptionen eines Systems erweitert werden können und dann auch deren operative Umsetzung verbessert werden kann. Die Kernfrage lautet: Was kann Beratung zu einem ressourcenschonenderen, schnelleren, gezielteren, befriedigenderen und nachhaltigeren Ergebnis beitragen?

Unsere Basishypothese ist, daß eine bestimmte Art des Zusammenwirkens von Fach- und Prozeßberatung die adäquate Antwort auf diese Frage ist. Unseres Wissens nach gibt es derzeit erst Versuche, sowohl die Erarbeitung inhaltlicher Lösungskonzepte als auch reflexiv-nachhaltige Entwicklung und Umsetzung integriert anzubieten. Wir hoffen, mit unserer Arbeit dazu einen Beitrag leisten zu können.

Konzeptionelle Logik

SIM-Modell

Die Basis des Konzeptes ist das SIM-Modell, d.h. das systemische Integrationsmanagement (Königswieser/Cichy/Jochum 2001).

Im SIM-Modell, auf welches das Komplementär-Modell aufbaut, sind folgende Punkte festgehalten:

- die Bedeutung der Vision als Orientierungsgröße und »Treiber« von Entwicklung;
- die drei Dimensionen Strategie, Struktur und Kultur, die immer in einer engen Wechselbeziehung zueinander stehen. Die eine kann nicht ohne die andere erfolgreich betrieben werden. Man kann diese Wechselbeziehung mit einem Mobile vergleichen: Kommt eines seiner Elemente in Bewegung, so schwingen alle anderen mit;

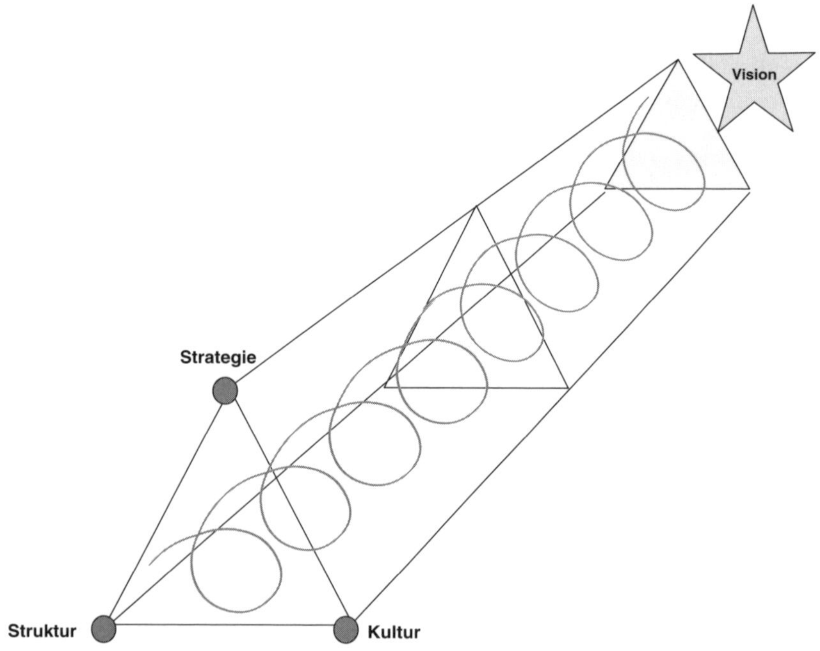

Abb. 6: SIM-Modell. Das systemische Integrationsmanagement

- die gemeinsame Reflexion auf der Basis einer systemischen Grundhaltung;
- das Wissen, daß es eine fließende Grenze zwischen weichen Faktoren und harten Fakten gibt, die sich in ständiger Transformation befindet;
- die Notwendigkeit der Integration der unvermeidlichen Widersprüche, die in Unternehmensentwicklungsprozessen immer spürbar werden.

Einem Beratungsansatz, der sich ausschließlich auf das *Was* der Fakten, der Zahlen, der inhaltlichen Analysen und Bewertungen, der Beschreibung von Zielen, Strategien, Maßnahmen und Instrumenten konzentriert (z.B.: Welche Kennzahlen sind zur Steuerung nötig? Wie hoch ist die Produktivität? Wo verdienen wir Geld?), fehlen nicht nur die Energie und Wirkung des *Wie*, d.h. z.B. der bewußt gewählten Erarbeitungsform, der Art der Informationsvermittlung, das gezielte und achtsame Miteinbeziehen wichtiger Akteure und von deren Beziehungen usw. –, es fehlt ihm auch ein relevanter Teil der Realität. Genauso vermißt ein Beratungsansatz, der sich mit seinen Interventionen ausschließlich auf das *Wie* der Kommunikationsprozesse, der Gefühle, der Denk-, Verhaltens- und Interaktionsmuster, der Konflikte und Barrieren konzentriert (z.B.: Wie werden Betroffene miteinbezogen? Wann paßt ein Review? Welche Muster sind dysfunktional? Wo gibt es Blockaden?), die konkrete Bestimmtheit des *Was* der inhaltlichen Ebene.

Form und Inhalt sind eben untrennbar verbunden. Es gibt keine Prozeßgestaltung ohne Inhalte, keine Inhalte ohne Vermittlungsform. In der Praxis treffen wir immer diese Verwobenheit an. Das gilt für das Management ebenso wie für die Beratung. Kein noch so technischer, industrieller Transformationsprozeß erschöpft sich in strukturellen Veränderungen, sondern er erfaßt das ganze Unternehmen immer auch in seiner kulturellen Dimension, also den Leitbildern, Rollen und Normen (Deutschmann 1996). Zu selten findet sich aber eine Form des bewußten und gestaltenden Zusammenwirkens von Inhalt und Prozeß, das den gestiegenen Anforderungen gerecht wird.

Das *Komplementär-Modell* greift den scheinbaren Widerspruch zwischen harten Fakten und weichen Faktoren in spezieller Weise auf und »katapultiert« die Wirkung von systemischen Interventionen auf ein höchstmögliches Niveau. Das Modell »zoomt« neben den anderen Widersprüchen, die es zu integrieren gilt – wie Verändern-Bewahren, Linie-Projekt usw. –, die Widersprüche, für die Fach- und Prozeßberatung stehen, prominent heraus und beschreibt, wie eine

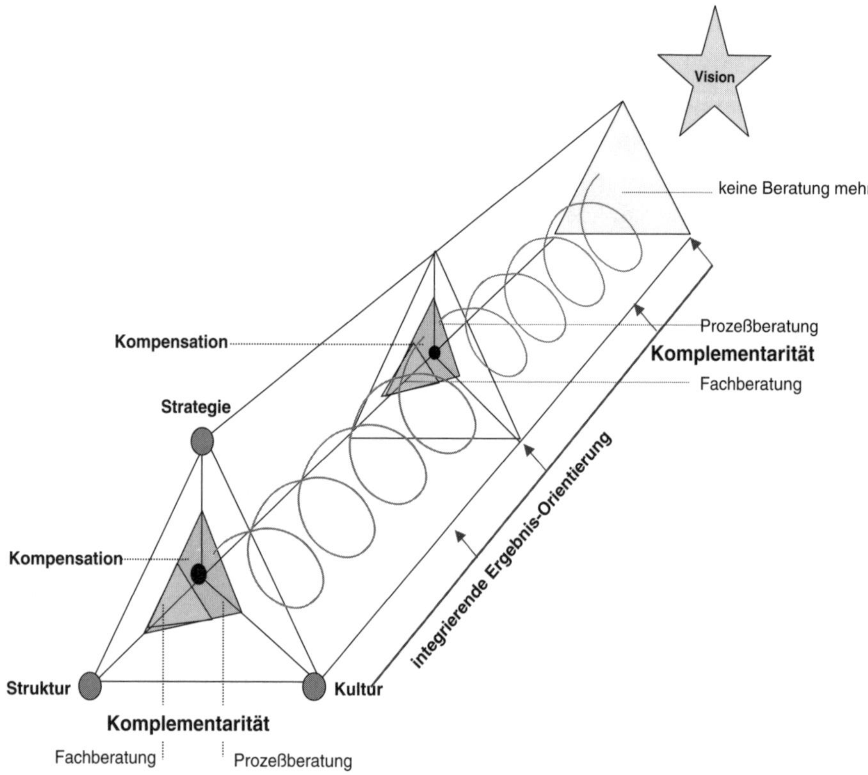

Abb. 7: Komplementarität, Kompensation und Wirkung, integrierende Ergebnis-Orientierung

Integration geleistet werden kann. Folgende drei zusätzlichen Elemente sind daher von besonderer Bedeutung: *Komplementarität, Kompensation* und *integrierende Ergebnis-Orientierung.*

Komplementarität

»Komplementarität« bezeichnet die wechselseitige Ergänzung des unterschiedlichen Know-how im Berater-System. Fachwissen und Prozeßwissen bedingen und ergänzen einander dabei. So wie sich etwa die Bedeutungen von »offen« und »abgegrenzt« in der Vorstellung gegenseitig ausschließen und doch im Alltag untrennbar zusammengehören, so ergeben in unserem Ansatz Fach- und Prozeßberatung erst miteinander verknüpft die nicht künstlich gespaltene Beraterrealität bzw. die umfassende Kraft der beraterischen Unterstützung.

Die Bezeichnung *komplementär* (von lat. *plenus* und *complere, complementum:* Erfüllung, Ergänzung) charakterisiert ein spezifisches Verhältnis, in dem Dinge, Eigenschaften usw. zueinander stehen. Sie verhalten sich komplementär, wenn sie sich zu größerer Vollständigkeit oder stärkerer Wirksamkeit ergänzen. Wenn sie hingegen einen Gegensatz oder Widerspruch bilden, nennt man das Verhältnis antithetisch oder antagonistisch.

Mit *Komplementarität* meint man also im allgemeinen die Zusammengehörigkeit scheinbar widersprüchlicher, einander aber ergänzender Eigenschaften eines einzigen Objekts[4]. Komplementäre Eigenschaften gehören zusammen, insofern sie dasselbe Objekt betreffen. In der Regel handelt es sich um zwei verschiedene Eigenschaften, die sich nicht kausal aufeinander beziehen, aber gemeinsam einen Sinn ergeben. Diese Art der Komplementariät kann man, metaphorisch ausgedrückt, auch als »das Sehen mit zwei unterschiedlichen

---

4 Bemerkungen zum Begriff »Komplementarität«: Von »Komplementarität« ist in verschiedenen Wissenschaften die Rede. Im *Historischen Wörterbuch der Philosophie* schreibt Klaus M. Meyer-Abich (1976):

»Der Begriff Komplementarität stammt von Niels Bohr (1927) und ist von ihm ursprünglich zum Verständnis der in der Quantentheorie aufgetretenen Schwierigkeiten [...] in die Philosophie eingeführt worden. Komplementarität heißt die Zusammengehörigkeit verschiedener Möglichkeiten, dasselbe Objekt als Verschiedenes zu erkennen.«

Die Einführung des Komplementaritätsparadigmas durch Niels Bohr ist ein ideengeschichtlich überaus wichtiges Ereignis. Es markiert das Ende der cartesianischen Epoche. Komplementäres Denken heißt vor allem, den Absolutheitsanspruch der zweiwertigen Logik, die Entweder-oder-Kategorie zu verlassen. In der Physik meint Komplementarität die als Welle-Teilchen-Dualismus bezeichnete Eigenschaft von Elektronen (und Licht), je nach Beobachtungsweise als Welle oder als Teilchen meßbar und doch immer beides zugleich zu sein. In der Biologie geht es um das Verhältnis sich ergänzender, räumlicher molekularer Strukturen, deren Zusammenwirken nach dem Schlüssel-Schloß-Prinzip Voraussetzung für die Erfüllung einer bestimmten Funktion ist. Unter »Komplementär-Medizin« versteht man ebenfalls das, was zur Schulmedizin »komplementiert« wird, um sie mit der Alternativmedizin in Einklang zu bringen. Von »Komplementär-Psychologie« spricht man, wenn zur Erklärung pathogener Prozesse vom Aufeinander-bezogen-Sein »rein psychischer« und »rein körperlicher« Faktoren die Rede ist. In den Wirtschaftswissenschaften wird zwischen komplementären und substitutiven Gütern unterschieden. Substitutive Güter schließen einander gegenseitig aus (z. B. Arbeit und Freizeit, Konsum und Sparen) bzw. können einander ersetzen (z. B. Butter und Margarine), während komplementäre Güter sich gegenseitig bedingen (z. B. Freizeit und »einem Hobby nachgehen«; vertiefende Literatur: Bohr 1958; Schirrmacher 2005; Meyer-Abich 1976).

Augenpaaren«, bezeichnen, mit denen ein größeres Blickfeld abgedeckt ist, sich eine mehrdimensionale Perspektive eröffnet und damit auch mehr Orientierung und Bewegungssicherheit geschaffen werden.

Je nach Situation wird das komplementäre Beraterwissen in unterschiedlicher Gewichtung angewendet. Dabei spielt eine Rolle, was vom Kunden manifest und latent erwartet wird, wie der Kontext aussieht usw. Es geht um ein qualitativ neues Miteinander, das bei der gemeinsamen Zielerreichung sehr viel stärker die wechselseitigen Wirkungszusammenhänge berücksichtigt. Das *Wie* ist nicht »hilfreiche Begleitmusik« für das *Was*, das *Was* nicht inhaltliches Material für das *Wie*: *Was* und Wie verändern sich als Konsequenz ihres Zusammenwirkens. Dadurch entsteht ein integriertes Ergebnis, eine spezielle Wirkung für den Kunden (vgl. die Fallbeispiele in Kapitel 4).

Es stellt sich die Frage, ob das relevante Managementwissen, das traditionell auf der Fachberater-Seite angesiedelt ist, und das relevante Prozeßwissen, das üblicherweise die »Prozeß-Berater« haben, idealerweise in einer Person integriert oder durch das Miteinander von mindestens je einem Fach- und einem Prozeßberater dargestellt werden sollten. Letzteres bedeutet für die komplementären Beraterprofile, daß das wechselseitige Aufeinander-angewiesen-Sein um so stärker ist, je ausgeprägter das Spezialistenteam ist, daß die komplementäre Ergänzung aber auch um so fruchtbarer und wirkungsvoller ist.

Sicher können die im komplementären Sinne relevanten Haltungen, Werte und Erfahrungen in einer Person vereint sein; dennoch stellt unserer Meinung nach die körperlich-sinnliche »Sichtbarkeit« der beiden Perspektiven in einem komplementären Zusammenwirken, in verschiedenen Personen repräsentiert, einen entscheidenden Wirkungsfaktor dar. Das spricht für eine Zusammenarbeit im »Tandem« bzw. in einem gemischten Team. Diese personifizierte »dynamische« Komplementarität geht ganz wesentlich über eine einfache Arbeitsteilung hinaus, weil sie die in der Kommunikation gelebte und »erfüllte« Synthese der komplementären Aspekte ist. Wir halten diese Personalisierung der Komplementarität im Berater-System für ein Kernelement des komplementären Beratungsansatzes. Dabei sollte der Fachberater über jenes Businesswissen verfügen, das dem Niveau einer fundierten Top-Managementposition entspricht. Darüber hinaus braucht er ein gutes Basiswissen bzw. Erfahrung auf der Prozeßebene. Der Prozeßberater benötigt in seinem angestammten Feld ein breites und tiefes Basis-Know-how und ebenso ein Grundwissen über die Businessthemen.

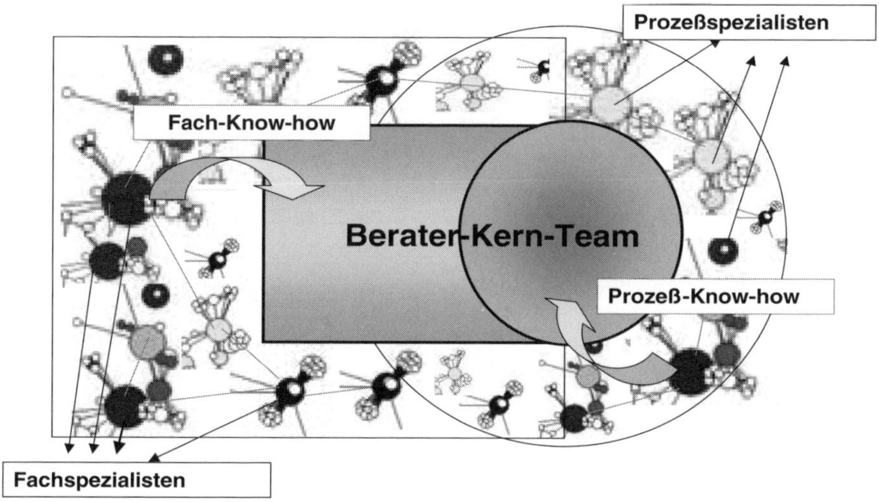

Abb. 8: Unterschiedliche Tiefe des komplementären Know-how im BS

Grundsätzlich unterscheiden wir in der Fach- und Prozeßberatung jeweils drei Spezialisierungsstufen:

- Stufe 1 umfaßt einerseits betriebswirtschaftliche Grundkenntnisse mit Managementerfahrung und andererseits eine systemische Beraterausbildung mit Erfahrung in der Begleitung von Veränderungen. Diese Grundkenntnisse sollten im Berater-Kernteam vorhanden sein.
- Stufe 2 umfaßt eine Spezialausbildung (Controlling, Design von Geschäftsprozessen u.ä.) im Fachbereich und geht im Prozeßberatungsbereich von der Kenntnis der Systemdiagnose über Großveranstaltungen bis hin zum Führungskräfte-Coaching.
- Stufe 3: In komplementär angelegten Beratungsprojekten gibt es neben dem Kern-Staff auch punktuell beigezogene Spezialisten (z.B. Anwälte, Wirtschaftsprüfer, technische Gutachter oder Spezialisten für künstlerische Interventionen), die dann spezielle Teilaufgaben übernehmen.

Aus dem Beraternetzwerk werden projektbezogen je nach Bedarf Spezialisten des jeweiligen Feldes mit einbezogen. Das Mischungsverhältnis von Fach- und

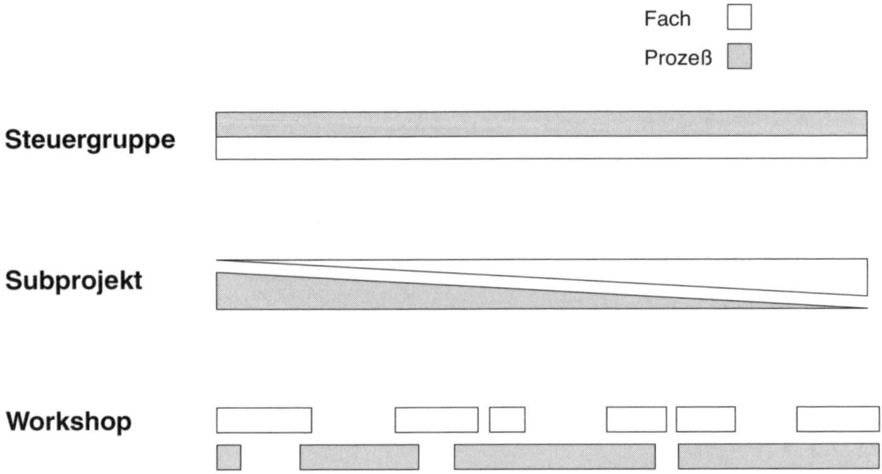

Abb. 9: Mischungsverhältnisse von Fach- und Prozeß-Know-how

Prozeß-Know-how kann ganz unterschiedlich aussehen. Die Abbildung 9 zeigt drei Beispiele:

Die Komplementarität sollte in größeren Projekten auch dadurch zum Ausdruck kommen, daß es eine komplementäre Besetzung der Projektleitung gibt.

Kompensation

Was meinen wir nun mit *Kompensation*? Das kompensatorische Element bezieht sich auf die notwendige Ergänzung des Know-how, das im Kunden-System vorhanden ist, durch das extern eingebrachte Beraterwissen. Das erfordert erst einmal eine Diagnose, eine Fremd- und Selbsteinschätzung der Fähigkeiten und Defizite, die in der Organisation konkret vorhanden sind, um nicht zuviel und nicht zuwenig anzubieten, um weder zu bevormunden noch zu überfordern. Zum Beispiel ist es sinnvoll, in eine Projektgruppe kompetente Mitarbeiter aus dem Controlling mit einzuladen, wenn es um die Berechnung alternativer Szenarien geht. Sollte das Know-how nicht »reichen«, um rasch gute Ergebnisse zu erzielen, so muß das Beraterteam das Know-how vorerst zur Verfügung stellen.

Da Systeme lernen, sich verändern, sollte sich das Beratungsangebot dem Lernprozeß dynamisch anpassen. Die Weiterentwicklung des Kunden-Systems regelt den jeweilig aktuellen Kompensationsbedarf. Wenn die Beratung erfolgreich ist, nimmt er ab, d.h. die Kunden übernehmen mehr und mehr selbst. Das gilt für Businessthemen wie auch für Prozeßthemen. Das richtige Maß der Unterstützung zu finden erfordert immer wieder ein erneutes Austarieren. Das grundsätzliche Vertrauen in die Kompetenz und Entwicklungsfähigkeit des Klienten-Systems bestimmt das konkrete, möglichst sensible Vorgehen. Wann ist Fachinput erforderlich? Wann sind gute, hartnäckige Fragen besser, die das Wissen »herausholen«? Wo sind Gegenkonzepte angebracht, wo Empfehlungen? Feedback-Prozesse und Reflexion im Staff und mit den Kunden – beides gemeinsam bringt die Zusammenarbeit in eine optimale Bahn, läßt den jeweiligen Kompensationsbedarf erkennen.

Integrierende Ergebnis-Orientierung
Als »integrierende Ergebnis-Orientierung« bezeichnen wir das, was in erster Näherung als ständiges im Auge-Behalten der beabsichtigten Wirkung verstanden werden kann. Weil die »systemische Haltung« von der Autonomie des Kunden-Systems ausgeht, bedeutet dies auch Ergebnisoffenheit. Die Integration von Fach- und Prozeß-Know-how stellt eine Balance zwischen klar formulierten, gemeinsam definierten kurz-, mittel- und langfristigen Zielen und sich verändernden, dynamischen Ergebniserwartungen her. Trotz prinzipieller Ergebnisoffenheit kommt es durch Zwischenreviews, iterativer Zielüberprüfung und durch andere Instrumente zu einer größeren Planbarkeit, Operationalisierbarkeit und damit auch Meß- und Überprüfbarkeit des Beratungsprozesses. In diesem Sinne ist integrierende Ergebnis-Orientierung ein Balanceakt zwischen sicherer Planung, dynamischer Zielveränderung und tatsächlicher Zielerreichung.

Darüber hinaus gelingt mit dem integrativen Ansatz der Spagat zwischen dringlichen und wichtigen Zielen, indem einerseits pragmatische Lösungen, *quick wins* angestrebt werden, gleichzeitig aber durch die regelmäßigen Reflexionsschleifen die wichtigen tieferen Themen immer wieder bewußtgemacht werden.

Bei der *beabsichtigten Wirkung* der komplementären Beratung geht es beim *Was* um Ziele wie Zeit, Geld, Positionen auf Märkten, Verfügbarkeit von Ressourcen oder Erschließung von Potentialen. Beim *Wie* bezieht sich die Wirkung auf Zukunfts-, Problemlösungskompetenz, Lernfähigkeit, Umgang mit Widersprüchen usw.

Komplexitätsdimensionen
Betrachtet man nun genauer, auf welche weiteren Aspekte das Komplementaritätsmodell bezogen ist, dann sind zusätzliche Ausdifferenzierungen wichtig. Wir sprechen von *Komplexitätsdimensionen*, die für Kunden und Berater relevant sind.

Wir unterscheiden *Ebenen* und *Phasen* sowohl beim *Was* als auch beim *Wie*. Bei der Ebene des *Was*, auch »Flughöhen« genannt, unterscheiden wir die drei Ebenen *Gesamtsystem, Teilsystem* und *Personensystem*. Sie stellen als Klienten-System unterschiedliche Anforderungen an die Inhalte und Vorgehensweisen im Beratungsprozeß.

Handelt es sich um ein Netzwerk, um Kooperationen zwischen Organisationen? Geht es um ein Unternehmen, eine bestimmte Einheit, z. B. den IT-Bereich? Oder beraten wir eine Person in ihrem Umfeld, was dann Coaching genannt wird? Trotz gemeinsamer Metatheorie sind dabei die Hintergrundtheorien, die Interventionsrepertoirs sehr unterschiedlich. Die Beratung eines Netzwerks etwa muß andere Dynamiken und Logiken berücksichtigen als die Beratung eines Unternehmens (vgl. Königswieser 2006).

Auf der Prozeßebene sehen wir die jeweiligen Phasen, in denen sich das Unternehmen oder das Projekt befindet als bedeutend an. Konkret heißt das z. B.: Wodurch ist der »Startpunkt«, die Anfangsphase des Beratungsprozesses charakterisiert? In welcher Phase der Unternehmensentwicklung befindet sich das Unternehmen? Geht es um Wachstumsthemen? Handelt es sich um eine aktuelle oder potentielle Unternehmenskrise? Ist das Unternehmen mit seinen Produkten in einer Reife- oder Alterungs-Phase? Geht es um Konsolidierung, Desinvestition oder Integration?

Bezüglich der Fachinhalte unterscheiden wir *funktionale* und *sektorale* Themen. Unter »funktional« verstehen wir dabei die wesentlichen Funktionen des Kunden-Systems: Strategieentwicklung und Planung, Beschaffung, Produktion, Absatz, Finanzierung, Kostenrechnung, Controlling, HR etc. Unter »sektoral« verstehen wir die relevanten Umwelten des Kunden-Systems. Bei Unternehmen können damit regional- und kundensegment-spezifizierte Märkte, Absatz- und Beschaffungsmärkte, Personal- und Kapitalmärkte, Technologie- und Kooperationspartnermärkte gemeint sein.

Als entsprechende Ausdifferenzierung bezüglich der Prozeßthemen, des *Wie*, unterscheiden wir die Basis-Interventionen, bestehend aus *Architektur, Designs und Techniken.* Dazu gehört auch die *Hypothesengeleitetheit* als Grundlage für die Interventionsentscheidungen und die Aufgliederung all dieser Ebenen nach der inhaltlichen, sozialen, zeitlichen, räumlichen und symbolischen Dimension (vgl. Königswieser/Hillebrand 2005a). Die Leitfrage lautet: Welchen Impuls wollen wir setzen? Im komplementären Selbstverständnis interpretiert die Interventionsplanung die bewährten Architekturen und Designs in dem Sinne, daß dabei verstärkt die inhaltliche Dimension berücksichtigt wird. Welches Design paßt, wenn es um das Thema »Ökonomie«, um Marktanteile, Vertriebssteuerung, um Prozeßkosten, um neue Strukturen geht und gleichzeitig die darunterliegenden Muster, die Latenzen, eine Rolle spielen?

Im Komplementär-Modell wird auch deutlich, daß der Startpunkt des Beratungsprozesses in den Dimensionen *Strategie, Struktur, Kultur* auf die unterschiedlichen Ebenen *Gesamtsystem, Subsystem* oder *Personensystem* und gleichzeitig auf die unterschiedlichen *Phasen* der Unternehmensentwicklung bezogen werden muß. Startpunkt und Ergebnis-Intention sind dabei natürlich die wesentlichen Gestaltungsgrößen des Beratungsprozesses. Von welcher Situation aus starten wir? Was wollen wir erreichen? Was soll am Ende nach Abschluß einer erfolgreichen Beratung anders sein?

Hauptelemente des Komplementär-Modells

Die Wechselwirkung all dieser komplexen Elemente, mit denen das Berater-System bewußt und intuitiv umgehen muß, macht das Komplementär-Modell aus. In den Abbildungen 10 und 11 sind diese Elemente nochmals zusammengefaßt.

Die Berücksichtigung der Wechselwirkungen stellt hohe Anforderungen an das Berater-System. Die Fähigkeit, mit Komplexität und Unsicherheit reflexiv umgehen zu können, ist dafür eine wichtige Voraussetzungen. Die Kernelemente des Modells in Abbildung 10 sind mit den Begriffen an den sechs Ecken des »Diamanten« in Abbildung 11 beschrieben. Die Begriffe sollen plakativ zeigen, was diese Art von Beraterarbeit charakterisiert und sie von anderen Ansätzen unterscheidet.

Das Spezifische an diesem Ansatz läßt sich in folgenden Punkten zusammenfassen; es liegt:

- in der komplementären intelligenten und simultanen Verknüpfung von Fach- und Prozeß-Know-how – durch Beratertandems oder Teams;
- in der fein austarierten Dosis des eingebrachten Berater-Know-how, das dabei helfen soll, ergänzend die Kompetenzen des Klienten-Systems zu kompensieren und zu entwickeln;
- in der speziellen Wirkung, im besonderen Mehrwert, der dadurch entsteht, d.h. in den kurz- und langfristigen Erfolgen, in der Auflösung des Widerspruchs zwischen »dringend« und »wichtig«;
- in der Reflexion, die sich in Form von verschiedenen Reflexions- und Feedback-Schleifen sowohl auf die Inhalts- als auch auf die Prozeßebene bezieht;
- in der systemischen Werthaltung, Weltsicht als Fundament der Arbeit und
- im zentralen Faktor der Wertschätzung gegenüber Kunden und Kollegen.

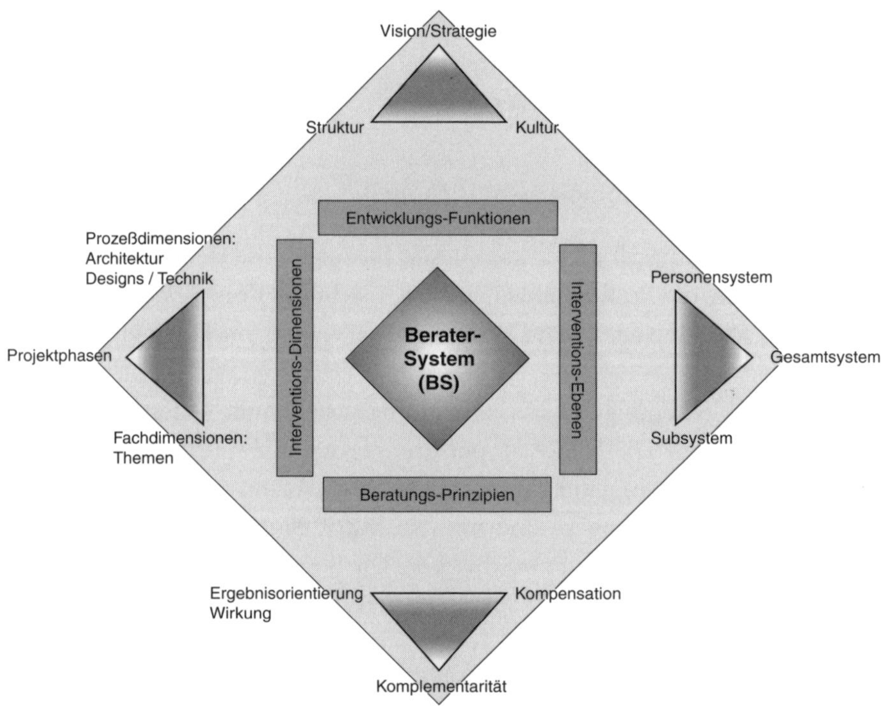

Abb. 10: Die Hauptelemente des Komplementär-Modells

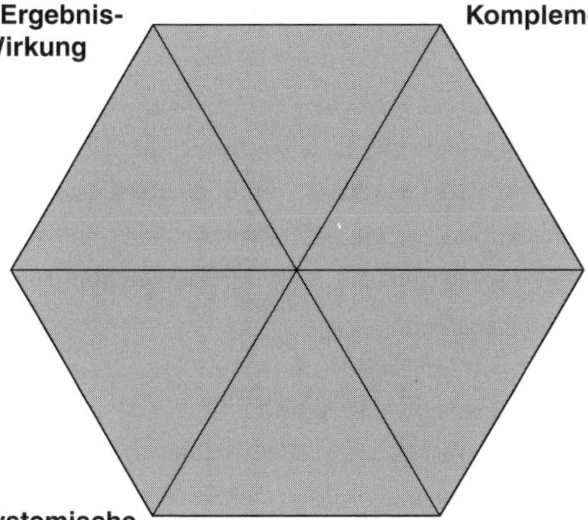

Abb. 11: Der »Diamant« der Komplementärberatung

Einsatzmöglichkeiten des Modells

Die Einsatzmöglichkeiten des Modells sind umfassend und vielfältig. Je größer dabei die Vielfalt, die Komplexität der vom Kunden-System zu bewältigenden Herausforderungen ist, als desto besser geeignet erscheint uns der komplementäre Ansatz. Wir schließen dabei nicht aus, daß es in der Praxis, jenseits von Gewichtungsfragen, Situationen geben kann, in denen der komplementäre Ansatze nicht angebracht ist, z. B. bei einer existentiellen und höchst akuten Krise, in der es sofort um die richtigen und effizienten »harten« Entscheidungen für die nächsten 10 Tage geht. Oder in der Beratung einer strategisch gut aufgestellten, in ihren strategie-adäquaten Strukturen und Prozessen effizient und effektiv arbeitenden Organisation, die wenig Problemdruck hat und z. B. einen Standortworkshop durchführen will.

Es gibt also auch Situationen, in denen die eindeutig »fachlich« betriebene Beratung alleine und auch die ebenso eindeutig »prozessual« betriebenen Beratung alleine passen kann. Ein wenn auch noch so kleiner Anteil des jeweils anderen Elements ist ja ohnehin immer dabei.

Erfolgsfaktoren

Es gibt sowohl im Kunden- als auch im Berater – und letztlich im Berater-Kunden-System Erfolgsfaktoren für die Umsetzung der Komplementärberatung. Dabei wollen wir die Erfolgsfaktoren des Berater-Systems im besonderen beleuchten, weil gerade sie in unserem Zusammenhang von zentraler Bedeutung sind. Im Berater-System werden am Anfang die Weichen für den Projekterfolg gestellt.

Die Erfolgsfaktoren im Kunden-System (KS)
Als Erfolgsfaktoren im Kunden-System sind zu nennen:

- Vertrauen in die Berater und in den Ansatz;
- die Bereitschaft und Fähigkeit, klare Ziele zu definieren und Rahmenbedingungen für das Projekt zu gewährleisten;
- das Commitment der Auftraggeber und der obersten Führungsebene;
- die Bereitschaft und Fähigkeit, mit partiellen und zeitweisen Diffusitäten und Spannungen umgehen zu können;
- die Bereitschaft und Fähigkeit zum ressourcenorientierten Arbeiten – verbunden mit der Bereitschaft zum kompensatorischen Umgang mit Defiziten;
- die Bereitschaft zur Entwicklung einer integrierten Ergebnis-Intention in dem Verständnis: »Soviel geplante Ergebniserwartung wie nötig – soviel Entwicklungserwartung wie möglich.«

Erfolgsfaktoren im Berater-System: (BS)
Als Erfolgsfaktoren im Berater-System sehen wir:

- *Selbstgewünschte Zusammenarbeit:* Die freigewählte Partnerschaft erhöht die Motivation, kreativ und vertrauensvoll unterschiedliches Wissen zu integrieren. Eine Zwangspartnerschaft ist unserer Erfahrung nach kein Erfolgsmodell.
- *Wechselseitiges Vertrauen, Wertschätzung, gleiche Wertebasis, Haltung:* Dem Fremden, Andersdenkenden Wertschätzung entgegenzubringen, ohne sich selbst dabei gefährdet zu fühlen, fällt, wie bereits ausgeführt, gerade im Verhältnis von Fach- und Prozeßberatern besonders schwer, es ist aber besonders wichtig. Wir wollen nochmals hervorheben, daß dieser Punkt ein

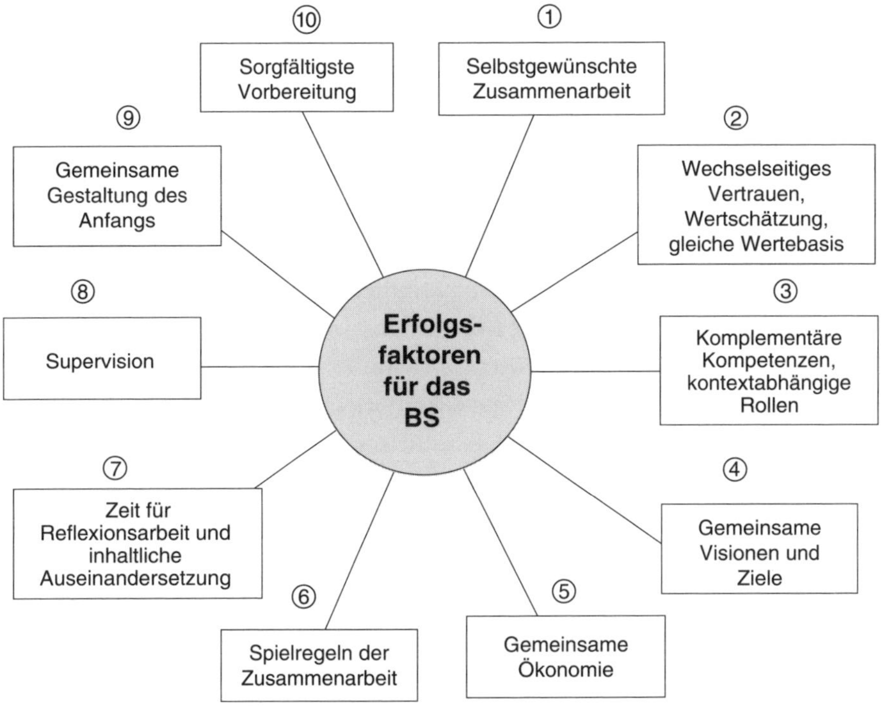

Abb. 12: Erfolgsfaktoren der Komplementärberatung im Berater-System (BS)

Schlüsselfaktor ist. Um situationsadäquat mehr ressourcen- oder mehr defizitorientiert zu intervenieren, einmal mehr Nähe, einmal mehr Distanz zum Kunden leben zu können, sind Wertschätzung, Vertrauen und eine gemeinsame Wertebasis bzw. Haltung nötig. Mit der Haltung steht und fällt die Qualität der Zusammenarbeit.

- *Komplementäre Kompetenzen, kontextbezogene Rollen:* Einander ergänzende Fähigkeiten verringern die Konkurrenz zwischen den Beratern, sie werden im Idealfall als Kompetenzerweiterung erlebt: »Gemeinsam sind wir besser«. Dabei geht es nicht darum, daß jeder Berater alles können muß, sondern es sollten *im Team* die nötigen Kompetenzen vorhanden sein. Die genauen Rollen werden je nach Situation festgelegt.
- *Gemeinsame Visionen und Ziele:* Wenn im gemischten Staff eine gemeinsame Vision von Beratung vorhanden ist, kann man sich auf diesen stabilisieren-

den Sinnhorizont beziehen. Die Vision ist der »Kompaß« in Diskussionen. Daraus lassen sich dann auch leichter gemeinsame Ziele und Interventionsentscheidungen ableiten.

- *Gemeinsame Ökonomie:* Wenn ein Projekt im Prozeßverlauf z.B. in Abweichung zur ursprünglichen Planung mehr fachliche Unterstützung braucht, die Tage anders aufgeteilt werden, ist diese Verschiebung ein Problem, das man besprechen kann. Bei getrennten Verrechnungsadressen kann eine solche Verschiebung zu einem großen Konflikt werden. Ein gemeinsames ökonomisches Interesse reduziert Konkurrenz.
- *Spielregeln der Zusammenarbeit:* Man kann zwar mit Regeln keine Konflikte verhindern, aber sie ermöglichen Grundorientierungen über wechselseitige Erwartungen. Das hilft besonders in Krisenfällen und wenn Vorannahmen und eigene innere »Landkarten« als das »Normale« angesehen werden. Deshalb sind ein regelmäßiges gegenseitiges Feedback sowie das Definieren von quantitativen und qualitativen Erfolgskriterien hilfreich.
- *Zeit für Reflexionsarbeit und inhaltliche Auseinandersetzung im Staff:* Für nicht systemische Fachberater ist Reflexion meist Zeitverschwendung. In komplementären Staffs ist die auf der Prozeß- und Inhaltsebene geführte Reflexion besonders wichtig, weil sie das schwierige Oszillieren zwischen den Polen »Inhalt« und »Prozeß« erleichtert, professionelle Distanz fördert und steuernd wirkt.
- *Supervision:* Trotz regelmäßiger Staffarbeit hat es sich bewährt zwei- bis dreimal im Jahr für anspruchsvolle Projekte eine Supervision zu organisieren, weil jedes System – Berater-Systeme genauso wie Kunden-Systeme – seine »blinden« Flecken hat. Das gilt besonders im komplementären Ansatz, bei dem Fachberater und Prozeßberater zusammenarbeiten. Die Unterschiede zwischen beiden Ansätzen sollen ja wirksam erhalten und gleichzeitig doch integriert werden.
- *Gemeinsame Gestaltung des Anfangs:* Wir gehen davon aus, daß die »Grundmelodie« der Beziehung zwischen Klienten und Beratern (BKS) zu Beginn »angestimmt« wird. Das »Dazugeholt-Werden« ist immer schwieriger, als anfangs ein gemeinsames Vorgehen zu konzipieren, beim Kunden als komplementäres Team aufzutreten und wahrgenommen zu werden.
- *Sorgfältigste Vorbereitung:* Akquirieren und Folien malen ist das eine, eine sorgfältige Vorbereitung bedeutet aber noch mehr. Als »sorgfältige Vorberei-

tung« bezeichnen wir das gemeinsame Bilden von Hypothesen, inhaltliche Diskussionen, das Durchspielen von »best und worst case«-Szenarien, die Klärung der Rollen, das Besprechen des Ablaufs (was und wie), die Umsetzung eines professionellen Projektmanagements mit Zwischenzielen, Meilensteinen, Ressourcenplanung und die Reflexion der persönlichen Resonanzen.

Erfolgsfaktoren im Berater-Kunden-System (BKS)
Diese sehen wir vor allem in:

- einem klaren Kontrakt, in der Sicherstellung der Rahmenbedingungen für die Zusammenarbeit im BKS, in der Rollenklarheit und einer professionellen Projektorganisation;
- der Bereitschaft und Fähigkeit zur Entwicklung komplementärer Hypothesen und Reflexionen. Dazu gehört die Diagnose zu Projektbeginn, die Entwicklung einer adäquaten Prozeßarchitektur, das Miteinbeziehen der Schlüsselpersonen und die Evaluation am Ende des Projekts;
- der schnellen Entwicklung von Handlungsoptionen und der Arbeit an deren operativer Umsetzung.

Nutzen und Mehrwert für den Kunden

Der komplementäre Ansatz kann folgende Befähigungen von Organisationen bewirken:

- *Eigenständige Problemlösungskompetenz und Zukunftsfähigkeit:* Weil in einem integrierten Unternehmensentwicklungsprozeß vor allem die Problemlösungskompetenz und grundsätzlich das Bewußtsein des Kunden-Systems erweitert und gestärkt werden und der Know-how-Transfer implizit erfolgt, wird das Unternehmen in absehbarer Zeit die für die Steuerung des Unternehmens notwendigen Prozeßkompetenzen nutzen und die nötigen Fachkompetenzen auch ohne externe Unterstützung weiterentwickeln können. Auf diese Weise werden auch die Fähigkeit zur Bewältigung von Komplexität gefördert und das intellektuelle Kapital der Organisation angereichert. Eine starke »Zukunftskompetenz« verwandelt Unternehmen von Getriebenen zu Gestaltern.

- Unternehmen, die einen *reflektierten, differenzierten Umgang mit Widersprüchen* – allen voran mit dem, für den Fach- und Prozeßberatung stehen – entwickelt haben, die gelernt haben, Feedback und Reflexionsschleifen zu institutionalisieren, sind insgesamt offener für ihre Umwelten. Sie sind in der Lage, sich unvorhergesehenen Entwicklungen des Marktes anzupassen, stabile Frühwarnsysteme für Krisen aufzubauen und diese schneller zu bewältigen.
- *Verbesserung der Zielerreichung*: Ein unmittelbarer Nutzen ergibt sich dadurch, daß Konzeptphase und Implementierung nicht sequentiell, sondern simultan erfolgen. Die Art und Weise, wie und mit wem Konzepte erarbeitet und umgesetzt werden, spielt dabei eine zentrale Rolle, denn damit werden von Anfang an Implementierungsimpulse gesetzt, *quick wins* erzielt und die Erreichbarkeit der kurz- und langfristigen Erfolgsziele Schritt für Schritt ausgelotet, überprüft und realisiert.

Diese Mehrwertdimensionen sind durchaus auch quantitativ meßbar – in Zeit, Geld, Marktfähigkeit, Wettbewerbsvorteilen. Sie sind aber auch qualitativ faßbar, z. B. in den Dimensionen Kunden- und Mitarbeiterzufriedenheit, Nachhaltigkeit usw. Generell gilt hier der Anspruch des Modells, Zeit-, Qualitäts- und Potential-Gewinne auch in einen faßbaren ökonomischen Erfolg umzusetzen. Die gezielte Auseinandersetzung mit Komplementarität, Kompensation und integrierten Ergebnis-Intentionen leistet dabei einen wesentlichen Beitrag. Die Komplementaritätstheorie (Ruigrok 2000) bestätigt die ungleich höhere ökonomische Erfolgswahrscheinlichkeit, wenn durch ein simultanes, komplementäres Vorgehen bei Unternehmensentwicklungsprozessen ein sich selbst beeinflussender Leistungskreis entsteht.

3.2 Haltung und Werte in der Komplementärberatung

Roswita Königswieser, Ebrû Sonuç, Jürgen Gebhardt, Martin Hillebrand

Die differenziertesten Modelle, die ausgeklügeltsten Techniken überzeugen nicht und haben keine Wirkung, wenn die Haltung der Berater nicht mit dem Anspruch korreliert, welcher mit ihrer Beratungs«philosophie« vermittelt wird. Unter »Haltung« verstehen wir die Weltbilder, die Wahrnehmungskategorien, die Art, wie wir uns zu unserer Umwelt in Beziehung setzen, die Werte, Überzeugungen und Glaubenssätze. Sie steuern unsere Denk- und Verhaltensweisen, bestimmen unser Selbstverständnis, unsere Identität und ziehen bestimmte Stoßrichtungen unserer Interventionsstrategien nach sich. Wie bei einem *Eisberg* ist die »oberste« Verhaltensebene, die die strategische Interventionsrichtung ausdrückt, sichtbar, das darunterliegende Selbstverständnis, die Weltbilder aber und die tiefverankerte Wertebasis sind nur schwer greifbar (vgl. Königswieser/Hillebrand 2006).

Die Haltungs- und Wertebasis bildet das Weltbild, die Glaubenssätze (1). Daraus folgen die Art der Beziehungsgestaltung und das Rollenselbstverständnis (2), und aus beiden resultiert die strategische Stoßrichtung unserer Beraterinterventionen (3).

Die Haltung des integrierten Ansatzes läßt sich am ehesten im Unterschied einerseits zu der Haltung der »reinen Fachberater« und andererseits zu der der »reinen systemischen Prozeßberater« beschreiben. Sie ist keine Mischung aus beiden, sondern eine qualitativ neue Dimension, die zum einen durch ein kontextabhängiges Oszillieren zwischen den idealtypisch bezeichneten Polen auf dem Kontinuum gekennzeichnet ist und zum anderen völlig neue Perspektiven erzeugt.

Uns gefällt der Begriff des »Oszillierens« deshalb so gut, weil er mehr ausdrückt als die oft beschworene Balance von Gegensätzen. »Oszillieren« ruft das Bild der rhythmischen, nicht fixierbaren, sich situativ verändernden, kontextbezogenen Hinneigung zu einer bestimmten Seite wach. Es ermöglicht die simultane Bewegung zwischen gegensätzlichen Sinnrichtungen, die gleichzeitig im Blick sind (vgl. Littmann/Jansen 2000). Es geht darum, dieses Oszillieren und die damit verbundene Unsicherheit auszuhalten. Bei dieser Sicht werden nicht vorrangig die Gegensätze gesehen, sondern »der enge Zusammenhang des Unterschiedenen« (vgl. Baecker 2006).

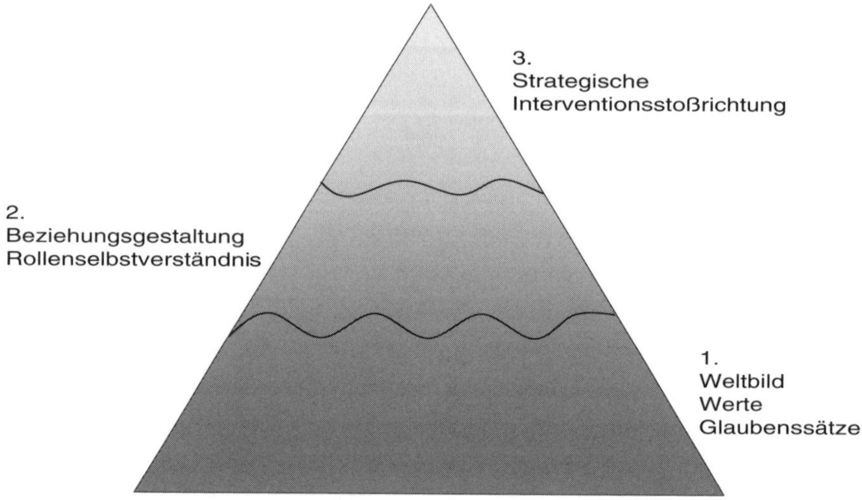

Abb. 13: Die drei Haltungsebenen

Die Fähigkeit, mit Unsicherheit, Gleichzeitigkeit, Komplexität und Widerspruch umgehen zu können, ist nicht nur für Manager, sondern auch für uns Berater von zentraler Bedeutung, denn das Leben selbst besteht aus Paradoxien: ohne Scheitern keine Reife, ohne Probleme keine Lösung, das Beenden von Dingen schafft Platz für Neues. Der Evolutionstheoretiker Rupert Riedl macht bewußt, daß wir fortwährend »Nachteile« in Kauf nehmen müssen, um uns weiterentwickeln zu können: Der Schmerz hat auch eine lebenserhaltende Funktion (vgl. Riedl 2004).

Dirk Baecker definiert den Experten als »Profi im Identifizieren von Gegensätzen, im Oszillieren zwischen den Polen«. Nur so kann er sein Wissen entwickeln und in die Praxis umsetzen. Baecker erinnert in diesem Zusammenhang an das Zitat von Albert Einstein: »In the middle of difficulty lies opportunity« (vgl. Baecker 2006). Es geht um ein kompensatorisches Vorgehen, d.h. je nachdem »wo es im Unternehmen fehlt«, wird komplementär ergänzend unterstützt.

Die für uns relevanten Unterschiede wollen wir hier abschließend in Stichworten beschreiben. Es ist gar nicht so leicht, geeignete Worte zu finden, welche die praxisrelevanten Unterschiede und Zusammenhänge auf den Punkt bringen, ohne allzu plakativ und simplifizierend zu sein.

1. Weltbild, Glaubenssätze

Fachberatung	Komplementärberatung	Systemische Prozeßberatung
»Die Welt funktioniert letztlich wie eine Maschine.« »Ohne Zweck kein Sinn.«	**»Der Kommunikation kommt eine Schlüsselrolle zu, um die Welt zu verstehen, aber in bestimmten Situationen ist das Ursachen-Wirkungsschema zu beachten.«**	»Unsere Vorstellungen erzeugen durch Sprechen die Welt.« »Alles fließt, alles ist Kommunikation.«
»Ohne gesteuerte Rationalität kein Fortschritt, das zeichnet Menschen aus.«	**»Es geht um die Öffnung einer Option zwischen rationalen Grenzen und gefundenen Möglichkeiten.«**	»Wir lassen Emotionen und Selbstentwicklung zu.«
»Ich glaube an Effizienz und Leistung. Das bringt Lösungen.«	**»Es geht um das passende Maß an Sinn und Effizienz, an Fremd- und Selbstverantwortung.«**	»Ohne Sinnkategorie kein Leben.«
»Ökonomie bestimmt die Welt.«	**»Es ist die ökologische Ökonomie zu entwickeln.«**	»Ökologie ist Leben.«
»Es geht um rasche Lösungen.« »Wir bieten Präsenz beim Kunden.«	**»Wir brauchen je nach Situation Beschleunigung und Zeit für Reflexion.«**	»Es geht um nachhaltige Lösungen, Entwicklung braucht Zeit, Entschleunigung.« »Wir setzen punktuelle Interventionen.«

2. Beziehungsgestaltung, Rollenselbstverständnis

Fachberatung	Komplementärberatung	Systemische Prozeßberatung
»Meine Rolle ist mit dem Ingenieur vergleichbar, der Mängel repariert und Prozesse optimiert.«	**»Wir arbeiten in differenzierten Rollen als Sparringspartner, Experte, Coach, Spieler-Trainer, Begleiter.«**	»Ich verstehe mich als Gärtner, Entwickler.«

Fachberatung	Komplementärberatung	Systemische Prozeßberatung
»Unser Klient ist das Top-Management.«	**»Wir definieren kontextabhängig das Klienten-System und berücksichtigen die Rolle des Top-Managements als besondere Einflußgröße.«**	»Unser Klienten-System ist das ganze System.«
»Wir bewerten, beziehen Position.«	**»Wir sind Anwälte der Ambivalenz und sorgen für Reflexionsräume.«**	»Wir reflektieren, sind aber neutral.«
»Wir orten die Defizite, bringen unser Wissen als Lösungen ein, geben Rat und bringen Entlastung.«	**»Je nach vorhandenen Motiven, Potentialen und Defiziten tragen wir wertschätzend zur Entwicklung von Alternativen bei. Wir suchen Druckpunkte für Veränderung.«**	»Wir arbeiten ressourcenorientiert, wertschätzend und irritieren konstruktiv.
»Wir geben Sicherheit bezüglich Ergebnis, Ziel, Instrumenten und Standardisierung.«	**»Wir geben soviel Sicherheit wie nötig und so wenig vorgefertigte Lösungen wie möglich.«** **»Wir sind Maßschneider mit Teilstandardisierungen.«**	»Wir begleiten das Klienten-System, damit die Klienten mit ihrer Unsicherheit besser umgehen können.« »Wir sind Maßschneider.«

3. Strategische Stoßrichtung der Intervention

Fachberatung	Komplementärberatung	Systemische Prozeßberatung
»Wir streben klare, widerspruchsfreie Lösungen an.«	**»Das Oszillieren zwischen Inhalt und Reflexion ermöglicht eine positive Veränderung der Problemlösungsmuster.«**	»Wir wollen Musterveränderungen erreichen, die Fähigkeit mit Widersprüchen umzugehen – Veränderung 2. Ordnung.«
»Wir arbeiten mit Top-Managern und den Experten.«	**»Wir arbeiten mit jenen Personen und Gruppen, die die Themen rasch und nachhaltig bearbeiten können.«**	Wir machen Betroffene zu Beteiligten und beziehen die Mächtigen mit ein.«
»Wir orientieren uns an der Sachlogik: an Zahlen, Daten und Fakten.«	**»Wir oszillieren zwischen Sachlogik, Deblockierungsarbeit und Reflexion.«**	»Wir deblockieren Energien, haben Muster, Beziehungen und Kommunikation im Blick.«

3.3 Produktbeispiel: Komplementäre Systemdiagnose – »Perspektivwoche«

Erik Lang, Uwe Cichy

Systemiker nennen ihre Interventionen und Vorgehensweisen nicht »Produkte«, Business Consultants leben von standardisierten Produkten; »Produkte« im Sinne des komplementären Beratungsansatzes sind im Raum zwischen Maßschneiderei und Teilstandardisierung angesiedelt. In diesem Beitrag sowie im folgenden von Gerhard Jochum und Patricia van Overstraeten geben wir exemplarisch Einblick in einige produktartige Beratungsangebote aus komplementärer Sicht.

Worum geht es?

Zeit ist kostbar und knapp. Steigende Komplexität macht zunehmend blind für das Wesentliche. Langatmige Untersuchungen sind oft schon überholt, bevor sie überhaupt fertiggestellt werden können. Einseitige Betrachtungen, ausschließlich aus der Sicht eines Fach- bzw. eines Prozeßberaters, greifen zu kurz und bieten keine ausreichenden Entscheidungsgrundlagen. Die meisten Entscheidungen können aber nicht auf die lange Bank geschoben werden. So sieht unserer Erfahrung nach heute die Grundsituation in vielen Unternehmen aus. Vor diesem Hintergrund entwickelten wir die »Perspektivwoche«, ein Instrument des komplementären Ansatzes.

In der »Perspektivwoche« wird die Organisation mit einem ganzheitlichen Blick, d.h. aus einer fachlichen *und* einer prozeßorientierten Perspektive betrachtet. Es geht für die Organisation um denkbare Entwicklungswege in die Zukunft. Welche grundlegenden Optionen stehen dem Unternehmen offen? Die möglichen Perspektiven für die Zukunft werden mit verschiedenen Recherchen und Methoden in ihrer gesamten Bandbreite erfaßt und gegebenenfalls in ihrer Widersprüchlichkeit analysiert und auf ihre unterschiedlichen Implikationen hin bewertet.

Dabei betrachten wir als externe Berater das Unternehmen aus einer Art Vogelperspektive. Es geht gezielt um die Reduktion auf das Wesentliche, um die

Essenz und dabei um die Vermeidung zu großer Komplexität. Das Beraterteam spricht in dieser Woche mit allen relevanten internen Interessengruppen, befragt die Kunden von heute, morgen und übermorgen. Dabei werden zum einen die heutigen Kundenbedürfnisse erfaßt, zum anderen aber auch die zukünftigen Kundenwünsche antizipiert. Wir interviewen auch die wichtigsten unternehmensexternen Geschäftspartner (z. B. Banken, Lieferanten etc.) und analysieren die relevanten betriebswirtschaftlichen Eckdaten. Am Ende der Woche steht das »Big Picture« aus der Sicht der externen Berater. Strategien werden auf ihre Passung mit der Unternehmenskultur hin verglichen. Es werden »hemdsärmelig« Zukunftsbilder entwickelt und hinsichtlich ihrer betriebswirtschaftlichen Machbarkeit auf den Prüfstand gestellt. Es gilt, die Vernetzung und Plausibilität von Strategie, Struktur und Kultur in bezug auf Wirtschaftlichkeit herzustellen. Ziel ist es, ein gemeinsames Verständnis der Führungsmannschaft bzw. Entscheider bezüglich der Ausgangssituation sowie der strategischen Perspektiven des Unternehmens zu erreichen. Diese Analyse ist dann die Basis für die Definition der zukünftigen strategischen Weichenstellungen, die über eine grobe Richtung hinausgeht.

Wann kann das Instrument »Perspektivwoche« eingesetzt werden?

Wir unterscheiden vier typische Ausgangssituationen:

- den Start-up: Es zeichnet sich das Ende des starken und schnellen Wachstums ab. Was kommt danach?
- der Eigentümer-, bzw. Generationswechsel: Man spürt den frischen Wind von seiten der Nachfolger, aber in welche Richtung soll die Reise gehen?
- die Krise: Umsätze und Erträge brechen ein. Der Wettbewerbsdruck wird zur existentiellen Bedrohung. Was ist zu tun?
- Uneinigkeit im Management über die strategische Ausrichtung: Die Organisation ist gelähmt und handlungsunfähig. Wie schlagen wir den »gordischen Knoten« durch?
- die Post-merger-Situation: Zwei unterschiedliche Kulturen müssen sich auf eine gemeinsame Zukunft einigen. Wie kann das gehen?

Wie wird's konkret gemacht?

Basis der Perspektivwoche bilden folgende sechs »Puzzlesteine«. Sie sind die Analysedimensionen, anhand derer wir die Organisation betrachten. Auch hier gilt das Prinzip der Reduktion auf das Wesentliche. Die Puzzlesteine im einzelnen sind die Strategie, die Finanzen, die Produktion, die Organisation, die Supply Chain und die Beziehungen bzw. die Menschen des Unternehmens.

Mit diesen »Brillen« schauen wir auf das Unternehmen, immer vor dem Hintergrund der das Unternehmen prägenden Werte sowie seiner tieferen Sinndimensionen, seines Daseinszwecks. Im Beraterteam finden diese unterschiedlichen Perspektiven ihr Spiegelbild. Fach-, Prozeß- sowie Management-Knowhow und -erfahrung sind entsprechend »abgebildet«. Der maßgeschneiderte Analyseprozeß bzw. die Analyseschwerpunkte werden nach einem Vorgespräch mit den Auftraggebern und auf Basis gemeinsam mit dem Kunden definierter erster Annahmen und Fragestellungen festgelegt. Die Perspektivwoche folgt einem fest vorgeschriebenen Zeitplan (vgl. Abb. 15).

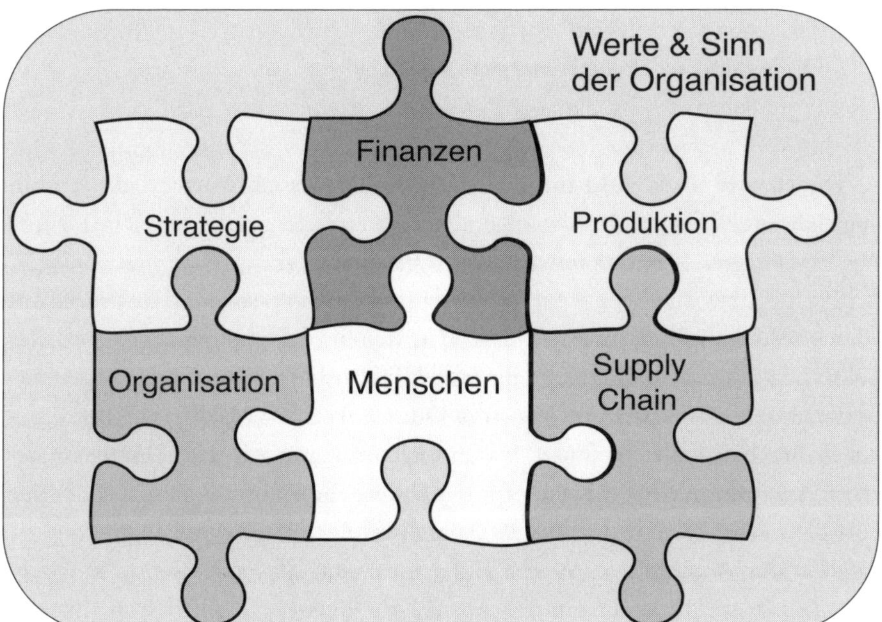

Abb. 14: Analysedimensionen der Perspektivwoche

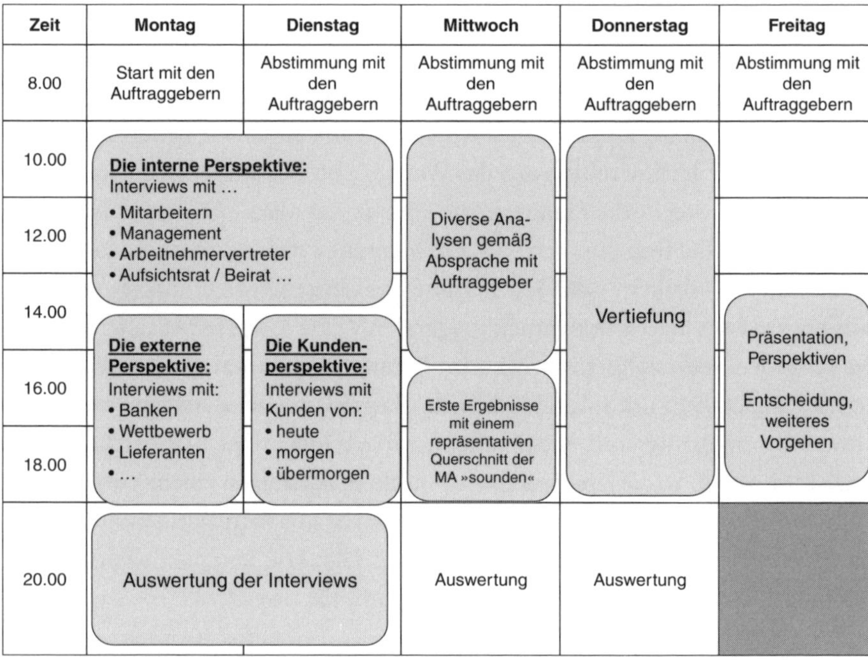

Abb. 15: Zeitplan der Perspektivwoche

Dieser wird im Vorlauf mit dem Kunden auf dessen Notwendigkeiten hin angepaßt und fixiert, wobei die folgenden Grundpfeiler gesetzt sind: Die *tägliche Abstimmung und Reflexion mit den Auftraggebern* bildet das relationale Rückgrat der Perspektivwoche. Möglichst frühzeitig sind die *Interviews und Gespräche* mit allen internen und externen relevanten Umwelten zu terminieren, ein spezieller Fokus liegt hierbei auf der Kundenperspektive, insbesondere auf der Auseinandersetzung mit Trendsettern, Vor- und Querdenkern im Markt. Im Sinne eines ersten Ergebnisabgleichs findet, traditionell am Mittwoch, eine *Diskussion der ersten Analyseergebnisse* mit einer für das Unternehmen repräsentativen Gruppe von etwa zehn Mitarbeitern statt. Danach erfolgt eine weitere *Vertiefung der Analyse*. Den Abschluß der Woche bildet am Freitag die *Präsentation der Ergebnisse*. Die Perspektivwoche ermöglicht auf Basis einer kurzen Intensivanalyse das Aufzeigen »passender«, erfolgversprechender Zukunftsperspektiven.

3.4 Produktbeispiel »NewCo & Transactions«

Gerhard Jochum, Patricia van Overstraeten

Worum geht es?

»Mergers and Acquisitions« – der Kauf und Verkauf von Unternehmen und Unternehmensteilen, von Finanzbeteiligungen und »Assets« (Sachanlagen), die Bildung von Joint Ventures, die Entwicklung von Überkreuz-Beteiligungen und Fusionen –, diese absolute Königsdisziplin des Investment-Bankings, ist ein Geschäft, das allein im deutschsprachigen Raum Jahr für Jahr hohe zweistellige Milliarden-Euro-Transaktionen ausmacht. Ein verlockendes Geschäft mit großen Summen, großen Namen, großen Chancen (»Success fees«, Boni etc.) und genauso großen Risiken. Vom »*Was* und *Wie*« eines komplementären Beratungsansatzes bei M&A-Transaktionen zu sprechen, wirkt in dieser Welt so, als wolle man Yin und Yang als neue Chart-Technik an der New York Stock Exchange, der zentralen Wertpapierbörse der USA, einführen.

M&A-Transaktionen bewegen häufig sehr viel Geld. Die damit verbundenen Chancen, Risiken, Erwartungen und Interessen lenken traditionell die Aufmerksamkeit der M&A-Beteiligten nicht nur auf das »richtige«, sondern darüber hinaus auf das »bestmögliche *Was*«. Für ein systemisches *Wie* scheint kein Raum zu sein. Kein Raum – und auch keine Zeit: Das »richtige Timing«, insbesondere die richtige Geschwindigkeit der M&A-Transaktion, ist oft genug von entscheidender Bedeutung für den Erfolg. Informationen über Kauf-Interessen oder Verkaufs-Bereitschaften dürfen nicht zu früh, nicht zu spät, nicht in nicht-idealer Form publik werden. Wettbewerbliche Aspekte dominieren die Transaktionen, gesellschaftsrechtliche Erfordernisse, insbesondere aktienrechtliche Restriktionen und bei börsennotierten Bietern oder »Targets« in M&A-Transaktionen auch die strengen rechtlichen Regularien der Börsenaufsicht geben vor, »was« notwendig, möglich oder ganz und gar unmöglich ist. Entsprechend hoch sind die Risiken eines »falschen« *Was*: ökonomisch wie rechtlich, bezogen auf die Marktposition der von der M&A-Transaktion betroffenen Unternehmen, nicht selten gar mit Ausstrahl-Effekten auf komplette Marktstrukturen. Weder Kauf- noch Verkaufsinteressent (und auch nicht die vielen Begleiter von M&A-Trans-

aktionen in den Investment-Banken, die Anwälte, Steuerexperten, Unternehmensberater, Public-Affairs- und Regulatory-Affairs-Spezialisten etc.) können und wollen sich einen Transaktionsmißerfolg erlauben. Und nicht zuletzt die Vielzahl der von M&A-Transaktionen betroffenen Stakeholder (Anteilseigner, Führungskräfte und Mitarbeitervertretungen, Kunden und Kooperationspartner, Kapitalmarkt und Kartellbehörden, Politik und Medien etc.) hat natürlich Interessen, die durch ein »bestmögliches Was« zu managen sind.

All dies führt zu einer absolut dominanten Rolle des *Was* – und zu einer ebensolchen »Diaspora« des *Wie* in den Transaktionsprozessen. Und nicht zuletzt spielt dabei die Kultur, die berufliche Sozialisation und die etablierte Logik der relevanten Akteure in M&A-Transaktionen eine wesentliche Rolle für das »no-go« eines systemischen *Wie*. Andererseits begründet die stark ausgeprägte Mißerfolgsbilanz in der Summe der M&A-Transaktionen Zweifel an der Richtigkeit dieser Was-Dominanz. Und was immer die empirische Basis der Aussage ist, daß deutlich mehr als die Hälfte der Fusionen nicht die intendierten Erfolge zeitigen, daß es gar häufig schon nach kurzer Zeit zum Exit, zum Des-Investment und damit zur nächsten Transaktion kommt – so begründet diese Erfahrung doch die Sinnhaftigkeit, über Prozesse mit wahrscheinlicherem Erfolg nachzudenken.

14 Produkt-Konzepte entlang der idealtypischen M&A-Transaktions-Struktur

Im Sinne des hier entwickelten, begründeten, methodisch konzipierten und im einzelnen dargestellten sogenannten komplementären Ansatzes haben wir komplementäre Beratungsprodukte für M&A-Transaktionen entwickelt. Die hier vorgestellten Beratungsprodukte orientieren sich an den Schritten einer idealtypischen M&A-Transaktions-Struktur:

- Zieldefinition,
- Markt-Screening,
- Projekt-Screening,
- indikatives Angebot,
- Due Diligence,
- verbindliches Angebot,

- Verhandlungsphase,
- Signing / Closing,
- Post-Merger-Integration.

Grundsätzlich unterscheiden sich dabei die von uns entwickelten insgesamt 14 Beratungsprodukte, die auf der Käuferseite zur Anwendung kommen können, von denen, die auf der Verkäuferseite relevant sind (im folgenden beschreiben wir die Produkte auf der Käuferseite).

M&A-Transaktions-Schritt »Zieldefinition«

»Strategie Review«
Bevor an M&A gedacht wird, soll im Rahmen der Strategiearbeit (auf Vorstandsebene und idealerweise sogar bis zur Ebene des Aufsichtsrates, jedenfalls aber unter Einbezug der Unternehmensentwicklungs- und M&A-Verantwortlichen) diskutiert und reflektiert werden, wie das Wachstum des Unternehmens vorangetrieben wird: organisch und/oder durch externes Geschäft. Wenn externes Wachstum angestrebt wird, sollten ebenso die Rahmenbedingungen, Profile und Anforderungen definiert werden (z. B. Auslandsaktivitäten werden nur in einer bestimmten Region, mit einer bestimmten Funktionalität/Wertschöpfungstiefe oder in einem bestimmten Kundensegment durchgeführt, es werden nur Mehrheits- oder auch Minderheitsbeteiligungen eingegangen, Führungs- und Steuerungs-»Philosophie« für Beteiligungen sind zu definieren, jährliches Investitionsvolumen ist festzulegen etc.).

»Lessons learned«
Bei diesem Produkt wird die Zieldefinition (und evtl. bereits durchgeführter M&A-Prozesse der letzten Jahren) mit Blick auf künftige M&A-Projekte, Ressourcen etc. reflektiert. Ziel ist eine akteursspezifische Weiterentwicklung der bereits vorhandene M&A-Prozesse und die Ausarbeitung eines Wunschprofils.

M&A-Transaktions-Schritt »Markt-Screening«

»Systemdiagnose des Info-Memorandums«
Was verbirgt sich tatsächlich im Info-Memorandum des Verkäufers? Was könnte zwischen den Zeilen durch genauere Analyse entdeckt werden? Welche Erwartungen hat der Verkäufer tatsächlich an seinen potentiellen Käufer? Das Ergebnis dieser Diagnose wird eine Entscheidung seitens des Käufers sein, ob die Ausarbeitung eines Angebots für ihn überhaupt sinnvoll sein könnte.

»Spreu vom Weizen ...«
Zur Umsetzung der Strategie werden Kriterien ausgearbeitet, mit deren Hilfe der potentielle Markt der M&A-Zielunternehmen gescreent und ein Wunschprofil des Zielunternehmens definiert wird. Dies ermöglicht die gezieltere Auswahl der Projekte.

»Gemeinsam sind wir dreifach stark«
Für den Fall, daß ein Angebot nicht von einem Beratungsunternehmen, sondern im Rahmen eines Konsortiums ausgearbeitet wird, ist die Auswahl der potentiellen Konsortial-Partner ein entscheidender Punkt, der den späteren (Miß)Erfolg sehr stark beeinflußt. Deshalb werden bei diesem Produkt Kriterien zur Auswahl der möglichen Partner ausgearbeitet. Da im M&A-Prozeß eine Vielzahl von internen als auch externen Experten intensiv und unter Zeitdruck zusammenarbeiten, wird mit einer zweiten Variante des Produktes ein Katalog von Kriterien ausgearbeitet, mit dem die Auswahl der externen Experten vereinfacht wird.

M&A-Transaktions-Schritt »Projekt-Screening«

»Implementierungs-Phantasie«
Welche sind die Vor- und Nachteile, falls der Auftrag für dieses Projekt (nicht) gewonnen wird? Durch Simulation der Plan-G&V, -Bilanzen, von Rating, Kursentwicklung, kartellrechtlichen Implikationen, Partneroptionen etc. werden im voraus die möglichen Folgen eines Kaufes bzw. Nicht-Kaufes für das eigene Unternehmen übersichtlich dargestellt. Mit den Ergebnissen kann eine endgültige Entscheidung zur (Nicht-)Abgabe eines indikativen Angebotes erzielt werden.

M&A-Transaktions-Schritt »indikatives Angebot«

»Rollenspiel Erwartungsmanagement«
Bei diesem Produkt wird die realistische Einlösbarkeit der Erwartungen des Verkäufers anhand der Stärken des Käufers aufgezeigt, damit diese ins indikative Angebot einfließen können. Woran würde der Verkäufer feststellen, daß wir tatsächlich »die Besten« sind?

M&A-Transaktions-Schritt »Due Diligence (DD)«

»Kulturtraining«
Hier geht es um die Darstellung der jeweils spezifischen Kulturunterschiede, je nachdem in welchem Land und welchen Regionen das »Ziel-Unternehmen« tätig ist.

»Welche Fragen sind bei Licht besehen Antworten?«
Der DD-Crew wird bewußtgemacht, wie und welche Fragen im Datenraum gestellt bzw. nicht gestellt werden sollten bzw. was welche Fragen auslösen kann.

»Cultural Due Dilligence« (»Spieglein, Spieglein an der Wand ...«)
Bei einer DD reicht es nicht aus, sich die sogenannten klassischen »harten« Faktoren anzuschauen, sondern es ist absolut notwendig, die Verzahnung der harten und weichen Faktoren näher zu betrachten, um den nachhaltigen Erfolg der Transaktion zu erhöhen. Durch die Bestandsaufnahme und Diagnose der Organisationskultur können die Verbindung von Strategie, Struktur, Kultur, die Verwebung von Planung und Umsetzung, von verändernden und bewahrenden Strömungen und von Vergangenheit und Zukunft dargestellt werden (vgl. Ferrari/Königswieser 2001).

M&A-Transaktions-Schritt »Verbindliches Angebot«

»Win-Win Attractivity«
In verbindlichen Angeboten werden sehr oft im Kleingedruckten mit Hilfe von Konditionalsätzen Bedingungen festgehalten (»Unter der Voraussetzung, daß …« »Wenn …, dann …«). Was müßte passieren, damit sowohl Käufer als auch Verkäufer am Ende der Transaktion als »Sieger« aus ihr hervorgehen? Wie könnte eine attraktive Win-win-Situation mit weniger Zukunfts-Fixierung (sehr wohl aber Verbindlichkeit der angebotenen »Entwicklungs-Beiträge«), dafür aber mehr Offenheit für ein klares gemeinsames Erarbeiten der Zukunft entwikkelt werden?

M&A-Transaktions-Schritt »Verhandlungsphase«

»Pars pro toto« (»Härte, Flexibilität, Eindeutigkeit und Konsequenz«)
Die Verhandlungsteams des Käufers sollten vorher dahingehend sensibilisiert werden, daß ihr Auftreten die »Visitenkarte« des möglichen Partners ist. Sie sollten sich so verhalten, wie im Angebot beschrieben, z.B. Flexibilität zeigen, Konflikt- und Konsenserfahrung deutlich machen, einen persönlich wertschätzenden Umgang durchaus mit inhaltlicher Klarheit und Entschiedenheit verbinden etc.

M&A-Transaktions-Schritt «Signing / Closing«

»1 + 1 = 3« (»Gemeinsame Freude ist dreifache Freude«)
Der Rahmen des Signing-Rituals soll genau durchdacht werden, damit bereits hier gespürt wird, daß die beiden Partner gemeinsam mehr schaffen als jeder für sich. Zum Beispiel: Wer wird alles eingeladen (nur das Verhandlungsteam oder auch die Datenraum-Crew)? Wer lädt ein – und wer von den »Oberen« nimmt auch teil? Wo findet das Ganze statt? Was wird genau gemacht? Wie könnte das Signing, jenseits des Events, bereits ein Teil der Integrationsarbeit sein?

M&A-Transaktions-Schritt »Post-Merger-Integration« (PMI)

»Road Map für die gemeinsame Zukunft«
Im Sinne einer Meta-Auseinandersetzung mit der PMI sollten die Beteiligten sich klar werden, welche die gemeinsame Erfolgsfaktoren bzw. die Stolpersteine sein könnten. Wer kann welche Rolle wahrnehmen, wie können Prozesse aussehen? Entwicklung einer gedanklichen Road Map, mit dem Ziel, als ersten Schritt eine Architektur und ein Design des PMI-Prozesses zu gestalten.

Drei Formen des Produkt-Einsatzes im Beratungs-Prozeß

Diese hier nur stichwortartig skizzierten Produkte eines komplementären Beratungsansatzes bei M&A-Transaktionen können grundsätzlich in drei verschiedenen Formen angeboten bzw. eingesetzt werden:

1. Das Angebot von Einzelprodukten (da, wo es sinnvoll erscheint – aus prozessualen Überlegungen oder auch aus Marketing-Gründen), die auch isoliert vom sonstigen M&A-Prozeß für sich betrachtet Sinn ergeben. Grundsätzlich gilt die Zielsetzung, Beratungsleistungen möglichst systemisch, ganzheitlich und eben integriert zu erbringen. Dennoch liegt in der Profilierung von Einzelprodukten sowohl im Sinne der Beratungs- und Prozeßqualität als auch im Sinne des Marketing eine Chance: und zwar, sich noch intensiver, noch präziser mit dem Klienten-System auseinanderzusetzen, um dann möglichst paßgenau das einzelne Produkt placieren zu können – und: mit einem »kleinen«, niedrigschwelligen Angebot die Einstiegschancen bei Klienten bzw. die Kooperations-Chancen bei M&A-Fachberatern zu verbessern.
2. Das Angebot eines »Menüs«, eines »Maßanzuges«, gefertigt aus denjenigen einzelnen Produkten, die von Seiten der Berater als sinnvoll angesehen werden. Dabei kann die erste Vorstellung eines solchen Menüs im Gespräch mit dem Kunden durchaus die Funktion haben, Vorstellungen und Erwartungen auszutauschen und zu klären. Dabei kann auch die Frage des Projekt-Teams (was kann von Seiten der Klienten geleistet werden; sind Fachberater »gesetzt«, und wenn ja: welche, und wie kann die Zusammenarbeit in einem solchen Projekt-Team aussehen) entlang der »Menü-Karte« zielführend diskutiert werden.

3. Schließlich das »All-inclusive«-Angebot: die komplette Begleitung einer M&A-Transaktion – mit der Bereitschaft des Klienten, alle für sein Projekt relevanten bzw. sinnvollen Produkte in Anspruch zu nehmen. Dieser Fall wird zweifellos eher die Ausnahme bleiben – trotzdem kann es allein schon aus Entwicklungsgründen sinnvoll sein, sich auch als »All-inclusive«-Berater zu positionieren.

Fazit

Zweifellos betreten wir mit solchen Produkt-Konzepten im Sinne des komplementären Ansatzes im M&A-Bereich Neuland. Sie stellen nur einen allerersten Schritt dar. Gemeinsame konzeptionelle Entwicklungsarbeit mit M&A-Akteuren auf der Unternehmensseite wie auch mit den etablierten M&A-Fachberatern, Investment-Banken etc. und auch das gemeinsame »Learning-by-doing« sind unerläßlich, um solche Produkt-Konzepte erfolgreich weiterzuentwickeln.

4. Erfahrungen: Fallbeispiele der Komplementärberatung

In diesem Teil des Buches geht es um unterschiedliche Erfahrungen mit komplementären Beratungsprojekten. Es finden sich darin vielfältige Lernebenen, sowohl im Klienten-Berater- als auch im Berater-System selbst. Sie betreffen z. B. Methoden, Erfolgsfaktoren, Kooperationsvarianten, vor allem aber unsere eigene Identität.
Wir fragen uns selbst immer wieder: Was ist der Unterschied zu unserem früheren Ansatz der reinen systemischen Prozeßberatung, bei dem uns das SIM-Modell ja auch schon geleitet hat? Unser Kollege Uwe Cichy sagt z. B. zu dieser Frage: »Wir arbeiten mit einem anderen Selbstverständnis. Die Systemiker haben sich der Betriebswirtschaft geöffnet, die Betriebswirte dem Systemischen. Der Unterschied ist über keine Theorie transportierbar, er ist nur erlebbar.«
Jürgen Gebhardt, ehemaliger Produktionsvorstand und systemischer Management-Berater, antwortet auf dieselbe Frage: »Mich hat schon lange gestört, daß systemische Beratung und Fachberatung in Unternehmen sequentiell ablaufen. Durch die Beschäftigung mit der systemischen Beratung haben Reflexion und soft facts für mich einen anderen Stellenwert gewonnen. Prozesse, Designs werden von mir bewußter geplant. Systemiker akzeptieren das Management- und Fach-Know-how jetzt als Bereicherung.«
Peter Panholzer – ebenfalls ein ehemaliger Manager und Fachberater – meint: »Der Komplementäransatz hat eine ungleich größere Schubkraft. Durch die Simultanität von Konzeptarbeit und Umsetzung, die bereits im Miteinbeziehen der richtigen Leute im Projektteam beginnt, wird eine Spaltung, ein Hintereinander vermieden. Der Zug setzt sich in Bewegung und fährt dann mit unglaublicher Geschwindigkeit.« Ebrû Sonuç ursprünglich in der reinen systemischen Prozeßberatung beheimatet: »Ich erlebe den größten Unterschied in der Verwobenheit von Inhalt und sozialer Dynamik. Durch das Bewußtmachen und die Transparenz der Konflikte, die bei inhaltlichen Entscheidungsprozessen entstehen, wird der enge Zusam-

menhang zwischen Inhalten und Emotionen, zwischen intelligenten Ideen und Blockaden auch für die Betroffenen klarer. Unsere komplementären Interventionen erhöhen die Umsetzungsgeschwindigkeit um ein Vielfaches.« Alle diese erlebten, wahrgenommenen Unterschiede sind in die Stories der hier geschilderten Beratungsprojekte eingeflochten. Wir haben unsere komplementären Pionierprojekte an den Anfang gestellt. Sie wurden vom Kunden als Erfolg bewertet, wir hatten ein gehöriges Maß an Komplexität zu managen, und die Aufgabenstellung selbst erforderte geradezu den komplementären Ansatz. Wir haben aber auch Projekte aufgenommen, die nicht von Erfolg gekrönt waren, weil wir aus diesen Erfahrungen und Fehlern am meisten gelernt haben. Schließlich haben wir auch noch Beispiele aufgenommen, die in einem weiteren Sinn mit Komplementarität zu tun haben, um das Spektrum zu erweitern.

4.1 Ende? Anders? Weiter so? – Ja, aber!

Ebrû Sonuç, Peter Panholzer, Michael Rochow, Roswita Königswieser

Ausgangssituation

Das Produktionswerk eines börsennotierten Unternehmens gerät aufgrund starker Auftragsrückgänge und Strukturprobleme in eine äußerst schwierige Situation. Die globalen Marktveränderungen in diesem Industriezweig erzwingen geradezu neue Produktions- und Managementideen. Der europäische Standort ist nicht mehr wettbewerbsfähig.

Im Werk waren in einer ersten Reorganisationswelle – beraten von klassischen Fachberatern – 700 Arbeitsplätze abgebaut, dabei aber kaum grundsätzliche, strukturelle Änderungen vorgenommen worden. Der Konzernvorstand rang um die »richtigen Maßnahmen«. Dabei spielten widersprüchliche wirtschaftliche und strategische Überlegungen eine Rolle. Die Leitung des Standortes entschied sich in einem Nachfolgeprojekt für einen ganzheitlichen Beratungsansatz, der einerseits der Mannschaft über die »depressive Stimmung« hinweghelfen und andererseits die weiteren nötigen Kosteneinsparungen bringen sollte. Man vergab das Nachfolgeprojekt an K&N. Wir starteten gleich mit einer komplementären Systemdiagnose, einer Perspektivwoche. Wir waren nach den Interviews und der Recherche der Zahlen, Daten und Fakten alarmiert: Es gab enorme Überkapazitäten, sehr hohe Lagerbestände, keine geschlossene Supply Chain, und die Fixkosten waren extrem hoch. Dreißig Prozent der 1300 Mitarbeiter waren in der Produktion beschäftigt, die restlichen siebzig Prozent in indirekt produktiven Bereichen und im Overhead. Die Beziehung zur Zentrale war sehr ambivalent. Die Belegschaft erwartete unabhängig von der Marktsituation Sicherheit, die Beibehaltung ihrer enormen Privilegien. Gleichzeitig gab es ein kollektives Wissen, daß es so nicht weitergehen werde. Der Trend, daß man in China und Indien Teilprodukte billig zukaufen konnte, würde sich noch verstärken. Man wußte daher, daß radikale Lösungen anstanden, wenn das Werk nicht ganz geschlossen werden, sondern überleben sollte. Die Mehrheit der Belegschaft wollte aktiv daran mitarbeiten, einen geeigneten Ausweg zu finden.

Die Interviews mit den relevanten Umwelten – z. B. mit der Zentrale und dem Vorstand – zeigten, daß es auch dort Uneinigkeit darüber gab, wie radikal und schnell die Lösung der Probleme sein sollte. Der Umbau würde Geld kosten, und der Konzern fürchtete bei einem weiteren Personalabbau einen massiven Imageverlust. Die gesamte Produktionsstrategie war noch unklar. Der Veränderungsprozeß, das wurde uns schnell klar, würde sehr vielschichtig und widersprüchlich sein. Einerseits gab es für uns die klare Erkenntnis, daß rasch weitere radikale Schritte notwendig sein würden. Die Maßnahmen würden einen noch massiveren Personalabbau zur Folge haben, der nur durch Management-Buy-out-Strategien abgemildert werden könnte. Andererseits gab es auch in der jetzigen Produktion viele »Baustellen«. Das Werk war in »Fürstentümer« geteilt. Es gab insgesamt wenig Prozeß- und Kostenverständnis. Geführt wurde patriarchalisch, und die Kommunikation beschränkte sich auf die Mitarbeiterversammlungen, die Werkszeitung und Kantinengespräche. Offiziell war die latente Dramatik der Situation tabu, in bilateralen Gesprächen war sie aber das Hauptthema. Auf den unteren Ebenen gab es überraschend viel Veränderungsenergie: »Wir wollen als Erwachsene behandelt werden.« »Wir sollten offen über die Bedrohung reden.« Es gab eine Spaltung zwischen offiziellen und inoffiziellen, zwischen harten und weichen Themen. Die Rückspiegelung der Ergebnisse der Systemdiagnose an den Leitungskreis und die Installation einer Steuergruppe waren die erste Intervention gegen die stark ausgeprägte Verdrängungstendenz. Das Changeprojekt bekam den Namen »Future«.

Ziele des Beratungsprojektes

- Aufarbeitung des Schocks der Kündigungswelle;
- Visions- und Strategiearbeit;
- Implementierung einer prozeßorientierten Produktionsweise mit kürzeren Durchlaufzeiten und Qualitätssteigerung;
- Zukunftsfähigkeit entwickeln, eine lernende Organisation werden.

Vorgehensweise

Neben dem Top-Management-Coaching des Leitungskreises und der Begleitung der Steuergruppe wurden vier »Hebelprojekte« gestartet: Vision/Strategie, prozeßorientierte Arbeitsweise, Führung und Kommunikation. Wir begleiteten alle Aktivitäten mit komplementären Beratertandems in enger Zusammenarbeit mit internen Beraterkollegen.

Die Projektstruktur »Future« gibt Abbildung 16 wieder.

Es wurden auch Führungskräfte in den Veränderungsprozeß einbezogen, die radikale Redimensionierungs- und Management-Buy-out-Ideen hatten. »Wir müssen klein (Kern-Kern-Geschäft), flexibel, innovativ werden – und das schon morgen, sonst gibt es uns bald nicht mehr!«

Diese Erkenntnis wurde in den Subprojekten offen diskutiert, die oberen Ebenen wollten sich mit dieser harten Realität vorerst nicht wirklich konfrontieren. Wir intervenierten immer wieder um die Tabus zu besprechen – ohne wirklichen Erfolg. Wir spiegelten dann unseren Eindruck behutsam, aber deutlich zurück: Wir haben es hier mit einer »Ja-aber-Gesellschaft« zu tun, nach dem Motto: »Ja, wir müssen uns verändern, aber ist das wirklich – vom Konzern – gewollt, geht das überhaupt?«

Diese Grundambivalenz zeigte sich auch in der Beziehung zu uns als externe Berater. Der oberste Leitungskreis stellte des öfteren unsere Arbeitsmethode bzw. Kompetenzen in Frage. Wir wurden mit den klassischen Fachberaterkollegen, unseren »Vorgängern«, verglichen. Einmal hieß es, wir übernähmen zu wenig Verantwortung, dann wieder zuviel. Die Subprojektleiter und ihre Teams waren von unserer Art der Unterstützung allerdings sehr angetan, ja geradezu begeistert: »Was sich jetzt alles bewegt, wäre noch vor kurzem undenkbar gewesen«. Da sie selbst bei den wesentlichen Themen und Konzepten mitwirkten, war die

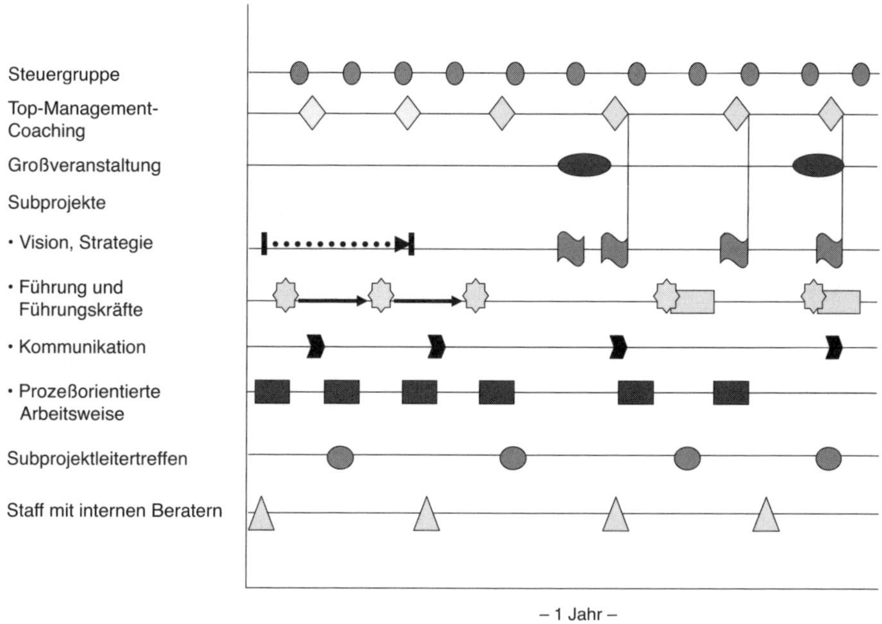

Abb. 16: Projektarchitektur »Future«

Identifikation und Umsetzungsenergie trotz massivster persönlicher Betroffenheit groß.

Alle Subprojekte haben gute, energievolle Arbeit geleistet. Die »Vision« war emotional ergreifend und berücksichtigte den Radikalumbau. Man sah für die Zukunft ein kleines, flexibles, exzellentes, innovatives Werk in einem Kooperationsnetzwerk. Im Subprojekt »Führung« wurde bewußt: Es geht letztlich um Führungskompetenz in der Krise. Nie wieder sollte nur der beste Fachspezialist Führungskraft werden.

Das Subprojekt »prozeßorientierte Arbeitsweise« präsentierte Vorschläge, die Einsparungen bringen würden, aber ein völlig anderes Rollen- und Arbeitsverständnis zur Folge hätten. Auf der Strategieebene veränderte es die Gestaltung der Produktion und des Produktionsablaufs. Auf der Strukturebene bedeutete es: kurze Durchlaufzeiten, flache Hierarchien, kontinuierlicher Ausstoß, geringe Lagerbestände, Flexibilisierung über prozeßorientierte Anlagen. Auf der Kulturebene führte es zu der Regel, daß jeder die Kompetenz erhalten sollte, die er benötigte, um die Prozeßschritte im Sinne des gesteigerten Kundennutzens zu adaptieren bzw. neu zu gestalten.

Das Subprojekt »Kommunikation« hatte es besonders schwer. Es sollte für Transparenz im Werk sorgen, es durfte aber über vieles nicht gesprochen werden. Die Teilnehmer an diesem Subprojekt kämpften monatelang um eine Großveranstaltung, die eine Dialogplattform bieten sollte, um sich über die existentiellen Probleme des Werkes austauschen zu können.

Während sich im Werk alle Beteiligten über die zukünftige Ausrichtung äußerst intensiv auseinandersetzten, kam aus der Zentrale – für uns nicht überraschend – der Auftrag, den Schwerpunkt der Produktion in Zukunft auf das Kerngeschäft zu legen. Es mußte in wenigen Monaten ein Konzept dafür vorgelegt werden. Das schlug trotz der ständigen Diskussionen darüber wie eine Bombe ein. Man war jetzt unausweichlich mit der Realität konfrontiert. Durch diese Vorgabe sollten dem Unternehmen in den nächsten fünf Jahren weitere Einsparungen möglich sein: ein Eurobetrag in knapp dreistelliger Millionenhöhe. Dies war allerdings nur durch eine radikale Neugestaltung des gesamten Produktionsbereichs realisierbar. Um die möglichen Szenarien dafür auszuarbeiten, wurde ein Ideenteam mit den besten Köpfen des Werkes zusammengestellt.

Architektur, wie sie in Abbildung 17 dargestellt ist, war handlungsleitend für das neue, zusätzliche, »New Business« genannte Projekt.

Mit einem Produktionssimulationstool konnten wir mit der Projektgruppe zwei Kerngeschäftsvarianten mit unterschiedlicher Produktionstiefe berechnen. Die Ergebnisse waren dann die Grundlage für die Weichenstellung für die zukünftige Ausrichtung des Werks. (Am Ende dieses Textes beschreiben wir die komplementäre Vorgehensweise in diesem Prozeß noch näher.) Die Zentrale besetzte die Projektleitung mit einem jungen, radikalen, die Veränderung vorantreibenden Manager aus der zweiten Ebene. Er wollte unsere komplementäre Begleitung. Damit brachen nun die schon lange schwelenden Konflikte zwischen der strategischen Vorstellung der Zentrale und der der Leitung des Produktionsstandorts offen aus. Aufgrund der unterschiedlichen Auftraggeber beider Projekte kam es zu einer deutlichen Polarisierung. Welches der Projekte war für welche Themen zuständig? Sollte sich das »New Business«-Projekt nur mit Einsparungen und der Definition des Kerngeschäfts beschäftigen oder durfte es ganzheitlicher an die Aufgabe herangehen? Wo sollten die

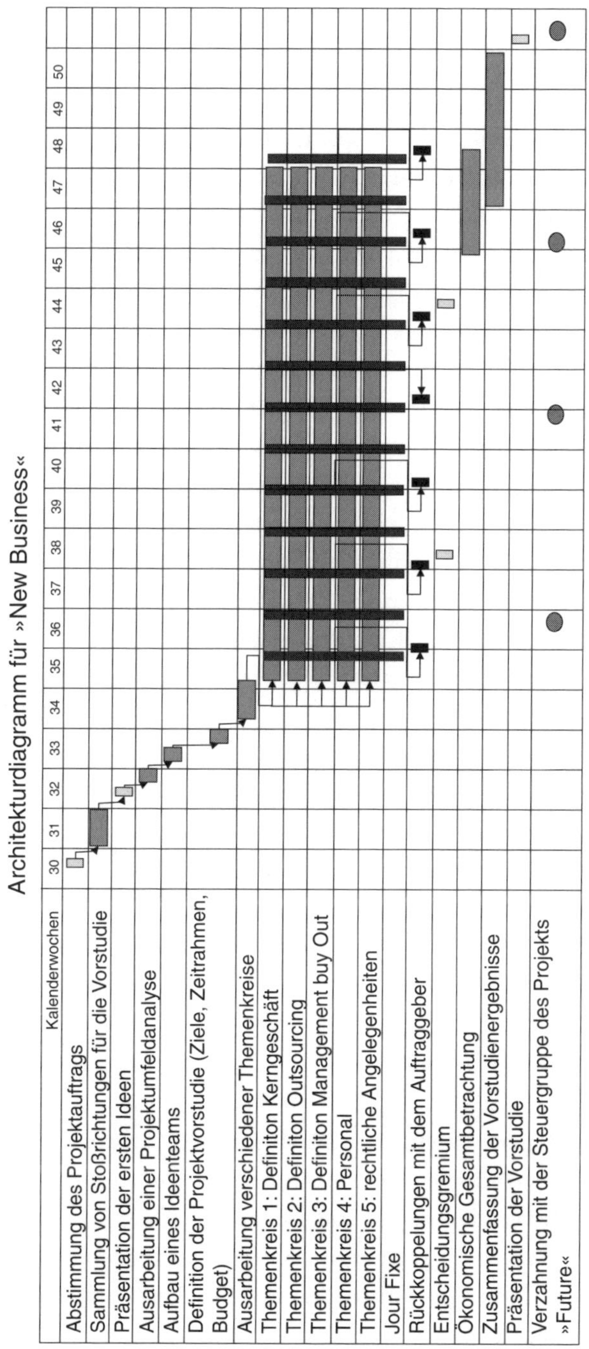

Abb. 17: Architektur des Projektes »New Business«

strategischen Aussagen getroffen werden? Wir empfahlen, diese Unschärfe und Konkurrenz durch eine Vernetzung der beiden Projekte zu klären. Der Austausch sollte sowohl direkt als auch in der Steuergruppe durch Reflexion erfolgen. Da aber die Projekte unausgesprochen für die Frage standen, wer die Zukunft des Standortes bestimmen werde, wurde unser Vorschlag abgelehnt. Obwohl beide Projekte dasselbe Ziel hatten, nämlich den Standort wettbewerbs- und zukunftsfähig zu machen, brachen die Positionskämpfe aus, und waren für alle spürbar.

Der Leitungskreis beanspruchte die Strategiearbeit für sich allein. Die Teilnehmer von »New Business« sagten, daß durch ihre Arbeit unmittelbare, strategische Weichen gestellt würden. Wir wurden in diese Machtkämpfe miteinbezogen. Da wir beide Projekte komplementär begleiteten, repräsentierten wir einerseits diese Loyalitätskonflikte, stellten aber eine Brücke zwischen beiden dar, konnten intervenieren, weil wir das Vertrauen aller am Konflikt beteiligten Akteure hatten. Auf uns wurde die grundsätzliche Double-bind-Situation, die es nach wie vor gab, permanent projiziert: Helft uns, daß wir uns radikal verändern, aber es soll nicht wirklich etwas passieren.

Unsere Position war sehr exponiert. Uns wurde immer wieder die Loyalitätsfrage gestellt: »Auf welcher Seite stehen Sie?« Auch für uns stand fortwährend die grundsätzliche Frage im Hintergrund: Soll die Beratung beendet werden? Soll sie anders weitergehen? Soll es so weitergehen? Ja – aber …!

Es gelang uns dennoch, den beinahe nicht zu bewältigenden Spagat zwischen den extremen Polen auszuhalten, uns das Vertrauen beider Projekte zu bewahren und damit unsere Interventionsmöglichkeit nicht zu verlieren.

Ergebnisse

Als Ergebnisse der Projekte kann man folgendes festhalten:

- Unabhängig von den existentiellen Machtkämpfen, arbeiteten die Schlüsselpersonen in den verschiedenen Projekten inhaltlich hervorragend.
- Das Trauma war verarbeitet, die Energie tapfer auf die Zukunft gerichtet.
- Es wurde insgesamt weniger Energie aufs Verdrängen verwendet.
- Das Werk war hellwach geworden, war aus der Starre erwacht und bastelte an realistischen Überlebensoptionen.

- Die Vision war formuliert und wurde in mehreren Sounding Boards diskutiert, verbessert, beklatscht und verabschiedet.
- Die Umsetzung insgesamt hatte begonnen.
- Es waren fünfzehn Leistungsträger nominiert worden, die Change-Agents sein und den Umsetzungsprozeß begleiten sollten.
- Reflexionsschleifen, die in die inhaltliche Arbeit integriert waren, gehörten zum neuen »Muster« des Werkes, um die auftauchenden Fragen und Probleme anzugehen.
- Es war allen Beteiligten gelungen, offen über die drohenden Einschnitte zu sprechen. Man traute sich, Zwischenergebnisse im Change-Prozeß zu kommunizieren und nicht erst ausgefeilte Endergebnisse zu präsentieren. Offene Dialoge waren gefragt. Trotz Aufbruchstimmung und Umsetzungswille waren überall Angst und Unsicherheit zu spüren. Man wußte, welcher »bittere Weg« jetzt zu gehen war.

»Lessons learned«

Folgende Punkte kann man als »Lernerfolg« festhalten:

- Bei der komplementären Arbeitsweise, in der das *Was,* der Fachteil, und das *Wie,* der Prozeß, in der Beratung simultan mit Reflexionsschleifen verwoben sind, werden nicht zuerst Konzepte entworfen und dann implementiert, sondern die mentale Bewegung nimmt bereits während des Bearbeitungsprozesses ihren Anfang. Die Veränderung wird als Teil des laufenden Prozesses gelebt, weil von Anfang an gezielt Mitarbeiter miteinbezogen werden, z. B. in die Steuergruppe, die Sounding Boards usw. Damit sind *quick wins* und eine beschleunigte Umsetzung möglich.
- Wenn es uns nicht möglich gewesen wäre, die strukturell konkurrierenden Projekte komplementär zu begleiten, wenn wir vielmehr »nur« als Prozeßberater gearbeitet hätten, wären sicher parallel zu uns »klassische« Fachberater gerufen worden (was auch immer wieder überlegt wurde), mit denen es nur schwer möglich gewesen wäre, die Konkurrenz zwischen den beiden Projekten aufzufangen. Uns gelang das Ausbalancieren der Spannung vor allem dadurch, daß wir einen intensiven, offenen Austausch über alle Details im Staff hatten, zudem durch die konsequente – wenn auch nicht immer

gemütliche – Reflexionsarbeit im Team. Auch die inhaltliche Unterstützung gewann dadurch eine höhere Qualität.

- Dennoch gab es lange kein differenziertes Verständnis unseres komplementären Ansatzes. Es wurden die vorgefaßten Bilder reproduziert, wie sich Fachberater und Prozeßberater verhalten müßten. Es ist ein Balanceakt, einerseits in der inhaltlichen Unterstützung anschlußfähig zu sein, andererseits aber nicht zuviel einzubringen, statt dessen die Klienten selbst zu fordern, um sie nachhaltig in ihren Befähigungen und in ihrer Selbstverantwortung zu unterstützen.
- Als eine der größten Herausforderungen erlebten wir – auch in diesem Projekt – daß es nicht die fachlich-inhaltlichen Problemstellungen sind (das *Was*), die die eigentlichen »Stolpersteine« darstellen, sondern daß es die unausgesprochenen Themen sind, die Ängste oder Machtkämpfe, die die inhaltliche Arbeit blockieren, behindern. Es ist eine große Leistung von Mitarbeitern, gegen ihre persönlichen, oft existentiellen Interessen die Gesamtinteressen, die sich in rationalen, inhaltlichen Entscheidungen manifestieren, zu vertreten. Wir meinen, daß gerade die Komplementärberatung hilft, dieses Dilemma zu bewältigen.

Anhang

Zum Schluß wollen wir die konkrete komplementäre Schrittfolge im Projekt »New Business« darstellen: Der Prozeß bestand aus zwei Phasen, einer Vorstudie und einer Detailstudie, die innerhalb von fünf Monaten fertiggestellt werden mußten. Es wurden folgende Schritte gegangen:

(1) Vorstudie:

- Nominierung einer Gruppe, die das Aufgabenfeld definiert und einen Vorschlag für die weitere Vorgehensweise entwickelt (*Wie*);
- Sammeln von allen relevanten Informationen (*Was*);
- Skizzieren der notwendigen Produktionsablaufveränderungen, technischen Optionen, Organisationsstrukturen und ökonomischen Geschäftsmodelle (*Was*);
- Entwicklung von Projektideen für den weiteren Prozeß (*Was* und *Wie*);
- im regelmäßigen Rhythmus: Reflexionsphasen (*Wie* und *Was*).

(2) Detailstudie:

- Nominierung der Teilnehmer der Subprojektgruppen und einer Projektplattform (*Wie*);
- Ausarbeitung von Projektstrukturplänen in jedem Subprojekt und Festlegung der Verzahnungen und des kritischen Pfades (*Was* und *Wie*);
- Überprüfung und Ergänzung der Zahlen, Daten und Fakten im Rahmen der Subprojekte (*Was*);
- detaillierte Ausarbeitung und Definition des Kerngeschäfts mit der technischen prozeßorientierten Ausstattung, von Out- bzw. Insourcing, Personal, Organisation (Abläufe, Aufbau), Nahtstellen und zeitlicher Realisierbarkeit (*Was*);
- Ausarbeitung einer ökonomischen Betrachtung für jedes »Teilpaket« in den jeweiligen Subprojekten und für das Gesamtprojekt (*Was*);
- Entwicklung einer Ablaufplanung für die Umsetzung und Implementierung (Wie und Was);
- in regelmäßigem Rhythmus Reflexionszeitphasen (Wie und Was).

Die Komplementarität bildete sich in unserem Beratungssystem durch ein Tandem aus einem Fach- und einer Prozeßberaterin ab. Im Kunden-System kam sie durch die Beschäftigung mit den inhaltlichen Themen zum Ausdruck, die dann in den Reflexionsphasen etwa mit folgenden Fragen eingeleitet bzw. fortgeführt wurden.

- Wie war der Arbeitsprozeß?
- Sind bei bestimmten Punkten Schwierigkeiten aufgetaucht? Wenn ja, welche? Welche Annahmen haben wir, warum gerade diese Inhalte schwer zu bearbeiten sind?
- Welche typischen Muster der Organisation reproduzieren sich in der Arbeitssituation in den Untergruppen?
- Was haben die auftauchenden Muster, Blockaden und Schwierigkeiten mit dem Inhalt der Arbeit und der zu erwartenden Veränderungen zu tun?
- Was macht mir Angst? Was sind meine Anteile an der Situation? Was könnte mein Beitrag zur gewünschten Veränderung sein?

Nach anfänglichem Befremden forderten die Gruppenmitglieder diese Art der Selbstbeobachtung später selbst ein. Als Begründung und Konzeptskizze der

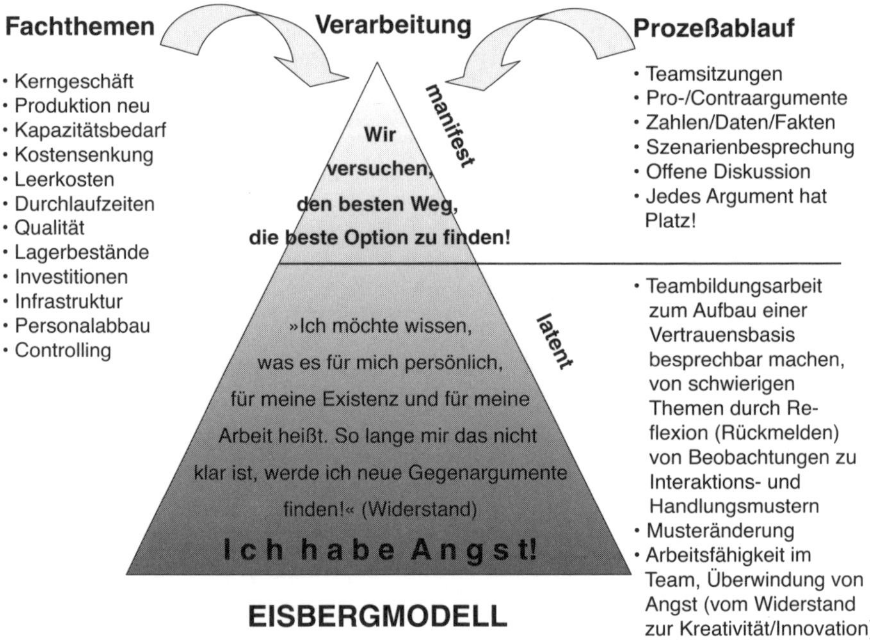

Abb. 18: Eisbergbild der Komplementärberatung

Komplementärberatung malten wir anfangs ein Bild auf ein Flipchart. Es bildete dann immer wieder die Hintergrundfolie für unsere komplementären Interventionen (Abbildung 18).

Dieses Bild in blockierten Situationen in Erinnerung zu rufen war sehr hilfreich. Die besondere Leistung der Gruppenmitglieder bestand darin, daß die persönlichen, berechtigten Ängste bearbeitet werden konnten, ohne die Qualität der inhaltlichen Ergebnisse zu beeinträchtigen.

4.2 Ein gesunder Händler rüstet sich für die Zukunft: Kostenreduktion – Effizienz – Kulturverträglichkeit

Uwe Cichy, Martin Hillebrand, Lars Längauer

Ausgangssituation

Das äußerst erfolgreiche und ertragsstarke westeuropäische Einzelhandelsunternehmen ist die klare Nummer 1 auf seinem Heimatmarkt. Das Unternehmen wird beinahe wie ein Nationalheiligtum gehandelt. Durch seine genossenschaftliche Tradition und Struktur ist es tief im Bewußtsein der Bevölkerung verankert. Die Kehrseite ist eine extrem ausgeprägte dezentrale Autonomie mit schwerfälligen Entscheidungswegen, einer vielstufigen Hierarchie und damit aufwendigen Kostenstrukturen. Das soll sich im Hinblick auf eine absehbare deutliche Verschärfung der Wettbewerbssituation radikal ändern. Die internationale Konkurrenz – und hier vornehmlich die stark expandierenden deutschen Discounter ALDI und LIDL – sind auf dem Sprung, ihre Marktpräsenz auch in diesem Land erheblich auszubauen. Die Bedrohung ist für alle sichtbar, aber sie ist den meisten Mitarbeitern noch nicht voll bewußt. Die jahrzehntelange Position als Marktführer hat eine tiefe Prägung im Kollektiv hinterlassen. Die Konzernzentrale mit ihrem bedeutendsten Bereich Marketing will in diesem Veränderungsprozeß eine Vorreiterrolle einnehmen und damit die Initialzündung für das gesamte Unternehmen geben. Wir wurden mit dem Projekt beauftragt.

Ziele des Beratungsprojektes

Folgende Ziele waren mit dem Beratungsprojekt verbunden:

- Entwicklung von wettbewerbsgerechten, effizienten und zukunftsorientierten Strukturen und Prozessen. Das Unternehmen soll seine führende Marktposition behaupten und weiter ausbauen.
- Reduzierung der Strukturkosten um 15 Prozent sowie die Erhöhung der Effektivität durch Konzentration auf Kern-Prozesse um 20 Prozent im Bereich Marketing.

- Befähigung und Kompetenzentwicklung auf der Ebene der gesamten Organisationseinheit sowie auf der Ebene der Personen und Rollenträger, um diese ehrgeizigen Ziele zu erreichen.
- Aufbau einer entsprechenden Führungskultur.

Vorgehensweise – Prozeßverlauf

In ersten Gesprächen mit unserem Auftraggeber, dem Leiter Marketing, einem ganzheitlich denkenden, sehr anerkannten Manager, sowie dem Projektleiter, den wir als systemisch denkenden, energiegeladenen »Macher« kennen und schätzen gelernt hatten, und dem HR-Verantwortlichen stand die mentale Einstellungsveränderung der Mitarbeiter, die Arbeit an der Unternehmenskultur, noch deutlich im Vordergrund. Es sollte an den »Skills« der Organisation gearbeitet werden. Im Verlauf der weiteren Konkretisierung des Projekts ergab es unter dem Einfluß der Unternehmenszentrale, daß »Skills« mit einem von dort gestarteten Kosteneinsparungsprojekt (»Performance«) verknüpft werden sollte. Aus »Skills« wurde das Projekt SKILLS*Performance*. Für uns bedeutete das einerseits eine Erweiterung des Auftrages, der Fach- und Prozeßdimensionen umfaßte, und andererseits eine vom Kunden gewünschte Kooperation mit den Kollegen eines renommierten internationalen Fachberatungsunternehmens, die das Projekt »Performance« führend begleiteten. Die Führung des Gesamtprojekts im Bereich Marketing lag bei uns. Unser Beraterteam war komplementär zusammengesetzt. Drei Berater waren Betriebswirte, Controller und Strukturexperten, drei Berater hatten ihren Schwerpunkt im Prozeß-Know-how. Somit war im Staff von K&N bereits eine optimale Komplementarität sichergestellt, die von den anderen klassischen Fachberaterkollegen weiter ergänzt wurde.

Der erste Prozeßschritt war eine komplementäre Systemdiagnose. Wir erhoben Kostenstrukturen, Ablaufprozesse und die Kulturmuster. Die Ergebnisse wurden an das Management, die Schlüsselpersonen und alle Interviewpartner zurückgespiegelt. Das Ergebnis sah, auf einen kurzen Nenner gebracht, so aus: ein tolles, starkes, gesundes und sympathisches Unternehmen, das allerdings Gefahr läuft, »den Abgrund, auf den es zuläuft, nicht sehen zu wollen«. Es gibt Doppelgleisigkeiten, zu viele Hierarchien, die Struktur ist zu überdenken. Für einen scharfen Wettbewerb ist man noch nicht gerüstet. »Es muß etwas geschehen, damit es so bleibt, wie es ist!«

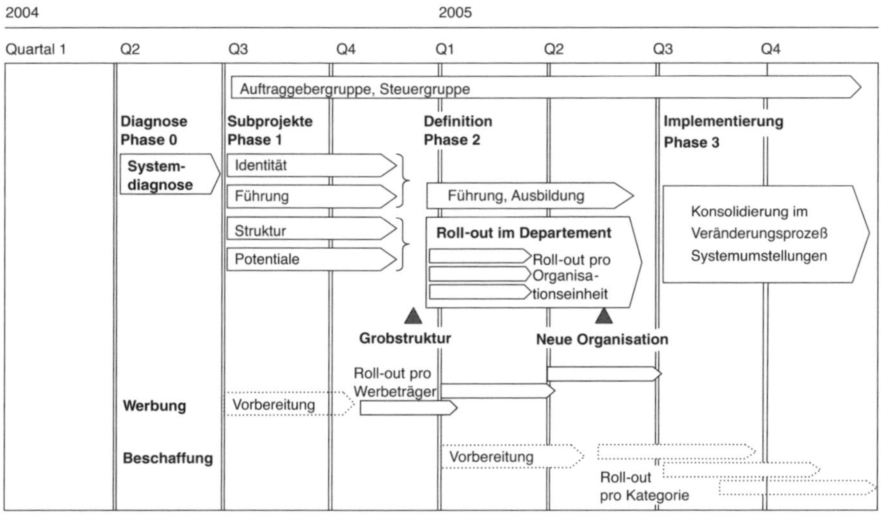

Abb. 19: Projektarchitektur

Gemeinsam mit den Auftraggebern wurde die Architektur festgelegt (vgl. Abb. 19).

Es wurden folgende Subprojekte eingerichtet: Identität, Führung, Struktur, Potentiale heben (15 %). Als nach sechs Monaten klar geworden war, daß jeder einzelne Mitarbeiter massive Veränderungen seines Angestelltenverhältnisses zu verarbeiten haben würde, initiierte man zusätzlich ein Projekt zum Thema »Veränderungsmanagement«. Nach »klassischem« Muster gab es eine Auftraggebergruppe und eine Steuergruppe, die uns begleitete. In Phase 1 wurden die Konzepte entwickelt und es standen vornehmlich die beiden Subprojekte »Struktur« und »Potentiale« im Fokus der Aufmerksamkeit – natürlich, denn hier ging es ans »Eingemachte«. Jeder Mitarbeiter wußte, daß die Strukturen mit bis zu neun Hierarchiestufen auf Dauer nicht wettbewerbsfähig waren. Es war klar, daß die damit verbundenen Entscheidungsprozesse mehr als schwerfällig und damit zu teuer waren. Jeder konnte sich ausrechnen, daß eine Einsparung von 15 Prozent der Strukturkosten nur mit der Reduzierung von Arbeitsplätzen zu realisieren sein würde. Das hatte es aber in der langen Geschichte des Unternehmens noch nie gegeben. Die Subprojekte arbeiteten alle sehr mutig, innovativ und scheuten das Brechen von Tabus nicht. Die Zusammensetzung der Teilnehmer, von Jun-

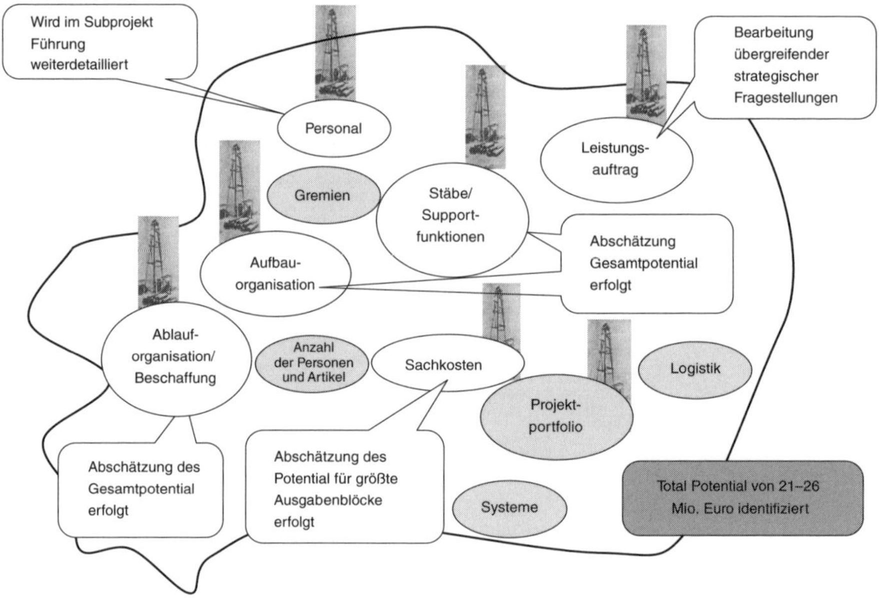

Abb. 20: Die Potentiallandschaft

gen und Alten, quer durch alle Bereiche und Hierarchiestufen wirkte sich positiv aus. Es wurde zwar sehr konträr diskutiert, aber die Zielerreichung und das Gesamtinteresse standen im Zentrum. Die Auseinandersetzungen waren von gegenseitiger Wertschätzung gekennzeichnet. Die identitätsgebende Kultur wirkte dabei prägend. Beide Subprojekte, »Struktur« wie »Potentiale«, arbeiteten von unterschiedlichen Seiten kommend an dem Kosteneinsparungsthema. Das Subprojekt »Potentiale« ging von der Ist-Situation aus und suchte hier nach Verbesserungspotentialen: zuerst in einem freien Brainstorming zur Identifikation der zentralen »Suchgebiete« – Gebiete, in denen Verbesserungen möglich wären – (vgl. Abb. 20); diese Vorschläge wurden dann im Anschluß daran durch gezielte Analysen und Zahlen erhärtet bzw. wieder verworfen.

Das Subprojekt »Struktur« hatte ausdrücklich die Freiheit bekommen, »auf der grünen Wiese« zu planen und zu bauen. Losgelöst von allen gegenwärtigen Zwängen arbeitete diese Gruppe an grundlegend neuen Strukturvarianten. Dabei bauten wir auf der vorliegenden Strategie des Unternehmens sowie den gemeinsam mit den Fachberatern erstellten Effizienzanalysen zu den gegenwärtigen Abläufen auf. Aus dem eigenen Erleben der Teammitglieder und auf Basis der Ergebnisse der Systemdiagnose wurde eine Liste der »Schmerz- und Schwachpunkte« der heutigen Aufbauorganisation erstellt. In einem nächsten Schritt analysierten wir gemeinsam internationale Benchmarks, sowohl branchenverwandte wie auch branchenfremde Unternehmen. Es wurden Unternehmen wie Carrefour, H & M, TESCO, Aldi-Süd, Wal-Mart, IKEA und Media-Markt unter die Lupe genommen. Inzwischen hatten wir ein sehr gutes Gefühl für die organisatorischen Stärken und Schwächen dieser Benchmarks, insbesondere aber auch der eigenen Organisation gegenüber entwickelt. Mit diesem Wissen schickten wir das Projektteam in das »Neuland«, auf die »grüne Wiese« und entwickelten drei neue Strukturvarianten, die schließlich auf Basis einer SWOT-Analyse (Analyse der Stärken, Schwächen, Chancen und Gefahren) der einzelnen Organisationsbausteine zu einem Vorschlag verdichtet wurden.

Die Subprojekte »Potentiale« und »Struktur« hatten vorerst *keinen* inhaltlichen Austausch. Das stieß zwar anfangs auf massiven Widerstand und auf Unverständnis, legitimierte allerdings letztendlich die Ergebnisse beider Subprojekte, die nämlich bis auf Details in ihren Grundaussagen und Lösungsvorschlägen identisch waren. Am Ende von Phase 1 bildeten wir eine Gruppe aus Mitgliedern beider Subprojekte. Die Aufgaben des Bereichs Marketing waren in »Arbeitspakete« geschnürt. Diese galt es nun – von den innersten Kerntätigkeiten bis hin zu den äußersten Supportfunktionen – zu sortieren. Im einzelnen waren dies die Marketingstrategie, die Geschäftsplanung und Marketingkonzepte, die Sortimentierung und das Pricing, die Mengenplanung, der Einkauf, Disposition und Distribution, Stammdatenpflege, Layout, Filialsupport, Sales Support und das Qualitätsmanagement. Dieses Prozeßmodell diente als Grundlage für die Anordnung dieser Aufgaben innerhalb der neuen Aufbauorganisation. So wurden sukzessive die Verantwortungsbereiche der Linie neu festgelegt, die Aufgaben der Leitungsstruktur »Business Unit« definiert, ein zentrales Dienstleistungszentrum geschaffen sowie Aufgaben an die Verkaufsfront bzw. ganz nach außen verlagert.

Wir unterstützten die Subprojekte auf der einen Seite methodisch, reflexiv und prozessual, verstanden uns aber auch als inhaltliche »Sparringspartner«. Die Zusammenarbeit mit den Fachberatern, die nicht aus »unserem Staff« kamen, gestaltete sich in Phase 1 noch weitgehend reibungslos. Natürlich gab es eine latente Konkurrenzsituation, aber es gelang uns, aus dem wechselseitigen Sich-

Ergänzen inhaltlich das Beste für den Kunden herauszuholen. Die Subprojekte konnten aus dem breiten Fach-Know-how aller Berater schöpfen und die Ergebnisse der umfangreichen Experten-Analysen nutzen, um schließlich zu ihren eigenen Lösungen zu kommen. Ergebnis von Phase 1 war eine radikale Neustrukturierung des Bereiches mit nur noch fünf Hierarchiestufen.

Die Servicefunktionen wurden zusammengefaßt. Das Marketing konnte sich auf seine eigentlichen Kernfunktionen konzentrieren. Redundanzen in der Organisation wurden eliminiert. Damit einher ging eine Reduzierung der Anzahl der Vollzeitstellen um 150 Einheiten, was allerdings nur bei einigen wenigen Mitarbeitern zur Entlassung führte; die meisten erhielten eine Änderungskündigung mit einem neuen, zeitlich bis zu 18 Monaten befristeten Vertrag, um ihnen einen möglichst reibungslosen Übergang in eine neue Arbeitsstelle, in ein anderes Unternehmen zu ermöglichen. Alle betroffenen Mitarbeiter wurden von dem hausinternen »Mobilitätszentrum« betreut, welches diese Mitarbeiter bei der Verarbeitung des ersten Schocks und danach bei der Suche nach einer neuen Beschäftigung tatkräftig unterstützte.

Mit Phase 2 begann die Umsetzung der zuvor erarbeiteten und verabschiedeten Konzepte. In erster Linie hieß dies, die Organisation auf die neue, deutlich flachere Hierarchie überzuleiten. Das bedeutete, etwa 900 Personalentscheidungen zu treffen. Kein Stein blieb auf dem anderen, viele »Würdenträger« verloren zwar nicht ihren Arbeitsplatz, aber doch ihre Position. Was jahrelang undenkbar gewesen war, wurde plötzlich Realität. Die Struktur, die Führungskultur, die Kostenstruktur veränderten sich. Alle waren betroffen: diejenigen, die Personalentscheidungen zu treffen hatten; diejenigen die auf diese Entscheidungen warteten; diejenigen, die ihren Arbeitsplatz verloren oder einen ganz neuen Arbeitsplatz übernahmen; diejenigen, die sich eigentlich freuten, aber angesichts des Arbeitsplatzabbaus Schuldgefühle hatten. Es gab viele, die frustriert waren, aber innerlich auch wußten, daß diese Entscheidung doch auch ihre Richtigkeit hatte. Angesichts der Entscheidungen gab es bei den Betroffenen viele Gemütslagen. Diese Emotionen aufzugreifen, sie aus der Tabuzone herauszuholen, sie besprechbar zu machen, war damals ein wichtiger Teil unserer Arbeit. Es gelang, nach der Verarbeitung der ersten Enttäuschung, Schritt für Schritt neue Initiativen für neue Wege zu finden. Das war die Aufgabe des Subprojekts »Veränderungsmanagement«.

Die Personalentscheidungen bedeuteten eine riesige Herausforderung und

Belastung für die Organisation. Auf der einen Seite war es unbedingt nötig, in dieser Situation einen sauberen und fairen Prozeß zu gewährleisten. Auf der anderen Seite wünschte sich die Organisation verständlicherweise eine sehr rasche Entscheidung, um das Zeitfenster der Unsicherheit möglichst klein zu halten. Die Lösung lag hier in den sogenannten »Panels« (vgl. Kapitel 4.11). Innerhalb kürzester Zeit waren die Personalentscheidungen mit Hilfe des Verfahrens »Panels« getroffen.

Mit den sukzessiv wachsenden Teams der neugeschaffenen »Business Units«, Abteilungen und Servicebereiche ging es in Phase 2 um die detaillierte Festlegung der neuen Strukturen, um die Neudefinition der Abläufe und Schnittstellen und um die genaue Festlegung der benötigten Ressourcen und damit auch Mitarbeiter.

An dieser kritischen Stelle der Zuteilung der Ressourcen spürten wir erstmalig massiv den Unterschied zwischen unserer Art der Komplementärberatung und der Fachberatung der anderen Kollegen. Die Festlegung von Ressourcen, vor allem der Personalressourcen, war nachvollziehbar einer der kritischsten Punkte, wenn nicht sogar der kritischste Punkt überhaupt in diesem Prozeß. Jeder kämpft für seine Interessen und will für sich das Beste herausholen. Die Führungskräfte steckten in der Zwickmühle zwischen der Loyalität zum Gesamten bzw. ihrem Chef und der Loyalität gegenüber ihren eigenen Mitarbeitern. Beiden Seiten gegenüber mußten sie sich rechtfertigen. Die »anderen« Fachberater boten an dieser Stelle ein Rechenmodell an, welches die Personalressourcen bis in die letzte Abteilung auf zwei Stellen hinter dem Komma scheinbar objektiv genau festlegte. Wir hielten diese Vorgehensweise für ungeeignet und vertraten die Auffassung, daß die Festlegung der Personalressourcen nur eine Führungsentscheidung sein konnte. Das Führungsteam mußte sich unserer Meinung nach dem Interessenkonflikt stellen und auf Basis der in Phase 1 erarbeiteten Grundlagen und Entscheidungen diese Ressourcenzuweisungen *gemeinsam*, Schritt für Schritt, in einer Balance zwischen den Zielsetzungen des Gesamtbereichs und den berechtigten Interessen der einzelnen »Business Units« aushandeln. Der Unterschied zwischen den beiden Beratungsansätzen lag letztendlich in der zugrunde liegenden Haltung. Haben wir grundsätzlich Vertrauen in die Lösungskompetenz unseres Klienten und lassen aus genau diesem Grund auch einmal einen Konflikt zu, weil dies – nach unserer Überzeugung – langfristig zu einer entscheidenden Musterveränderung führt? Oder glauben wir tendenziell an eine eigene, überlegene Expertise, die dazu geeignet ist, die Probleme unseres Kunden zu lösen?

Gegenwärtig befindet sich die Organisation in Phase 3, in der erfolgreich an der Konsolidierung des Veränderungsprozesses und an den notwendigen Systemumstellungen gearbeitet wird.

Ergebnisse

Der Bereich Marketing wurde in etwas weniger als 12 Monaten radikal umgebaut. Statt bisher bis zu neun Hierarchieebenen gibt es heute im Regelfall nur noch fünf. Die 15 Prozent Einsparungen wurden nicht nur erreicht, sondern sogar übertroffen und in die laufende operative Planung integriert. Im Vergleich zu den angestrebten 15 Prozent verblieb so eine beruhigende Investitionsreserve, die insbesondere für Investitionen in den zukünftigen Marktauftritt vorgesehen war. Bis Ende 2005 wurden 150 Arbeitsplätze abgebaut. Die dafür notwendigen Personalmaßnahmen und vertraglichen Änderungen wurden durchgeführt. Die geplante Effizienzsteigerung mußte sich im folgenden Geschäftsjahr beweisen. Das Unternehmen durchlief ein halbes Jahr nach der Organisationsumstellung eine Phase erhöhter Fluktuation und kämpfte noch mit einzelnen Widerständen gegen die neuen Prozesse. Mental war der Boden aber nun aufbereitet.

Lessons learned

In solchen und ähnlichen Veränderungsprozessen gibt es einen strukturbedingten Spannungsbogen zwischen dem Erreichen der Ziele und dem Sicherheitsbedürfnis der Betroffenen. Diesen Widerspruch auszubalancieren ist eine kontinuierliche Herausforderung, auch für uns Berater.

- In gemischten Staffs aus demselben »Stall« ist dieses Thema Gegenstand ständiger heißer, aber konstruktiver Diskussionen und Reflexionen. Auf Basis von Vertrauen, gegenseitiger Wertschätzung und einer gemeinsamen Werthaltung ist es hier immer gelungen, einen gemeinsamen Weg zu finden.
- Von unseren »klassischen« Fachberaterkollegen des Großunternehmens trennte uns an dieser Stelle eine nicht übereinstimmende Werthaltung. Es gelang auch nicht, sie zu überbrücken. Im Zweifelsfall – insbesondere immer

dann, wenn es entweder terminlich eng wurde oder aber der Kunde laut nach externer Verantwortungsübernahme rief – kamen die Kollegen mit einer eigenen, fertigen Lösung. Dort lagen wir meilenweit auseinander, und es kam zu Konflikten.

- In der Beziehung zum Kunden bzw. zum Auftraggeber ist eine grundlegende Übereinstimmung hinsichtlich des komplementären Ansatzes vonnöten. Nur dann ist die gemeinsame Gestaltung eines anspruchsvollen Veränderungsprozesses möglich. Eine vorhandene Vertrauensbasis läßt es dann auch zu, daß an den entscheidenden Knackpunkten im Prozeß – dann, wenn z. B. Ressourcen und Mitarbeiterzahlen festgelegt werden, wenn Budgets und Zielsetzungen entschieden werden, wenn Marktzuständigkeiten abzustimmen sind – die Berater auf die Kompetenz des Kunden setzen, auf dessen Selbstverantwortung hinarbeiten und das Kunden-System aus der *Comfort-Zone* »herauszwingen«. Dann, und wahrscheinlich nur dann, sind nachhaltige Musterveränderungen möglich, wird Zukunftskompetenz entwickelt.

Die relevanten Umwelten unseres Kunden, insbesondere die genossenschaftlichen Strukturen, werden die Veränderungen im Bereich Marketing spüren. Sie werden verstärkt dem sich aufbauenden internationalen Wettbewerbsdruck ausgesetzt sein; sie kämpfen schließlich an vorderster Front. Die Einbeziehung dieser Umwelten in den notwendigen Wandel, den Funken der Veränderung auf das gesamte Unternehmen überspringen zu lassen und zu einer gemeinsamen Vision und daraus abgeleitetet zu einer gemeinsamen Marktbearbeitungsstrategie zu kommen, – das zu erreichen wird ausschlaggebend sein, ob das Projekt ein nachhaltiger Erfolg wird.

4.3 IT und Change – warum Veränderungen nicht per Mausklick funktionieren

Markus Weigl, Erik Lang

Die Bedeutung von IT-Vorhaben

Daß IT-Vorhaben sehr viel mehr als reine technische Maßnahmen mit Fokus auf der technischen Realisierbarkeit sind, konnten viele Unternehmen (unter anderem in Zusammenhang mit den Einführungen betriebswirtschaftlicher Standardsoftware wie ERP-Systemen) in den letzten Jahren gleichsam am eigenen Leib verspüren: Die Auswirkungen von IT-Projekten reichen weit über das Verantwortungsgebiet der IT-Abteilung hinaus und beeinflussen neben der Art der unternehmensinternen und unternehmensübergreifenden Zusammenarbeit (Ausgestaltung der Arbeits- und Geschäftsprozesse) und folglich auch der Kommunikation zwischen Mitarbeitern, Partnern, Lieferanten und Kunden (Faktoren, die vielleicht eher mit IT in Verbindung gebracht werden) unter anderem auch Bereiche wie die Kultur (z.B.: Wie wirken sich Machtgefüge aus?) und die strategische Wettbewerbssituation und Marktposition. Von daher kann und sollte IT, insbesondere die Einführung von neuen Produkten, Releases etc., in Beratungsprozessen nicht alleine fachlich betrachtet werden, da IT Veränderungen massive Einschnitte auch auf sozialer Ebene bewirken, bei aller Unterschiedlichkeit der möglichen Ausgangssituationen, Zielsetzungen und Problembereiche (vgl. Doujak u.a. 2004).

Jedes größere IT-Projekt hat somit zumindest implizit einen Veränderungsauftrag. Manchmal wird das IT-Projekt sogar zum Mittel, um Veränderungsinteressen durchzusetzen, der IT-Lieferant bzw. IT-Berater wird zum willkommenen »Change Agent« bzw. zu der Stelle, an die Verantwortung delegiert werden kann: »Das neue Programm kann das nicht anders, wir müssen unsere Prozesse umstellen.« Oder noch knapper, anhand eines Beispielprodukts betriebswirtschaftlicher Standardsoftware formuliert: »SAP verlangt das so!«

Die hilfreiche Betrachtung, welche dahinterstehenden Absichten die verschiedensten an der Entscheidung beteiligten Interessengruppen verfolgen bzw. welche Funktionen im speziellen Umfeld diese IT-Einführung erfüllt (und wem dies zum Nutzen gereicht oder wie sich dadurch bestehende Machtverhältnisse verschieben und in der Folge wiederum vielleicht somit Widerstände bzw. Akzeptanzhürden aufbauen), unterbleibt hier oft. So ist z. B. die Transparenz, die durch eine einheitliche Datenbanklösung erzeugt und ermöglicht wird, unternehmensintern nicht von jedem Teilbereichsverantwortlichen gewünscht und kann etwa mit einem Macht- und Autonomieverlust einhergehen.

Das in diesem Zusammenhang von seiten der IT-Auftraggeber als notwendig erkannte Change Management wird aus einer klassischen IT-Projektmanagement-Perspektive als weitere zusätzliche Teilaufgabe des Projektmanagers gesehen und erschöpft sich (falls es denn aufgrund zeitlicher und budgetärer Engpässe überhaupt Berücksichtigung findet) meist in prinzipiell sinnvollen, aber letzten Endes eher als Einzelteile mit starkem Teambuilding-Charakter eingesetzte Maßnahmen. Hier zeigen sich die Begleiterscheinungen der als Optimum unterstellten strikt linearen Vorgehensweise und der Ausrichtung an den klassischen Projekterfolgskriterien: *in time* (Effizienzkriterium), *in budget* (Effizienzkriterium) und *in scope* (internes Effektivitätskriterium).

Letztlich führt dies oftmals zu einer *einseitigen Kostenorientierung unter Vernachlässigung der Nutzenaspekte* von IT: Es wird (aufgrund des beschriebenen Projekterfolgsverständnisses und der Orientierung an den Kriterien *in time*, *in budget* und *in scope*) im operativen Projektgeschehen nur mehr selten des Nutzens gedacht, der dem IT-Projekt prinzipiell gedanklich zugrunde liegt bzw. liegen sollte (z. B. Reduktion der Durchlaufzeit eines Kundenauftrags, Optimierung des Lagerstandes und damit des gebundenen Kapitals usw.). Um als erfolgreich zu gelten, müssen die Parameter »Zeit« und »Kosten« eingehalten oder unterschritten (Effizienz) bzw. muß der definierte Leistungsumfang eingehalten werden.

Diesem Vorgehen liegt zum einen das Paradigma der Mach- und Planbarkeit zugrunde. Es wird davon ausgegangen, daß vor oder zu Beginn des Projekts alle relevanten Informationen vorhanden sind, um eine möglichst genaue und verbindliche Festlegung des Projektverlaufs zu treffen.

In diesem Kontext lohnt sich ein Blick auf das Berater-Kunden-System (vgl. Königswieser/Hillebrand 2004): Externe IT-Berater werden teilweise als bewußter »Zukauf« externer Kompetenz, die intern nur beschränkt aufgebaut werden soll, in Projekte eingebunden (»operative Kompetenz«) und aufgrund des Projektmanagement-, Erfahrungs- und Produktwissens geschätzt. Sie bringen auch in Übereinstimmung mit ihrem professionellen Selbstverständnis den *IT- bzw. Technologie-Fokus (»technology«)* ein.

Die interne IT-Abteilung versteht sich oftmals als die für die Projektabwicklung verantwortliche Stelle in der Funktion eines internen Dienstleisters für die beauftragende Fachabteilung bzw. den Auftraggeber (das Management) und bringt in einer Mittlerrolle sowohl IT- als auch Unternehmenswissen ein (Aspekt der Projekt- und Budgetverantwortung). Das professionelle Selbstverständnis ist oftmals das eines internen technischen Dienstleisters mit teilweise sehr hohem Kostenbewußtsein. Die Fachabteilung bzw. das Management sehen sich als Endkunden mit meistens geringem Interesse an IT per se, sondern primär an den Ergebnissen und Auswirkungen der IT-Maßnahmen. Der *Fokus* liegt hier klar auf dem *Geschäft (Business).*

»Change IT!« – Lösungsansätze

Eine gemeinsame Entwicklung unter Beteiligung von iterativ-reflexiven Schleifen, welcher man im ersten Ansatz durchaus Ähnlichkeiten mit dem Ansatz des »iterativen Prototypings« zusprechen kann, hätte hier den Charme, daß sich die wechselseitigen Befruchtungen zwischen Technologie und Business sowie Business und Technologie quasi organisch-evolutionär weiterentwickeln könnten und sich zudem anhand der sichtbaren und angreifbaren Zwischenergebnisse eines »Work in Progress« auch nicht planbare Wechselwirkungen im kleinen Maßstab wahrnehmen und einarbeiten bzw. sinnvoll weiterentwickeln ließen. Man kann in diesem Zusammenhang guten Gewissens von einem lernenden, interaktiven Innovationsansatz sprechen, in dem Lösungen nicht sequentiell, sondern simultan und gemeinschaftlich entwickelt werden.

Eine Voraussetzung hierfür stellt die aktive Mitarbeit und zeitliche Verfügbarkeit der Fachabteilung dar, da hier eine gemeinschaftliche Entwicklung und kein gelegentliches »Einbinden« der oder »Abnicken-lassen« durch die Fachabteilung stattfinden darf. Das bedeutet somit eine intelligente Kombination von reflexiven Freiräumen mit einem operativen Projektmanagement, welches in den operativen Umsetzungsphasen ein straffes und ressourcenoptimales Vorgehen sicherstellt: Diese Spannungen und Gegensätze in der Methodik aushalten zu können stellt hier ein Erfolgskriterium einer solchen Vorgehensweise dar. Letzten Endes ist die technische Realisierbarkeit und Realisierung eine notwendige, aber keine hinreichende (Vor-)Bedingung für den Erfolg eines IT-Projekts, der sich erst im sozialen Organisationsumfeld entscheidet.

Ein Resultat stellt die zunehmende und fundierte Akzeptanz dar, da beispielsweise das Thema der Veränderungswiderstände aufgrund der veränderten Arbeitsprozesse und der damit einhergehenden Bedeutungsverschiebungen schon im Rahmen des Projekts ausführlich offengelegt und bearbeitet wurde. Es ergibt sich ein breiterer realisierter Nutzenhorizont, womit eine evolutionäre Entwicklung möglich wird.

Fallbeispiel

Ausgangssituation

Drei Dienstleistungsunternehmen mit drei verschiedenen Standorten besitzen eine gemeinsame IT-Tochter. Bei der Gründung vor 15 Jahren bestand die Vision, daß dort alle relevanten IT-Prozesse gebündelt, koordiniert und auch erbracht werden sollten. Das Leistungsspektrum reicht vom Betrieb des Rechenzentrums über den Einkauf von Soft- und Hardware bis zur Neuentwicklung von Software. Mit den Jahren hat sich eine »Schatten-IT« innerhalb der Organisationen gebildet, die spezifischen Datenverarbeitungs-Dienstleistungen vor Ort erbringt. Die Rolle zwischen Auftraggeber, Kunden und Dienstleister ist eher diffus.

14 Berater gaben im Vorfeld ein schriftliches Angebot ab, sieben wurden zu einer ersten Präsentation eingeladen. Aus den drei Organisationen war je ein Vertreter anwesend, weiterhin die drei Geschäftsführer der IT-Tochter. Wir legten ein Beratungsangebot gemeinsam mit ausgewiesenen IT-Fachberatern vor. Schon in der Vorbereitung und in der Präsentation vor dem Kunden wurde deutlich, daß wir als Berater sehr unterschiedliche Lösungsansätze für die Problemsituation hatten. Das verbindende Element war, die Kompetenz beim Kunden stärken zu wollen, eigene nachhaltige Problemlösungen zu finden. Der systemische Prozeßfokus lag auf den unterschiedlichen Erwartungshaltungen der Beteiligten und der Rollendiffusität. Der IT-Berater-Fokus lag auf Benchmarks und Prozeßoptimierungen. Das Ziel Kosteneinsparungen von ca. 10 Prozent zu erreichen, erschien uns über beide Wege erreichbar.

In unserer Architektur für den Prozeß waren sowohl in der Auftraggeberrunde als auch in der Steuergruppe beide Berateransätze durch die Projektleiter vorgesehen. Die Subprojekte waren je nach Inhalt mit nur je einem Berater vertreten. Wir bekamen den Zuschlag für dieses Projekt, weil wir Prozeß und Inhalt, Konfliktbearbeitung und Benchmark integriert anbieten konnten, obwohl es auch Zweifel gab, ob unsere Zusammenarbeit funktionieren würde.

In einem ersten Schritt führten wir eine Systemdiagnose durch (Königswieser/Hillebrand 2005a), die »Latenzen« (unausgesprochene, unterschwellige Spannungen und Probleme) wurden ans Tageslicht gebracht, die Rückspiegelung an die Auftraggeberrunde wurde als hilfreich erlebt. Die Aussagen der Vorstände dazu waren: »Zum ersten Male haben wir ein gemeinsames Bild von der Situation. Jetzt wissen wir zumindest, wo wir hinschauen müssen.«

In einem zweiten Schritt wurde durch die IT-Berater eine klassische betriebswirtschaftliche Analyse der Ist-Situation durchgeführt. Hierbei wurden Einsparungspotentiale sehr dezidiert aufgezeigt. Es zeigten sich auch Parallelen zu den Aussagen der Systemdiagnose. Durch den Umstand, daß die Ist-Analyse der »hard facts« erst nach der Systemdiagnose und den Rückspiegelungen durchgeführt wurde, daß damit bereits knapp zwei Monate verstrichen waren und die Präsentation der Gesamt-Ist-Analyse näher gerückt war, verloren die Aussagen der Systemdiagnose an Relevanz, bzw. die Zahlen der Ist-Analyse bekamen einen höheren Stellenwert. Für die Auftraggeberseite (Vorstände) lag der Fokus primär auf den betriebswirtschaftlichen und inhaltlichen IT-Themen. Es war schwierig und anstrengend, den latenten Themen des Systems Raum zu verschaffen, da diese eine andere Form von Auseinandersetzung benötigt hätten. Allerdings gab die Arbeit an den »hard facts« letztlich doch ab und zu die Möglichkeit, über vorhandene »Latenzen« zu sprechen.

In den Rückspiegelungen erlebten wir bei den Hierarchieebenen auch einen deutlich unterschiedlichen Fokus. Die Vorstände schauten primär auf Kosten, Nutzen und dann erst auf kulturelle Themen. Bei den Mitarbeitern und Führungskräften standen die Sorge um die eigene Zukunft, um die Qualität der Zusammenarbeit, aber auch Themen wie Überforderung, Macht- und Prestigeverlust im Mittelpunkt.

Die drohende Möglichkeit des Outsourcing schwebte wie ein Damoklesschwert über dem Prozeß. Es stellte sich die Grundsatzfrage nach der Bedeutung der IT. Zwischen den Banken gab es eine unterschiedliche Einschätzung bezüglich der strategischen Relevanz von IT und ihrem Einfluß auf den ökonomischen Gesamterfolg. Dem Bild einer voll integrierten Bank, bei der IT-Leistungen

Produkte am Markt differenzieren und damit Mehrwert schaffen, standen die Industrialisierung der Bank und die Auftrennung der Wertschöpfungsketten gegenüber, wo IT nur noch einer von mehreren Prozeßschritten ist und damit zur *Commodity* und einem reinen Kostenfaktor wird. Es ging also auch um schwerwiegende Identitätsthemen. Dieser Zusammenhang wurde aber nicht gerne gesehen.

Ergebnisse

Die nötigen Entscheidungen wurden letztlich gefällt. Das Kosteneinsparpotential wurde erreicht. Die Unternehmen leisten die Umsetzung mit Hilfe der von uns vorgeschlagenen Prozeßarchitektur und der inhaltlichen Themenfoki ohne Berater. Das Muster der Komplexitätssteigerung und der Aufspaltung in harte und weiche Themen konnte jedoch nicht verändert werden.

Lessons learned

Die Analyse der »harten« Zahlen und der »weichen« Themen ist auch in der Systemdiagnose unabdingbar. Es bedarf dafür einer intelligenten Verknüpfung der quantitativen und qualitativen Daten. Die Aufgabe der Berater ist es, kompensatorisch jenen Bereich zu stärken, der eher ausgeblendet wird, egal ob das betriebswirtschaftliche, DV-technische oder kulturelle Dimensionen betrifft. Das kann wertvolle Entwicklungsimpulse für die Organisation bringen.

Als *Erfolgsvoraussetzungen auf Beraterseite* sind Commitment und die Notwendigkeit, das Ganze zu sehen, zu nennen.

Commitment: Es muß berücksichtigt werden, daß aus dem angesprochenen professionellen Selbstverständnis der IT-Berater und IT-Abteilungen des öfteren eine skeptische Grundhaltung gegenüber der (systemischen) Prozeßberatung bzw. Elementen der Organisationsentwicklung (OE) resultiert, da diese als »ungreifbar«, »unmeßbar« und »weich« betrachtet werden. Hier gegenseitiges Verständnis und Vertrauen zu schaffen erscheint zentral, vor allem wenn die (Budget- und Umsetzungs-) Verantwortung für IT-getriebene Projekte bei der IT-Abteilung liegt. Es wäre hilfreich, immer wiederkehrende Muster in IT-Projekten zu vermeiden, Muster, wie sie beispielsweise in einem großen Projekt eines österreichischen Versicherungsunternehmens aufgetreten sind: In der

Phase der Projektplanung wurden hier Architekturelemente eines systemischen Veränderungsmanagements (wie z. B. ein Sounding-board und geplante Großveranstaltungen; vgl. Königswieser/Exner 2002) als fixe Projektelemente eingeplant und vorgesehen. Sobald es im Zuge der Umsetzung des Projekts Anzeichen für Ressourcenengpässe (die sich letzten Endes in fast jedem Projekt einmal abzuzeichnen drohen) gab, wurden diese Change-Management-Elemente ersatzlos gestrichen und das dafür eingeplante Budget im Sinne von zusätzlichen Programmierleistungen umgewidmet.

»Das Ganze sehen«: Viele Problemstellungen, welche im Zusammenhang mit IT-Vorhaben an die Oberfläche treten und deshalb gerne als IT-Probleme betrachtet werden, wurzeln tatsächlich in Themen, die mit IT ursächlich nichts oder nur peripher zu tun haben, wie z. B. Geschäftsprozeßredesign bzw. Business Process Reengineering (BPR) in seiner ganzen Breite und unterschiedlichen Ausprägung, grundlegende Veränderungen der Lieferanten- oder Kundenbeziehungen wie etwa Customer Relationship Management (CRM) oder die Implementierung der Balanced-Scorecard-Steuerungsphilosophie.

Somit macht es Sinn, nicht unbedingt nur von IT-Projekten mit einem Veränderungsanteil zu sprechen, sondern (abhängig von der Perspektive) maximal von »IT-induced change« (aus der Perspektive der IT betrachtet) bzw. von Organisationsveränderungsmaßnahmen, welche als Voraussetzungen für erfolgreiche IT-Vorhaben notwendig sind.

4.4 Planungsprozeß im »Turn around« – wirklich gewollt?

Jürgen Gebhardt, Uwe Cichy, Peter Panholzer

Ausgangssituation

Ein großes, international operierendes Industrieunternehmen mit Hauptsitz in Westeuropa war in eine extrem schwierige Situation geraten. Das Unternehmen, »Nationalstolz« des Landes, war jahrzehntelang einer der größten Arbeitgeber des Landes gewesen. Es verlor aber Jahr für Jahr Marktanteile. Selbst auf dem Heimatmarkt, wo das Unternehmen einmal über mehr als 60 Prozent Marktanteil verfügte, verlor es binnen 10 Jahren die Hälfte des Terrains. Mehrere zehntausend Arbeitsplätze mußten bereits abgebaut werden. Die Produktionsstätten verteilten sich auf ganz Europa Sie wiesen teils erhebliche Qualitäts- und Effizienzunterschiede auf. Die europäischen Vertriebsniederlassungen wurden sehr zentralistisch geführt und hatten, nach eigenem Befinden, keinerlei Einfluß auf die Planung. Die Abstimmung zwischen Verkauf und Produktion fand so gut wie nicht statt. Die Zentrale »verhält sich wie Gott«, so hieß es. Die Produktivität lag weit hinter der der Mitbewerber zurück. Die Produkte waren veraltet und entsprachen qualitativ nicht mehr den Wünschen und Vorstellungen der Kunden. Das Betriebsergebnis war seit Jahren im dreistelligen Millionenbereich negativ, die Finanzierungsbasis so gut wie aufgebraucht. In den vorausgegangenen Jahren waren Führungskräfte auf allen Ebenen häufig ausgetauscht worden, was zu Orientierungslosigkeit und beinahe zur Handlungsunfähigkeit der Organisation führte.

Das alles trug zu einer erhöhten Nervosität der kreditgebenden Banken bei. Sie drohten damit, Kredite fällig zu stellen, wenn es keine klaren Signale geben sollte, die eine Verbesserung der Situation erkennen ließen. Der neu eingesetzte CEO des Unternehmens, der nicht aus dem Land der Unternehmenszentrale stammte, war ein exzellenter, erfolgreicher Branchenkenner. Er kannte uns und unsere Vorgehensweise aus früherer Zusammenarbeit. Bald nach seiner Berufung fragte er bei uns an, ob wir ihn bei dem absehbar radikalen Sanierungs- und Veränderungsprozeß sowohl mit unseren Branchen-Fachkenntnissen als auch mit dem nötigen Prozeß-Know-how unterstützen könnten. Es war uns bewußt, daß solch ein Transformationsprozeß eines Unternehmens, welches engstens mit nationaler Politik und Machtnetzwerken verwoben war, nur mit der Unterstützung aller Beteiligten, und zwar der Unternehmensspitze wie des Eigentümerkreises, möglich sein würde – wenn überhaupt.

Ziele der Beratung, insbesondere des Projekts »Budgetplanung neu«

Das Hauptziel des Transformationsprozesses war es vorerst, wieder »schwarze Zahlen« zu schreiben. Als vorrangiges Ziel der ersten Phase des Beratungsprojekts wurde die Schaffung absoluter Transparenz in bezug auf die wirtschaftliche Situation des Unternehmens definiert, denn die Führungskräfte und die Belegschaft waren bisher über die akute Krisensituation nur unzulänglich informiert worden. Es existierte so gut wie kein Krisenbewußtsein, der Bezug zur eigenen Verantwortung wurde nicht hergestellt. »Wir ahnen es, aber glauben an ein Wunder.« »Es ist die Ehrlichkeit der Zahlen notwendig, um die verlorengegangene Glaubwürdigkeit nach außen wie nach innen zurückzugewinnen und um eine solide und haltbare Basis für die weitere Sanierung zu bekommen.« Es mußte eine neue Verbindlichkeit des verabschiedeten Budgets als erster Schritt auf dem Weg zur Konsolidierung erreicht werden. Diese sollte von kurzfristigen Einsparungen (*quick wins*) zur Verbesserung der Ertragssituation im laufenden und folgenden Budgetjahr begleitet sein, und damit sollte die Basis für die wirtschaftliche Absicherung und die notwendige Liquidität des kommenden Geschäftsjahres gelegt werden. Mittelfristig ging es um die Verknüpfung von Vision, Strategie, Sanierungsplan und Budget, um zu einem stimmigen Gesamtkonzept zu kommen.

Vorgehensweise / Prozeßverlauf

Basis des Gesamtprozesses bildete wieder eine intensive Analyse der Situation. Wir interviewten europaweit Gruppen von Mitarbeitern und recherchierten in der Zentrale, in den Produktionsstätten und den Märkten. Gegenstand der Analyse waren betriebswirtschaftliche, strategische, technische und kulturelle Dimensionen. Die Ergebnisse wurden einer dreißigköpfigen Managementgruppe schonungslos zurückgespiegelt und von dieser bestätigt:

- Das Unternehmen steckt wirtschaftlich in einer akut die Existenz bedrohenden Situation. Exakt diese Tatsache unterliegt allerdings einer massiven kollektiven Verdrängung. Es besteht die Vorstellung: »Es wird schon nicht so schlimm sein, schließlich ist es bisher immer irgendwie weiter gegangen«.
- Die Unternehmenszentrale gleicht einer »abgeschotteten Festung«. Es gibt keine bzw. eine nur unzureichende, mangelhaft abgestimmte, oftmals nur in eine Richtung fließende Kommunikation zwischen Unternehmenszentrale, Markenmanagement, Märkten und Produktionsstätten. Dies zeigt sich ganz besonders im Planungsprozeß und führt zu kontinuierlich falschen Budgetzahlen. Es gibt keinerlei Planungssicherheit. Die Glaubwürdigkeit des Unternehmens tendiert gegen Null.
- Die Ergebnisse für das laufende Budgetjahr verschlechtern sich fortlaufend und werden durch ständig revidierte Prognosen auf das verbleibende Geschäftsjahr »schön geredet«. Die Marktanteile steigen zwar leicht, erreichen aber nicht die gesetzten Ziele. Qualitätsmängel und eine ungenügende Anpassung der Produkte an die unterschiedlichen Absatzmärkte lassen die Verkaufszahlen weiter einbrechen.

Basierend auf diesen Ergebnissen der Analyse wurden das weitere Vorgehen, inklusive Architekturelemente festgelegt. Neben der Begleitung des neu zusammengesetzten Top-Management-Teams kam der Einrichtung des *Steuerkreises* eine zentrale Rolle zu. Alle wesentlichen Funktionen und Strömungen innerhalb des Unternehmens waren darin abgebildet. Entscheidend war, daß nicht nur Mitarbeiter aus der Zentrale, sondern erstmalig auch die Vertreter der wesentlichen Absatzmärkte des Unternehmens in diesen Kreis miteinbezogen wurden. Den Vorsitz übernahm der CEO.

Der Steuerkreis koordinierte alle aufgesetzten Projekte und Initiativen des gesamten Veränderungsprozesses. Hier wurden die einzelnen Maßnahmen unternehmensweit abgestimmt, aber auch weitere neue Ideen initiiert. Alle Projekte des Top-Management-Teams und die Steuergruppe wurden von je zwei K&N-Beratern begleitet, die sowohl systemisches Prozeß-Know-how als auch fachliches Wissen einbrachten.

Wir wollen den breit und tief angelegten Transformationsprozeß mit etwa 20 Beratern hier nicht näher beschreiben, sondern beschränken uns auf das

Element »Budget-Planungsprozeß«, weil es das Zusammenwirken von Fach- und Prozeßberatung in besonderer Weise veranschaulichen kann.

Der neue Budget-Planungsprozeß

Mit der massiven Unterstützung des neuen CEO wurde entschieden, für das folgende Geschäftsjahr einen neuen Planungsprozeß zu schaffen, mit dem übergeordneten Ziel, endlich eine realistische, von allen Key-Playern mitgetragene und mitverantwortete Zahlenbasis zu erstellen. Der CFO übernahm die Leitung. In einem Vorgespräch legten wir mit ihm fest, wer an der Gestaltung der neuen Vorgehensweise teilnehmen sollte: der CFO, der oberste Controller, drei Vertreter der Märkte, der Leiter Produktion, punktuell der CEO sowie zwei Berater von K&N. Es galt, das Zahlenwerk transparent aufzuschlüsseln, die Perspektiven der Märkte und der Produktionsstätten überhaupt erst wahrzunehmen und dann aufeinander abzustimmen. Das klingt banal, bedeutete aber für das Unternehmen eine grundlegende Veränderung seiner »Denkmuster« und damit eine Revolution.

In einem eintägigen Workshop erarbeiteten wir mit dem Team die Vorgehensweise, d.h. wir legten fest, welche Zahlen relevant waren, und kreierten die Prozeßarchitektur für diesen Entwicklungsschritt: Auf Basis des Sanierungsplans und unter Berücksichtigung der realen Möglichkeiten und zeitlicher Engpässe schlugen wir eine parallele Top-down- und Bottom-up Vorgehensweise vor. Als Startsignal wurden auf unsere Intervention hin erstmals der von der Zentrale erstellte Sanierungsplan und die daraus resultierenden Erwartungen an die Märkte, an den Verkauf kommuniziert. In einem Schreiben des CFO an die gesamte erste Führungsebene sowie an alle Länderverantwortlichen und deren Controller wurden der neue Prozeß (vgl. Abb. 21) und die mit ihm verbundenen Prinzipien vorgestellt. Der Prozeß sollte »hemdsärmelig« sein, um der üblichen Gefahr der Bürokratisierung zu entgehen und rasch zu Ergebnissen zu kommen. Das entscheidende Element war nicht die Genauigkeit bezüglich der letzten Kommastelle, sondern die kontinuierlich im Prozeß eingebauten Feedbackschleifen, die das Zahlenwerk sowie die blockierenden Muster der Verdrängung thematisierten.

Zentrale und dezentrale Einheiten, Verkauf, Produktion und die Zentrale trafen sich nach der Erstellung eines ersten eigenen Budgetentwurfs laufend, um in iterativen Schleifen, Abstimmungs- und Verhandlungsprozessen letztendlich

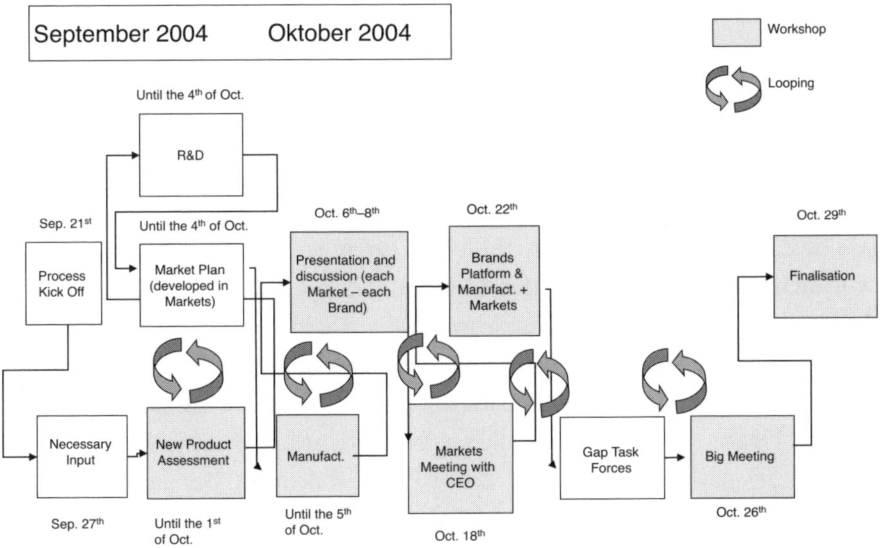

Abb. 21: Architektur des Planungsprozesses für Budget 2005

zu einer gemeinsam getragenen und verantworteten Planung für das Folgejahr zu kommen. Dieser Geist spiegelte sich in den für diesen neuen Planungszyklus vereinbarten Prinzipien wider, die auf der linken Seite der Abbildung 22 angeführt sind:

Das Budget als Vertrag	statt	das Budget per Anordnung top down
Realität, hinschauen	statt	Schönfärberei und wegschauen
Transparenz, Probleme aufzeigen, Soll-Ist-Abweichungen offenlegen	statt	in Zahlenfriedhöfen Probleme verstecken, durchmogeln
Eigenverantwortung	statt	Abgestumpftheit, Schuldzuweisungen

Abb. 22: Veränderte Planungsprinzipien

Die Rechnung schien aufzugehen. Bereits zwei Wochen nach dem ersten Workshop trafen sich die Ländervertreter mit den zentralen Markenvorständen zu einer ersten Abstimmungsschleife. In der Rolle der inhaltlichen und prozessualen Berater erlebten wir hautnah mit, wie schwer es für die Verkaufsleiter der Länder war, dem üblichen Druck der Zentrale nicht gleich nachzugeben, sondern auf Basis der vorbereiteten Zahlen, Fakten und der Marktkenntnisse realistische Zahlen zu nennen. Aber sie hielten durch. Sie kämpften für ihre realistische Sichtweise und sie schöpften Hoffnung, daß sich ein neuer Führungsstil durchsetzen könnte. Die Ergebnisse waren dann jedoch ein regelrechter Schock für alle Akteure. Wir hatten zwar noch kein aggregiertes Gesamtbild, doch es kam die Ahnung auf, wie dramatisch die Ergebnissituation auf Basis der realistischen Planung tatsächlich ausfallen würde. Es wurden massive Abweichungen zur bisherigen, vorgegebenen Top-down-Planung deutlich. Der Sanierungsplan war damit akut gefährdet. Das Bemühen um Transparenz führte einerseits in vielen kleinen Gesprächsrunden zu den ersten greifbaren Einsparungs- und Veränderungsideen, zeigte aber gleichzeitig die enormen Schwachstellen des gesamten Unternehmens auf. Die Mitglieder des bis dato sakrosankten Produktionsbereichs sahen die Quelle allen Übels ausschließlich in der mangelnden Performance des Vertriebs. Die Vertreter der Absatzmärkte ihrerseits führten wiederum alle Probleme auf die mangelnde Qualität der Produktion sowie die insgesamt veraltete Produktpalette zurück. Es überwog die Denkhaltung, daß zuerst alle anderen Bereiche Veränderungen durchzuführen hätten, bevor man bereit wäre, vor der eigenen Haustüre zu kehren. Dieser klassische Konflikt kam in der Vergangenheit nie wirklich an die Oberfläche, wurde nie ausgetragen, sondern von der zentralen Planung »gedeckelt«. Jetzt trat der Konflikt offen zutage. Das war sicherlich ein erster Erfolg, damit waren wir allerdings auch für alle spürbar an dem Punkt angekommen, wo es um massive Konflikte ging.

Die Ländervertreter reisten zu einer weiteren Überarbeitungsschleife ihrer Budgets wieder nach Hause, während wir in der Zentrale fieberhaft an der Zusammenstellung des Gesamtbildes arbeiteten. In weiteren zehn Tagen würden alle wesentlichen Märkte mit den Markenvorständen, dem CFO und dem CEO zusammentreffen, um die tatsächliche Abweichung zwischen dem dann aktuellen Budgetentwurf und dem Sanierungsplan zu bewerten und Gegenmaßnahmen zu entwickeln. Leider hatten wir es versäumt, darauf zu bestehen, auf die üblichen Planungs-Tools zu verzichten, und diesen neuen Planungszyklus auf einem Excel-Rechenmodell abzubilden. Damit waren wir von den internen zentralen Ressourcen abhängig und mußten tagelang auf die aktuellen Zahlen warten. Die Gebundenheiten der Holding durch andere extrem wichtige Aufgaben erlaubten es nicht, die dringend notwendigen und geplanten Workshops durchzuführen, in denen Maßnahmen hätten vereinbart werden sollen, um die in Teilbereichen bereits erkennbaren Abweichungen zu minimieren bzw. zu vermeiden. Diese Treffen wären aber von größter Wichtigkeit gewesen, um den zentralen Konflikt – das direkte, gemeinsame Abstimmen der Zahlen zwischen Produktion und Vertrieb – mit der notwendigen Behutsamkeit und Tiefe der Auseinandersetzung angehen zu können. So arbeitete jeder für sich, nach bestem Wissen und Gewissen, aber wiederum nur aus der eigenen Perspektive. Eine geordnete Abstimmung, ein schrittweises Aufeinanderzugehen – so wie in der ursprünglichen Konzeption vorgesehen – fiel dem Zeitdruck, aber letztlich vor allem den Widerständen zum Opfer. Erst am Vorabend der Sitzung mit allen Beteiligten lag die Gesamtabweichung brutal auf dem Tisch. Sie erreichte eine Größenordnung, die alle Befürchtungen überstieg und die Existenz des Unternehmens akut in Frage stellte. Die Situation war dramatisch. Die Prognose für das nächste Geschäftsjahr war zwar erstmals realistisch und ein klarer Spiegel für das laufende Budget, stellte das Unternehmen allerdings vor eine extrem schwierige, kaum lösbare Aufgabe. Auf Grund dieser Prognose informierte der CEO den Vorstandsvorsitzenden der Holding. Trotz der Dramatik wurde entschieden, die Sitzung in der großen Runde am nächsten Morgen durchzuführen. Die Nervosität in dieser Situation war gleichsam mit Händen zu greifen.

Auf Grund der Information vom Vorabend nahm an dem Meeting auch der Vorstandsvorsitzende der Holding teil. Die Präsentation der Planungsergebnisse löste in der Gruppe einen kollektiven Schock aus. Verdrängung war jetzt nicht mehr möglich. Allen Anwesenden war bewußt, daß es um das Überleben des Konzerns ging. Die Planungsergebnisse kompromittierten auf eine zusätzliche Art und Weise das »alte Management«.

Dann kam der große Knall: Der Vorstandsvorsitzende der Holding unterbrach den gesamten Planungsprozeß. Die existentielle Bedrohung für das Gesamtunternehmen mußte mit einem Krisenmanagement gelöst werden. Eine Fortsetzung der Transparenz im Planungsprozeß wäre ab diesem Zeitpunkt kontraproduktiv gewesen.

Ergebnisse

Das Ziel, die Realität zu sehen, Transparenz über die relevanten Zahlen herzustellen, wurde erreicht. Das Ergebnis untergrub allerdings gleichzeitig die Einflußbasis vieler alteingesessener Mächte in der Zentrale.

Im nachhinein betrachtet, verliefen die Ereignisse nach einer bestimmten Logik. Das Management stand unter Schock. Es wollte die Situation nicht wahrhaben und reagierte gegenüber dem Überbringer der schlechten Botschaft aggressiv (vgl. Königswieser 2003).

Der initiierte Prozeß zeigte die Mängel des bisherigen Budget-Planungsprozesses auf. Das Ergebnis zeigte die dramatische Einschätzung der zu erwartenden Verluste im kurz- und mittelfristigen Planungszeitraum auf. Es bot die Zahlenbasis für eine ernsthaft zu betreibende Sanierung des Unternehmens. In der nun bekannten Dramatik war aber eine »Radikalkur« offiziell gegenüber der Außenwelt, den Kreditgebern und Eigentümern nicht vertretbar.

Die Intervention setzte an einem zentralen »Lebensnerv« des Unternehmens an. Sie erzeugte zwar vorerst eine radikale Änderung der internen Entscheidungsprozesse, war aber vor dem Hintergrund der dramatischen Ergebnisse von seiten der Mächtigen nicht ausreichend abgesichert. Die Transparenz der in dieser Massivität nicht erwarteten Abweichungen wurde vom Kunden-System als Einmischung in interne Angelegenheiten aufgefaßt. Die Überbringer der schlechten Nachrichten, das waren unter anderem wir, wurden folglich dafür als schuldig erklärt.

Lessons learned

Eine Sanierung findet immer in einem politischen Umfeld statt. Hier muß es unser Interesse als Berater sein, zu möglichst vielen Playern in diesem Machtspiel eine vertrauensvolle Beziehung aufzubauen. Konkret hätten wir sicherlich hartnäckiger dafür kämpfen müssen, auch den Vorstandsvorsitzenden der Holding früher in den Veränderungsprozeß zu involvieren. So war kein direkter Kontakt, kein Gedankenaustausch möglich gewesen. Sanierung heißt Zahlenwerk, Kurzfristigkeit. Wer die Zahlen aufbereitet, verfügt über erhebliche Macht. Es gilt, immer wieder, innerhalb allerkürzester Zeit, Simulationen zu berechnen, Transparenz zu schaffen, den Blick für das Wesentliche, das »Big Picture« freizubekommen. Ein eigenes Rechenmodell für diesen Planungszyklus hätte uns mindestens ein paar Tage mehr Zeit gegeben, die aktuellen Zahlen sorgfältiger vorzubereiten. Spätestens zu diesem Zeitpunkt wäre eine Abstimmung mit dem Vorstandsvorsitzenden der Holding notwendig gewesen. Zum einen hätte gemeinsam der gewünschte und politisch vertretbare Grad an Transparenz definiert werden und zum anderen hätte bereits vorab intensiv an konkreten Aktionsplänen zur Schließung der Kluft zwischen aktuellem Planungsstand und Sanierungsplan gearbeitet werden können. Das »Zeitfenster« zur Verarbeitung des ersten Schocks wäre mindestens fünf Tage größer gewesen. Das ist in einem solchen Prozeß eine lange Zeit.

Und schließlich: Wenn Verluste in einer Höhe von mehreren Milliarden Euro auflaufen und wenn jahrelang darüber hinweggesehen werden kann, so steckt dahinter immer auch ein Interesse der Mächtigen. Wir mußten mit massivem Widerstand rechnen, wenn es uns gelingen sollte, diese Mißstände aufzudecken und transparent zu machen. Das wollten wir nicht wirklich wahrhaben. Man kann das auch Naivität nennen. (Diese Naivität war aber andererseits genau unsere Stärke. Ohne sie wären wir sicher nie so weit gekommen.) Der Budget-Planungsprozeß lief von der Perspektive der Komplementärberatung her gesehen sehr effizient. Der Grund für den Abbruch lag in der Machtdynamik, die wir zu wenig berücksichtigt hatten.

4.5 Verbessertes Supply Chain Management – Zukunftsbilder überwinden Abteilungsegoismen

Christian Matul

Ausgangssituation

Der Auftrag bestand darin, die gesamte Logistikkette eines großen, internationalen Automobilkonzerns zu verbessern. Der Logistikprozeß umfaßte das Lieferanten- und Bestandsmanagement sowie das Management der Kundenprozesse zu den Einzelhändlern und Endkunden. Diese Aufgaben wurden von drei Abteilungen innerhalb des Bereiches »Logistik« wahrgenommen.

Der Gesamtkonzern befand sich in einer wirtschaftlich sehr angespannten Situation. Man machte sich Sorgen um die Zukunft. Der Logistikbereich erwirtschaftete zwar gute Ergebnisse – nicht zuletzt weil die drei Abteilungen in den letzten Jahren stark restrukturiert worden waren –, aber der Kostendruck stieg immer weiter an. Die Gesamtlogistik-Ziele waren sehr anspruchsvoll: Verdoppelung der operativen Resultate und die Nummer 1 in der Kundenzufriedenheit werden. Zu Beginn des Projekts wurde auch die zuständige Bereichsleitung neu besetzt. Seit etwa zwei Jahren arbeitete ein Strategieteam mit wechselnder Energie, um den veränderten Anforderungen aktiv zu begegnen. Das Team bestand aus neun Abteilungs- und Teamleitern.

Ziele des Beratungsprojektes

Zu Beginn des Beratungsprojektes, für das K&N mit zwei Beratern (einem Fachberater und einer Prozeßberaterin) beauftragt wurde, ging es ursprünglich darum, eine Gesamtlogistikstrategie für die drei Abteilungen zu entwickeln:

- Als Projektabschluß sollte ein Strategiepapier vorliegen, in dem die wichtigsten Eckpfeiler der Strategie gemeinsam vereinbart sein sollten.
- Das Papier sollte auch ein Umsetzungskonzept beinhalten.
- Die Zusammenarbeit von Beschaffungs-, Bestands- und Kundenmanagement war im Hinblick auf den operativen Ergebnisdruck und die Forderung

nach mehr Kundenorientierung über alle Logistikstufen hinweg zu optimieren.

Vorgehensweise / Prozeßverlauf

Als erste Phase des Projekts führten wir eine komplementäre Systemdiagnose durch. Wir erhoben die Ausgangssituation und interviewten die Mitglieder des bestehenden Strategieteams, beobachteten Projektleitertreffen und sichteten die einschlägigen Unterlagen. Wir ordneten die Ergebnisse den Dimensionen des Komplementär-Modells, d. h. den strategischen, strukturellen und kulturellen bzw. den inhaltlichen und prozessualen Themen, zu.

Strategisch wurde eine verstärkte Kundenorientierung gefordert. Es lagen zwar erarbeitete Teilstrategien der drei Abteilungen vor, sie waren aber nicht aufeinander und auf die übergeordnete Bereichsstrategie »Logistik« abgestimmt. Die Interviews ergaben, daß der Fokus in der Logistikkette angebotsorientiert auf das zentrale Lager vor Ort gerichtet war, in bezug auf die Nachfrage fehlte aber eine durchgängige Betrachtung hin zum *Whole Sale* und zum *Retail.*

Aus *struktureller* Sicht waren Aufgaben, Kompetenzen und Verantwortlichkeiten an den Schnittstellen zwischen den Abteilungen nicht klar geregelt. Die neu gegründete dritte Abteilung »Bestandsmanagement« brauchte eine klare Positionierung innerhalb des Gesamtprozesses, damit Ineffizienzen und Doppelarbeiten vermieden werden konnten.

Die *Kultur* und das Klima wurden in und zwischen den drei Abteilungen als »sehr gut« beschrieben: »Wir sind eine Insel im Konzern.« Das hohe Maß an Austausch und Verständnis zwischen den Abteilungsleitern sorgte für die »Abfederung« der strukturellen Schwächen in der Zusammenarbeit. Offensichtlich wurde damit auch die strukturell bedingte Konkurrenz zwischen den Abteilungen in Schach gehalten.

Die Workshops

Kurz vor dem *ersten Strategieworkshop* erhöhte sich der Druck auf den Logistikbereich weiter. Vom Konzern wurden drastische Kosteneinsparungsprojekte aufgesetzt. Die Ersatzteilbestände in den einzelnen Lagerstufen sollten massiv gesenkt werden. Schlüsselpersonen mußten 50 Prozent ihrer Arbeitszeit für die Konzernprojekte zur Verfügung stellen.

Dennoch wurden drei Strategieworkshops mit einem zeitlichen Abstand von etwa vier Monaten geplant. Die Ergebnisse der Systemdiagnose wurden im ersten Workshop, an dem die drei Abteilungsleiter und die Strategiegruppe teilnahmen, zurückgespiegelt. Am Ende des ersten Workshops waren neben dem strategischen Thema die wichtigsten Baustellen benannt und es »stand« eine detaillierte Planung der inhaltlichen Arbeitsschritte bis zum Ende des Projektes. Der Systemdiagnose wurde zu 95 Prozent zugestimmt. Danach leiteten wir die Gruppe bei einer Organisations-, Umfeld- und Stakeholder-Analyse an. Als Ergebnis lagen dann auch die wichtigsten »Stolpersteine« und Erfolgsfaktoren für die Zukunft vor. Diese Ergebnisse bildeten die Grundlage für die anschließende Visionsarbeit, die wir in mehreren Schritten durchführten. Wir verwendeten dafür bildlich-emotionale Methoden, um die Inhalte und deren Konsequenzen deutlicher und emotional greifbarer zu machen (z. B. Zeichnen von Visionsbildern; Hereinholen der Stimmen der relevanten Umwelten).

In einem nächsten Schritt wurden die drei Abteilungsstrategien vorgestellt und die Schnittstellen, Überschneidungen sowie die wechselseitigen Erwartungen an die einzelnen Abteilungen – mit Hilfe der Intervention des bewährten »Erwartungsmarktes« (vgl. Köngiswieser/Hillebrand 2005) – ausgetauscht. Die Diskussion machte spätestens hier klar, daß der eigentlich Auftrag des Projektes nicht in der Strategieentwicklung, sondern im Aufbau einer prozessualen Organisation und der dafür nötigen Entwicklung der Organisation bestand. Mit den Auftraggebern gemeinsam definierten wir daher den Auftrag um. Es ging dann vorrangig um die Optimierung der Schnittstellen und Prozesse.

Im *zweiten Workshop*, der zwei Monate später stattfand und bei dem auch – was Spannungen auslöste – der »neue Chef« anwesend war, wurde das entworfene Zukunftsbild verabschiedet. Das Projektteam vereinbarte das Zielsystem »Supply Chain 2010«. Wichtig war in dieser Phase, auf die Abstimmung zwischen strategischen Zielen, Prozessen und Kundenerwartungen zu achten. Die Analyse der Ist-Prozesse bestätigte den Eindruck aus den Interviews, daß eine konsequente Kundenorientierung an den versteckten »Abteilungsegoismen« scheiterte, obwohl alle von einer optimalen Kultur gesprochen hatten. Im Laufe des Prozesses wurde allen bewußt, welche Anforderungen das Modell einer konsequenten »Prozeßorganisation« inhaltlich, aber vor allem auch persönlich mit sich brachte. Am Ende des Workshops lagen die definierten Hauptprozesse sowie die dazu passenden »Funktionsprofile 2010« für die Prozeßverantwortlichen vor. Wir gaben inhaltliche Inputs über Optionen, planten die Workshops, moderierten und coachten die Auftraggeber. Die Arbeit war anspruchsvoll, weil wir gleichzeitig auf der inhaltlichen und der mentalen Ebene arbeiteten. Die Zufriedenheit mit den Ergebnissen war hoch. Das galt auch für den »neuen Chef«.

Zu Beginn des *dritten Workshops* waren wir nach wie vor der Meinung, daß die Kundenperspektive immer noch zu wenig Berücksichtigung gefunden hatte. Die Teilnehmer wurden deshalb von uns eingeladen, den gesamten Logistikprozeß aus der Perspektive von zufriedenen und aus der von unzufriedenen Kunden zu beurteilen. Es wurde mit Hilfe einer »Organisationsaufstellung« und eines Rollenspiels gearbeitet. Im Projektteam wurde beispielhaft ein konkreter Logistikprozeß – es ging um die kleine Bestellung eines Scheibenwischerblattes, das in Südfrankreich hergestellt wird und in Oslo vom Kunden bestellt wird – durch Positionierung der Teilnehmenden im Raum transparent gemacht. Durch diese Simulation wurden die Komplexität und die Schwachstellen im Ablauf unmittelbar sinnlich verdeutlicht. Dieser methodische Schritt erleichterte die verwirrende, strittige Zuordnung der Teilprozesse zu den bereits definierten Hauptprozessen. Gleichzeitig wurden Aufgaben, Kompetenzen und Verantwortlichkeiten der Leitungspersonen neu verteilt. Zu jedem Prozeß wurden am Ende kritische Leistungsindikatoren zur Prozeßsteuerung definiert.

Die Weiterarbeit, das war klar, mußte ab jetzt aber in einer erweiterten Gruppe, nämlich dem strategisch relevanten Umfeld, im Konzern geleistet werden.

Ergebnisse

Etablierung eines kundenorientierten Prozeßmanagements entlang der Logistikkette

Als Ergebnis des Beratungsprojekts lag eine Übersicht der wichtigsten Hauptprozesse und der ihnen zugeordneten Teil- bzw. Kernprozesse vor. Damit wurde die Grundlage für eine neue Form der Zusammenarbeit zwischen den drei Abteilungen geschaffen. Aufgaben, Kompetenzen und Verantwortlichkeiten wurden unter dem Postulat einer verstärkten Kundenorientierung neu gestaltet.

Einige Kernprozesse, für die zu Beginn des Projektes zumindest zwei Abteilungen zuständig waren (wie z. B. das Engpaßmanagement oder die Rückstandsbearbeitung) werden in Zukunft prozeßorientiert »aus einer Hand« bearbeitet. Eine umfassende und durchgängige Prozeßorganisation lag noch nicht vor, dazu wären noch einschneidendere Strukturveränderungen in der Aufbauorganisation erforderlich. Darüber hinaus müßten noch andere Abteilungen in die Entscheidungen mit einbezogen werden, was ja im nächsten Schritt in der Weiterarbeit im Konzern geplant war.

Änderung des Auftrags und Erweiterung des Projektes »Strategieentwicklung«
Ursprünglich wurden wir mit einem Strategieentwicklungsprojekt beauftragt. Im Laufe des ersten Workshops zeigte sich aber, daß die Probleme der Gruppe vor allem mit Aufgaben-, Kompetenz- und Verantwortungsklärung zu tun hatten und Energien für diesen Bereich aufgewendet wurden. Es wurde von uns auch darauf hingewiesen, daß Strategieentwicklung nur unter Einbezug aller betroffenen Abteilungen des ganzen Logistikbereichs sinnvoll sei. Das Strategiethema war letztlich nur ein »Mittel zum Zweck«, um an der Qualität der Prozesse und an der Zusammenarbeit zwischen den Abteilungen, den Zuständigkeiten und den Schnittstellen zu arbeiten. Es ging um eine klare Definition der Wertschöpfungskette. Das Projekt wurde mit Projektende in einen umfassenderen Strategieentwicklungsprozeß überführt, in den dann alle Abteilungen des Logistikbereichs einbezogen waren.

Lessons learned

Kontextsteuerung und Vertrauen in die Selbstorganisation von Gruppen
Die Aufgabenstellung erforderte von Seiten der Berater fachliches Know-how zu »Strategie« und zum »Prozeßmanagement« im Logistikbereich. Letztlich war dies aber für das Ergebnis nicht entscheidend. Gerade am Beginn von Projekten ist es wichtig, sich in der inhaltlichen Begriffswelt des Auftrags gut bewegen zu können und die »blinden Flecken« der Organisation zu erkennen. Fachliches Know-how wird dann sozusagen zur »Eintrittskarte«, zur Legitimation für die eigentliche Arbeit an Blockaden. Im Verlauf des Projekts selbst ist situativ zu entscheiden, welcher oszillierende Mix von »Fach- und Prozeßarbeit« paßt. Am Ende zeigte sich: Wir mußten im gesamten Projekt wenig Input geben, weil die

einzelnen Mitglieder in den Workshops selbst viel Wissen hatten. Es hat sich als Erfolgsfaktor bestätigt, in einem gemischten Staff mit einer Prozeßberaterin und einem Fachberater zu arbeiten. Dadurch war es möglich, durch zwei »unterschiedliche Brillen« auf den Projektverlauf zu schauen und abgestimmt zu intervenieren.

Auf die Selbstorganisationsfähigkeit von Gruppen zu vertrauen fällt besonders Fachberatern nicht immer leicht. Als Fachberater ist es mir an manchen Stellen schwergefallen, den Verführungen des Systems zu widerstehen, also darauf zu verzichten, Antworten zu liefern und damit inhaltlich »gebraucht zu werden«. Hier kann Zurückhaltung seitens der Berater zwar Widerstand im Kunden-System auslösen, sie sorgt aber letztlich für mehr Nachhaltigkeit und Akzeptanz der Ergebnisse. Am Ende eines guten Beratungsprojekts besteht allerdings die Gefahr, daß der Kunde den Eindruck hat, »ohnehin alles selbst gemacht zu haben«. Diese narzißtische Kränkung gilt es auszuhalten.

Rationalisierung – harte Schnitte –Entwicklungsräume

Das Prozeßmanagement bedeutete in diesem Projekt eine Rationalisierung von 10 bis 20 Prozent. Mit weniger Mitarbeiterinnen und Mitarbeitern konnte durch die Vermeidung von »Doppelgleisigkeiten« dieselbe Leistung erbracht werden. Die Soll-Prozesse neu aufzusetzen hatte auch eine Neuaufteilung der Mitarbeiter zur Folge. Hier war es wesentlich, die rein inhaltlich-fachliche Ebene zu verlassen, um an den auftauchenden Ängsten, Sorgen und Hoffnungen arbeiten zu können. Daß eine klare Definition und Abgrenzung der Prozesse geschaffen wurde, ohne die persönlichen Interessen in den Vordergrund zu stellen, wurde als die »größte Revolution bezeichnet, die je stattgefunden hat«.

Viele Mitarbeiter mußten sich umorientieren. Die Definition von Soll-Prozessen änderte die vorhandenen Stellenprofile radikal. Der inhaltlich-strukturelle Teil des Prozeßmanagements erfordert in der Folge auch eine gezielte Personalentwicklung und die mentale Begleitung der Mitarbeiter. Es sind Räume zu schaffen, um die »Bauchgefühle« der Betroffenen bearbeiten zu können.

Es wurde sehr klar, daß Effizienz- und Optimierungsansätze nur greifen können, wenn sich eine echte Bereitschaft zu einer abteilungsübergreifenden Zusammenarbeit entwickelt. Ein mentales Loslassen von Gewohntem ist nötig, um an neue Prozesse überhaupt denken zu können. Nur so ist es möglich, eine Haltung, die sich in Aussagen wie »Das sind meine Leute«, »Das sind meine

Prozesse« ausdrückt, zu überwinden. Es erfordert Mut, Strukturentscheidungen zu treffen, ohne schon zu wissen, welche Konsequenzen das im Detail für die eigene Position hat. Unserer Meinung nach ist diese Tatsache bei ähnlichen Projekten die eigentliche Hürde, um optimale Lösungen zu finden. Für eine »reine Fachberatung« wäre das kein Thema der Bearbeitung.

4.6 Zukunftswerkstatt als Innovationstreiber – durch die Bank »jung und wild«

Erik Lang, Martin Hillebrand, Uwe Scheutz

Ausgangssituation

Eine überaus erfolgreiche unabhängige Regionalbank mit 1700 Mitarbeitern fragte um Unterstützung an. Sie wünschte die Überprüfung und gezielte Adaption ihres Strategieprozesses.

Ziele des Beratungsprojektes

Als Hauptziele des Projekts wurden formuliert:

1. Überprüfung und Neudefinition der existierenden Strategie unter Einbezug aller relevanten Umwelten;
2. Verankerung der Strategie bei allen Mitarbeitern und Definition von konkreten Umsetzungsschritten.

Diese Ziele deckten sich mit unserem Verständnis von Strategieentwicklung. Eine Strategie und deren bewußte Entwicklung soll einer Organisation Richtung geben, sinnstiftend sein und für Beständigkeit sorgen, Maßnahmen bündeln. Sie soll Veränderungen herbeiführen, aber auch Erfolgreiches bewahren. Im Sinne einer ganzheitlichen komplementären Unternehmensentwicklung werden sowohl Umfeld als auch organisationsinterne Aspekte berücksichtigt. Eine Strategie stellt hierbei immer die Fragen der Inhalte in den Mittelpunkt, aber auch den Prozeß, wie die Umsetzung geschehen kann. Der Prozeß der Strategieentwicklung und insbesondere die Art und Weise der Einbindung von Führungskräften und Mitarbeitern, dies legt den Grundstein für eine erfolgreiche Umsetzung. Das von uns gewählte Strategiemodell sollte den Einarbeitungsprozeß unterstützen. Unsere Grundannahme ist, daß es nicht »die richtige Strategie«, »den richtigen« Strategieprozeß, das richtige Instrument gibt, sondern situativ »nützliche« Inhalte und Vorgehensweisen (vgl. Königswieser/Hillebrand 2005c).

Vorgehensweise

Prozeßarchitektur

Als erster Schritt im Beratungsprozeß wurden Interviews mit Vorständen und Bereichsleitern durchgeführt. Die positiven und negativen Ergebnisse der Interviews wurden in einem Diagnoseworkshop, an dem alle Interviewten teilnahmen, zurückgespiegelt. Dies führte zur Einigung auf den unten abgebildeten Architekturvorschlag (Abbildung 23).

An dieser Stelle soll auf die Beschreibung der Ergebnisse der Systemdiagnose, der Arbeit in der Steuergruppe und des Strategieboards verzichtet werden (s. Hillebrand/Hagenauer 2006). Ausführlich wollen wir hingegen auf die Zukunftswerkstatt eingehen, weil sie jenes Architekturelement war, in dem die Integration von Inhalten und Prozeß besonders deutlich wurde.

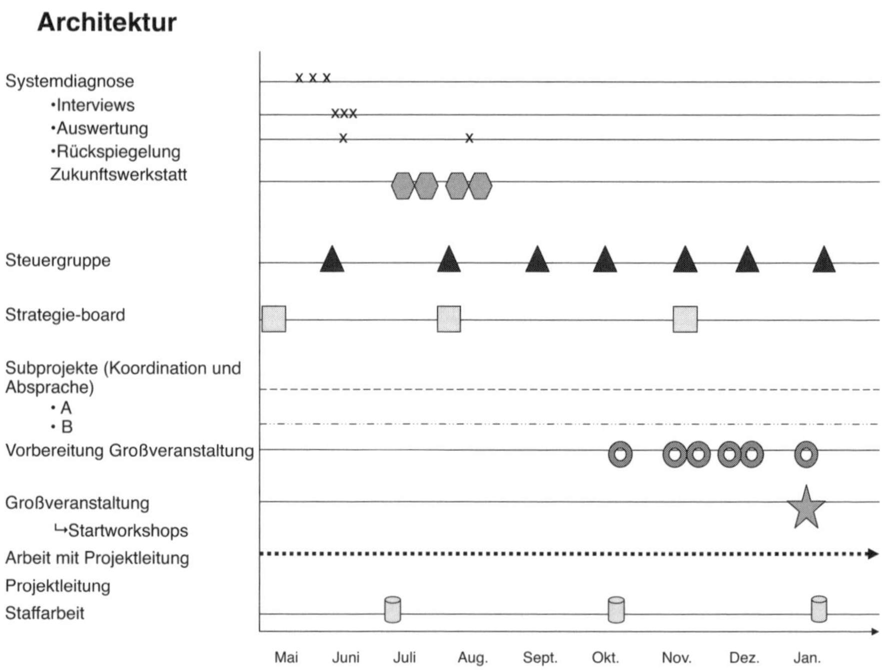

Abb. 23: Prozeßarchitektur

Designelement: Zukunftswerkstatt
Die zwölfköpfige Arbeitsgruppe hatte die Aufgabe, in vier Workshops à zwei Tagen die Geschäftsstrategie der Bank kritisch zu durchleuchten, ihre Stärken und Schwächen zu analysieren und daraus abgeleitete Handlungsoptionen aufzuzeigen. Die Zusammensetzung der Gruppe berücksichtigte alle Regionen und alle relevanten Geschäftsbereiche. Die Mischung aus zentral und dezentral und insbesondere die eingeladene Gruppe der »jungen Wilden« sorgten anfänglich für große Irritation. Sie war sozusagen der »Brain-Pool« für die Steuergruppe und war vom Vorstand explizit aufgefordert worden, »über den Tellerrand hinauszudenken«. Die »jungen Wilden« sollten dafür aber Bewährtes nutzen, um so Synergien zu ermöglichen und die Anschlußfähigkeit ihrer Vorschläge zu gewährleisten. Das Arbeitspensum erschien anfangs als nicht zu bewältigen. Dazu auch noch »kreativ sein zu müssen« erlebte man als geradezu »heroische« Aufgabe. Die Steuergruppe erwartete rasch umsetzbare Optionen mit fundierten Entscheidungsgrundlagen und Empfehlungen. Besonders die »jungen Wilden« fühlten sich gefordert.

Für uns Berater lag die Herausforderung darin, in der verfügbaren Zeit den Prozeß so breit anzulegen, daß möglichst alle Trends und Entwicklungen erfaßt, der Kreativität und neuen Gedanken Raum gegeben und soviel Tiefe erreicht werden konnte, daß Umsetzbarkeit im Sinne von »klar, konkret, transparent und kommunizierbar« gewährleistet war. Zusätzlich ging es auch darum, der Gruppe inhaltliche Inputs und Anregungen bzw. Sicherheit und Struktur zu geben, sie aber damit nicht einzuengen.

Aufbauend auf dem Strategieraster (vgl. Abb. 24) wurde für die Zukunftswerkstatt ein »roter Faden« entwickelt, der am Beginn für viel Klarheit sorgte, Halt gab und vor allem Ängste und Druck abbaute. Das Raster gab im weiteren Verlauf immer wieder Orientierung und ermöglichte ein gemeinsames Verständnis von der Gesamtzielsetzung. Grundidee war es, in den ersten zwei Workshops das strategische Fundament im Sinne eines gemeinsamen inhaltlichen Verständnisses der zukünftigen strategischen Ausrichtung zu legen. Dies sollte mittels der Instrumente »Visionsfindung«, »Interne Analyse« (Systemdiagnose), »Externe Analyse« (u. a. Kundeninterviews) und »SWOT-Analyse« geschehen.

Die nächsten zwei Workshops dienten der Überführung dieser strategischen Ausrichtung in eine ausformulierte Geschäftsstrategie in dem Analysefeld Kundenstrategie sowie der Definition von konkreten Entscheidungsgrundlagen im

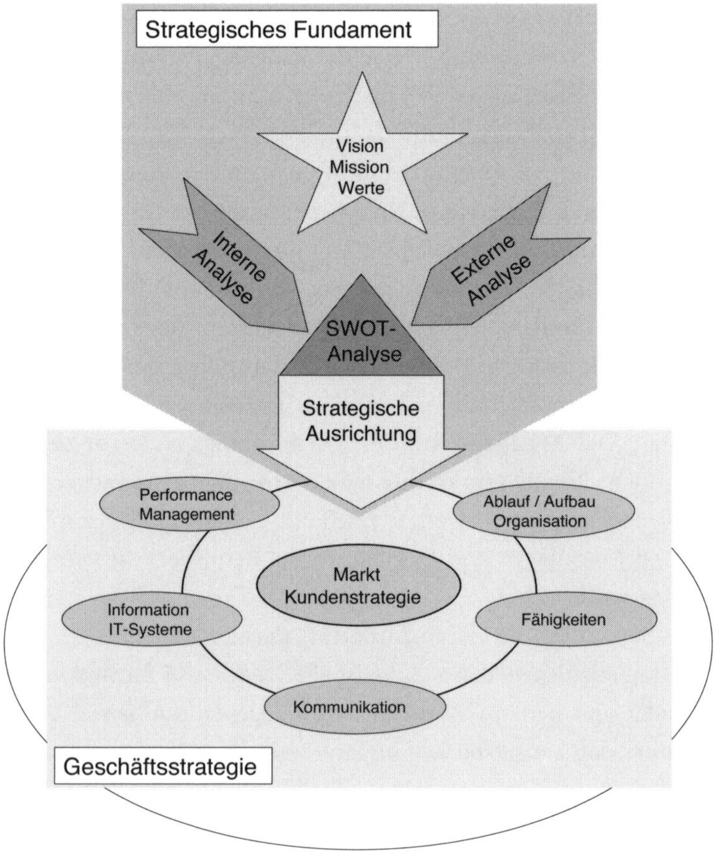

Abb. 24: Strategieraster

Sinne von Maßnahmen, Prioritäten und Kosten-Nutzen-Überlegungen. Dabei wurden Aussagen zu Kundensegmenten, Kundenbedürfnissen, Betreuungskonzepten, Produkten/Dienstleistungen, Distributionskanälen und Kommunikations- und Werbemaßnahmen gefunden. Die Stimmung in den Workshops war oft ein Wechselbad der Gefühle. Euphorischer Aufbruchsstimmung und dem Willen zur Veränderung, der Suche nach dem Neuen, dem großen »Wurf«, folgten Phasen der Ernüchterung. Die Verantwortung und die Größe der Aufgabe und deren Komplexität wurden als bedrückend empfunden. Man hatte fast Angst vor dem eigenen Mut.

Sowohl nach der Definition der strategischen Ausrichtung wie auch nach der

Formulierung der Geschäftsstrategie fand eine erste Präsentation der Ergebnisse in der Steuergruppe statt. Mit dieser Rückkoppelungsschleife wurde einerseits der fachliche Inhalt überprüft, andererseits aber auch die Anschlußfähigkeit der innovativen Ideen der Zukunftswerkstatt getestet. Zusätzlich war es von großer Wichtigkeit, daß die Steuergruppe beide Male aufgrund der vorgelegten Entscheidungsoptionen ihre Prioritäten in die Zukunftswerkstatt einbringen konnte. Dadurch konnten wir die Arbeit mit Konzentration auf diesen Prioritäten fortsetzen. Es gab zwei Zwischenpräsentationen, beide wurden von Mitgliedern der Zukunftswerkstatt vorbereitet und auch von ihnen durchgeführt.

Ergebnisse

Die Ziele wurden erreicht. Um der Gefahr der Verzettelung – besonders spannend war das Ringen um die Definition der Zielmärkte – auf Kosten von *umsetzbaren* Ideen zu begegnen, war die Gruppe schon früh gefordert, sich immer wieder zu beschränken und auf bestimmte Punkte zu konzentrieren. Da die Mitglieder der Zukunftswerkstatt verschiedene Kundensegmente der Bank repräsentierten, war dies ein schwieriger Prozeß. Sollte in Zukunft eher das Firmenkunden- oder eher das Privatkundengeschäft forciert werden? Das war eine heikle Fragestellung, da ja die meisten Teilnehmer aufgrund ihrer Bereichszugehörigkeit handfeste persönliche Interessen für sich selbst und für ihre Kollegen und Mitarbeiter zu verteidigen hatten.

In dieser Phase war ein erfolgskritischer Faktor, daß wir immer wieder Reflexionsschleifen eingezogen hatten, die zwar die inhaltliche Arbeit für den Moment zu verlangsamen schienen, aber für die Teamentwicklung und für die gemeinsame Entscheidungsfindung dringend nötig waren. Auch wurden dabei latent vorhandene Konflikte im Widerspruch zur vorherrschenden Unternehmenskultur nicht nur zugelassen, sondern auch ausgetragen. Dabei kam es zu einigen Konfliktsituationen, in denen die Gruppe auseinanderzufallen drohte bzw. die inhaltliche Zielerreichung in weite Ferne zu rücken schien. Für die Gruppe ungewohnte Designelemente wie z. B. »Open Staff«, »Aufstellungen im Raum« oder auf einem »Kontinuum«, »Rollentausch« oder »Rollenspiele« (zu den Designelementen vgl. Königswieser/Hillebrand 2005a) erzeugten erst Befremden: »Was hat das mit der Sache zu tun?« Im weiteren Verlaufe der »Zukunftswerkstatt« trugen diese »Investitionen« dann aber immer mehr zur Klärung und

Entlastung bei und beschleunigten letztendlich den inhaltlichen Prozeß signifikant. Es entstanden ein »Produkt der ganzen Gruppe«, auf das alle stolz waren. Dementsprechend motiviert arbeiteten dann auch die bei der Wahl des Segmentes »die Unterlegenen« an der weiteren Ausgestaltung des neuen Zielmarktes Privatkunden mit.

Die Beschreibung und Ausarbeitung des neuen Zielmarktes und der dazugehörigen Kundenstrategie war eine lustvolle und kreative, aber auch harte Arbeit und ein Ringen um Details. Dabei waren betriebswirtschaftliche Instrumente und systemische Designs eng miteinander verwoben. Der Arbeit an den bankeigenen *Cost Income Ratios, ROE's* (Return on Equity = Eigenkapitalrentabilität) und Erträgen per Segment folgte eine Gruppenarbeit mit dem Ziel, den Namen für den neuen Zielmarkt »analog« darzustellen. Die Ergebnisse einer Gruppenarbeit, die streng der Methode der Umfeldanalyse nach Porter (1999) oder dem Ansatz der vier P's (Product, Price, Place, Promotion) nach Kotler (Kotler u. a. 2002) folgte, wurden in einem Rollenspiel präsentiert. Eine Gruppe repräsentierte die Bank bei einer spielerisch inszenierten Informationsveranstaltung, die anderen Gruppen versetzten sich in kritische Kunden.

Dieses komplementäre Vorgehen ermöglichte einen hohen Zielerreichungsgrad bezüglich der von der Steuergruppe erwarteten Genauigkeit und Präzision der Inhalte unter Nutzung der vorhandenen Innovations- und Kreativitätspotentiale. Rückblickend war es auch besonders wichtig gewesen, immer wieder Reflexionsschleifen einzubauen und einmal formulierte Hypothesen nochmals in Frage zu stellen. So wurde z. B. nach dem dritten Workshop zwecks Verifizierung der Innensicht noch einmal eine »Runde« Einzelinterviews mit Kunden und potentiellen Kunden durchgeführt. Es wurden auch die Ergebnisse immer wieder kritisch an der Systemdiagnose gemessen und am Schluß einer kompletten SWOT-Analyse unterzogen. Das Timing spielte eine große Rolle. Anfänglich wurde viel Zeit in den Prozeß und damit weniger in die Inhalte investiert. Dies führte erst zu Verstimmung, Ungeduld und Nervosität. Dieses Vorgehen war dann aber der Katalysator für eine effektive und effiziente inhaltliche Arbeit. Die dadurch erreichte Identifikation mit dem Ergebnis der Zukunftswerkstatt sollte für die weitere Umsetzung noch von entscheidender Bedeutung sein. Ein Vorstandsmitglied sagte in diesem Zusammenhang: »Die Zukunftswerkstatt ist nicht tot! Wenn wir sie brauchen, lassen wir sie wiederaufleben«. Es war damit gelungen, die inhaltlichen Ziele zu erreichen und dabei auch noch eine Gruppe zu konstituieren, die sofort und auf hohem Niveau wiedereingesetzt werden kann.

Über die neue Strategie ist also entschieden. Sie ist für die Vorstände, Führungskräfte und Mitarbeiter greifbarer geworden. Viel Bewährtes ist verankert und einiges Neue wurde entwickelt. Es gibt mehr Klarheit, obwohl gleichzeitig Handlungsspielräume eröffnet wurden. Einige Architekturelemente (Steuergruppe, Strategieboard) wurden weiterentwickelt und sind nun fester Bestandteil des fortgesetzten Unternehmensentwicklungsprozesses.

Lessons learned

Die »Zukunftswerkstatt« als zentrales Architekturelement hat bei der komplementären Vorgehensweise einen wesentlichen Beitrag zum Gelingen des Projektes geleistet. Die »jungen Wilden« standen in dem Prozeß eher für die Revolution, die Steuergruppe für die Evolution. Die Kombination des *Was* und des *Wie* und damit die Erzeugung von *quick wins* und gleichzeitig Nachhaltigkeit hatte beiden Tendenzen zu entsprechen. Für uns wurde bestätigt, daß der sorgsame Umgang mit Komplexität, die Integration von Unterschieden und das Timing sehr wichtig sind. Auch für anspruchvollste Inhalte ist das Vertrauen in die fachliche und intuitive Kompetenz der Mitarbeiter zentral. Die am Beispiel »Definition eines Zielmarktes« exemplarisch geschilderten Prozesse und Ergebnisse lassen sich auf den Gesamtberatungsprozeß übertragen und stehen unserer Meinung nach grundsätzlich für die Risiken, aber letztlich auch Chancen des komplementären Beratungsansatzes.

4.7 Eine neues Produktionssystem – alle ziehen an einem Strang

Jürgen Gebhardt

Ausgangssituation

Das ausländische (amerikanische) Tochterunternehmen eines großen deutschen Industriekonzerns befindet sich in einer Schieflage. Der Marktanteil ist rückläufig, die Qualität erfüllt nicht mehr die Anforderungen der Kunden, die Herstellungskosten der Produkte sind, verglichen mit den Mitbewerbern, zu hoch. Das Unternehmen hat einen mehrjährigen Cost-Cutting-Prozeß durchlaufen, der es zwar in die schwarzen Zahlen zurückgebracht, aber deutliche negative Spuren in der Organisation hinterlassen hat. Die Mitarbeiter waren demotiviert, die Fluktuation hoch.

Ziele

Die Unternehmensleitung entschloß sich, einen Veränderungsprozeß zu initiieren, der das Unternehmen zum Qualitäts- und Kostenführer in der Branche machen sollte. Es wurde eine Unternehmensberatung beauftragt, der man am ehesten zutraute, diesen Veränderungsprozeß nachhaltig umzusetzen. Wir (K&N) wurden gefragt, ob wir diesen Prozeß im Bereich Produktion unterstützen könnten.

Der Veränderungsprozeß in der Produktion wurde von zwei Seniorberatern und fünf weiteren Beratern begleitet. Der Staff hatte sowohl Fach- als auch systemisches Prozeß-Know-how.

Prozeßverlauf

Um die Prozesse der Produktion nachhaltig zu verbessern, wurde entschieden, ein neues Produktionssystem einzuführen. Da die deutsche Muttergesellschaft bereits ein Produktionssystem eingeführt hatte, wurde beschlossen, beim Tochterunternehmen das gleiche zu verwenden. Dieses Produktionssystem konnte aber nicht eins zu eins übernommen werden, sondern es war eine Adaption notwendig, um die kulturellen Besonderheiten der Amerikaner, aber auch die produktionstechnischen Gegebenheiten vor Ort zu berücksichtigen. Die Einführung eines Produktionssystems bedeutete eine komplette Umorientierung des Managements, aber auch der Mitarbeiter. Im wesentlichen ging es dabei darum, Teamarbeit einzuführen, Verantwortung für Qualität und Produktivität zu delegieren und ein Verständnis für Disziplin und standardisierte Abläufe zu schaffen. Außerdem wurde ein Zielesystem entwickelt, das sowohl Hard- als auch Soft-Facts enthielt, die in einem Balanced-Scorecard-System eingebunden waren.

Gemeinsam wurde eine Projektarchitektur gewählt, die Mitgestaltung und das sorgsame Erlernen des Produktionssystems vorsah. Danach wurde das Erlernte in einem kaskadenförmigen Prozeß an die 19.000 Mitarbeiter weitergegeben und das System parallel in allen Werken eingeführt.

Der erste Schritt des Veränderungsprozesses war die Bildung eines Steuerkreises, dessen Vorsitzender der verantwortliche Vorstand der Produktion war. Weitere Mitglieder des Steuerkreises waren die Werksleiter und Vertreter zentraler Einheiten. Begleitet wurde der Steuerkreis von systemischen Beratern und Fachberatern. (K&N stellte zwei Berater) Aufgabe des Steuerkreises war es, den Gesamtprozeß reflexiv zu steuern.

Das Produktionssystem sah fünf Subsysteme vor, die einzelne Aspekte des Gesamtsystems abdeckten und über hundert einzelne Werkzeuge umfaßten. Die erste Aufgabe des Steuerkreises bestand darin, das Produktionssystem näher zu definieren und die Subsysteme mit ihren einzelnen Werkzeugen festzulegen.

Danach wurden fünf Arbeitsgruppen festgelegt, die die Konzepte einzelner Subsysteme erarbeiten sollten. Ziel war es, ein Manual zu erstellen, das den Mitarbeitern die Wirkungsweise und das Zusammenspiel der einzelnen Prozesse in einer einfachen Sprache erklären sollte. Dieser Prozeß dauerte etwa vier Monate. Die Arbeitsgruppen waren interdisziplinär zusammengesetzt. Darüber hinaus wurde darauf geachtet, daß an jeder der Arbeitsgruppen Vertreter aus allen Werken teilnahmen, so daß später das gesamte erarbeitete Know-how in den verschiedenen Werken verankert werden konnte. Gestartet wurde die Arbeit mit einer Kick-off-Veranstaltung, in der die Zielsetzung und die Vorgehensweise vorgetragen wurden. Diese Kick-off-Veranstaltung wurde wiederum gemeinsam von systemischen Beratern und Fachberatern moderiert.

Während dieser Phase wurde das Erarbeitete in einem vierwöchentlichen

Rhythmus dem Steuerkreis vorgestellt, und offene Punkte wurden in den Steuerkreissitzungen entschieden. Wöchentlich führten wir eine Telefonkonferenz mit den Projektleitern der Subprojekte durch, um die Schnittstellen zwischen diesen Projekten sauber zu definieren.

Nach der Erarbeitung der Manuals wurde in einem mehrtägigen Workshop das gesamte Know-how schrittweise an alle Beteiligten weitergegeben. Dann wurden Implementierungsteams für die einzelnen Werke gebildet. Den Werksteams gehören ausschließlich Werksangehörige an, die an den Konzepten mitgearbeitet hatten. In den Werken wurden dann Pilotbereiche definiert, in denen das System eingeführt wurde.

Ergebnisse

Nach etwa drei Monaten stellten sich die ersten meßbaren Ergebnisse ein. Die Qualität verbesserte sich beeindruckend. Das System wurde dann wie geplant im ganzen Werk eingeführt.

Lessons learned

In diesem Projekt arbeiteten wir als systemische Prozeßberater mit Fachkompetenz mit den anderen, ebenfalls komplementär zusammengesetzten Beraterteams zusammen. Ein Unterschied der Ansätze war für den Kunden nicht erkennbar. Wann was, in welchem Umfang und in welcher Form initiiert oder eingesetzt wurde, war in gemeinsamer Staffarbeit festgelegt worden. Beide Seiten hatten ein gemeinsames Grundverständnis in bezug auf den Ansatz und eine gemeinsame Wertebasis. Es war auch wechselseitige Wertschätzung vorhanden.

Zum Erfolg des Projekts trugen die Akzeptanz der einmal festgelegten Architektur bei und das für reine Fachberater vorerst ungewöhnliche Vorgehen, daß nämlich das Konzept vom Kunden mit Unterstützung der Fachberater selbst erarbeitet und auch eingeführt wurde. Zusätzlich war das parallele Coaching des Managements während des ganzen Prozesses ein wichtiger Erfolgsfaktor.

4.8 Verträge, Vereinbarungen, Vertrauen – auch Juristen lassen sich beraten

Christoph H. Vaagt, Rupprecht Graf von Pfeil

Ausgangssituation

Eine deutsche »Professional-Service-Firm«, d.h. eine Anwaltssozietät mit 14 Partnern und 70 Beratern, hat weitere sieben Standorte im Ausland. Zu Beginn der Beratung bestand die von den Partnern gewählte Geschäftsführung aus drei Personen. Wirtschaftlich war das Unternehmen in den letzten Jahren extrem erfolgreich gewesen und hatte den Markt aus der Position des völlig Unbekannten »aufgerollt«, um zur nationalen Nr. 1 zu werden.

Diese zweifelsohne einzigartige Erfolgsgeschichte hatten die Partner unter höchstem persönlichem Einsatz und ohne einen formellen Gesellschaftervertrag geschrieben. Die Absprachen untereinander waren in einer Art paraphierter Aktennotiz festgehalten worden. Schon in den vergangenen Jahren hatte man mehrere Versuche unternommen, diese Aktennotiz in einen von allen Partnern unterschriebenen Gesellschaftervertrag umzuwandeln. Alle diese Versuche waren aber, von Konflikten blockiert, im Sande verlaufen. Weil die Partner nun aber eine Umwandlung der rechtlichen Gesellschaftsform anstrebten, bedurfte es zwingend eines formellen Gesellschaftervertrags für die Behörden. Vordergründig ging es um ein Fachthema, im Hintergrund um Beziehungsprobleme.

Ziele des Beratungsprojekts

Bei der Auftragsklärung wurden drei Anliegen identifiziert:

1. Die Arbeitsfähigkeit der Partnerschaft wiederherstellen;
2. Erarbeitung eines sozialen Kontraktes der Partner, der anschließend als neuer Gesellschaftervertrag ausformuliert werden sollte;
3. Überprüfung des Geschäftsmodells und der Strategie auf ihre Zukunftsfähigkeit.

Vereinbartes Erfolgskriterium in einem ersten Teilprojekt war es, daß die Partner einen neuen Gesellschaftervertrag unterzeichnet haben. Die Frage nach dem Geschäftsmodell und der Strategie sollten als zweites Teilprojekt bearbeitet werden.

Prozeßverlauf

Erstes Teilprojekt: Gesellschaftervertrag erarbeiten
Für das erste Teilprojekt entwickelten wir eine Architektur, die aus vier Elementen bestand:

Status-quo-Systemanalyse
Wir führten Interviews mit allen Partnern durch, um den Status quo der Kanzlei zu erfassen, dabei die Themen innerhalb der Partnerschaft, des Geschäftsmodells und angesichts der anstehenden Herausforderungen zu erheben. Die Ergebnisse sollten uns helfen, passende Hypothesen zu bilden und entsprechende Interventionen bzw. Architekturelemente planen zu können. Gleichzeitig versuchten wir als erste Intervention bewußt, schwierige Themen benennbar zu machen und das Klienten-System in die Lage zu versetzen, die vorhandenen Bilder und zum Teil festgefahrenen Wirklichkeitskonstruktionen zu hinterfragen und zu verändern. Die Interviews wurden nach der Methode des *zirkulären* und *wertschätzenden Befragens* (vgl. Königswieser/Hillebrand 2005a) geführt und enthielten auch Elemente von *Kurzzeitinterventionen* nach Steve de Shazer (2004). So wurden in den Prozeß neue Kategorien wie »Wertschätzung«, »Anerkennung von Leistung« bzw. »Bewußtsein von den eigenen Beitrag zur Situation« hineingebracht.

Workshop »Vergangenheit abschließen«
In diesem zweieinhalbtägigen Workshop ging es darum, die Vergangenheit aufzuarbeiten, die konfliktreiche Gruppendynamik zu durchbrechen. In erster Linie arbeiteten wir an den zementierten Bildern und den wechselseitigen Zuschreibungen. Am Ende waren alle jahrelang tabuisierten Themen benannt, und das Klienten-System fing an, damit konstruktiv umzugehen. Die Arbeitsfähigkeit war durch intensive Prozeßarbeit so weit wiederhergestellt, daß in der Folge die Fachthemen angegangen werden konnten.

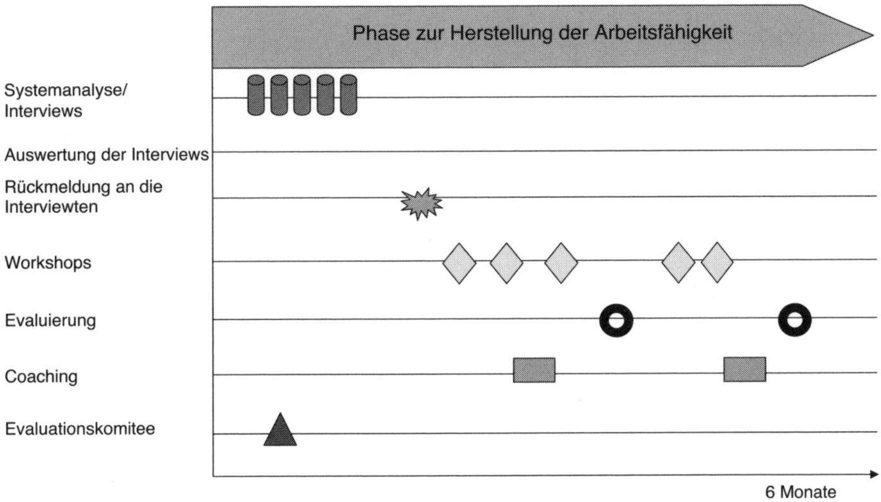

Abb. 25: Architektur des ersten Teilprojektes

Workshop »Zukunft gestalten«

Hier wurden die zentralen Elemente des Gesellschaftervertrags in verschiedenen Varianten erarbeitet. Dabei stellten uns die Klienten ihr Wissen zu diesem Thema und Vergleiche mit anderen »Professional-Service-Firms« zur Verfügung. Neben der Benennung der zentralen Punkte für den Gesellschaftervertrag wiesen wir auf die Konsequenzen der verschiedenen denkbaren Lösungsoptionen hin.

Workshop »Wege beschreiten«

In diesem dritten Workshop sollte nun der Gesellschaftervertrag erarbeitet werden. Das bedeutete, daß einerseits der Aushandlungsprozeß gestaltet werden mußte; andererseits verlangte das Klienten-System nach Fachberatung bei einzelnen Fragen des Gesellschaftervertrages und den daraus resultierenden Konsequenzen.

Gerade in dieser Situation war die Arbeit im Staff besonders wichtig, weil einer von uns Beratern den Prozeß in der moderierenden Rolle gestaltete, der andere fachliche Anregungen gab.

Ergebnisse des ersten Teilprojekts

Es hatte sich in diesem Fall bewährt, anfangs fast nur auf der Beziehungsebene zu arbeiten, später immer mehr unser fachliches Know-how einzubringen. Die Prozeßevaluation zeigte, daß die Anliegen der Partnerschaft im ersten Teilprojekt erfüllt worden waren:

- Es gab einen von allen Partnern paraphierten Gesellschaftervertrag, der nur noch einer redaktionellen Überarbeitung bedurfte.
- Alte, latente Konflikte waren gelöst und gemeinsame Spielregeln vereinbart worden.
- Das in allen »Professional-Service-Firms« virulente Thema der leistungsabhängigen Entnahmegerechtigkeit konnte in dem spontan verabredeten Zusatzprojekt »Leistungsevaluation der Partner« bearbeitet werden.
- Die Partnerschaft hatte sich eine neue Führungsstruktur mit einem Managing-Partner und einem Senior-Partner gegeben, die eigenständige Entscheidungskompetenzen hatten und deren Tätigkeit als entlastend empfunden und respektiert wurde. Sie ersetzten die vorhergehende Struktur mit drei Geschäftsführern, die im wesentlichen Meinungsgruppen der Partner repräsentiert hatten.

Zweites Teilprojekt: Strategie überprüfen und weiterentwickeln

Im zweiten Teilprojekt wurden die Fragen nach der Strategiefähigkeit, der Geschäftsmodellvalidität und der Organisation behandelt. Hierzu wurde ein klassischer Fachberatungsansatz gewählt und mit einer passenden Prozeßarchitektur verbunden. In der Analyse von Markt, Kennzahlen, Verwaltung und Standorten bzw. Geschäftsfeldern sollten die zukünftige Ausrichtung festgelegt und die Folgen für die interne Struktur definiert werden. Da wir als Berater in diesem Bereich unsere ursprüngliche Kernkompetenz haben und damit am Markt bekannt sind, war es für die Kunden selbstverständlich, diese Phase mit mehr Fach- und weniger Prozeßanteilen zu beginnen.

Parallel dazu arbeiteten wir mit dem neuen Management zu den Themen »Teambuilding« und »Führungskompetenz«. Coachings wurden jenen Personen

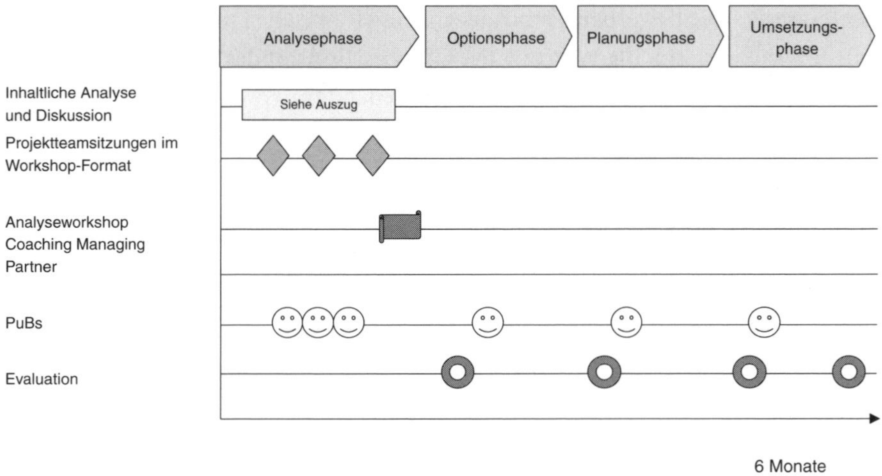

Abb. 26: Architektur des zweiten Teilprojekts

angeboten, die besonders radikale Rollenveränderungen, welche sich aus dem vorhergehenden Prozeß ergeben hatten, zu bewältigen hatten.

Für die Steuerung des Gesamtprojekts sahen wir ein Projektteam vor, welches aus Management, Beratern und Verwaltungsangestellten bestand. Dieses Team sollte lernen, Unternehmenssteuerung als Gemeinschaftsaufgabe zu sehen. Wie sich herausstellte, war das Projektteam aber nicht sofort fähig zu steuern, sondern durchlief zuerst wieder einen eigenständigen Teambildungsprozeß, um arbeitsfähig zu werden.

Die erste Phase dieses Strategieprojekts analysierte also den Status quo. Die Ergebnisse wurden in einem Workshop besprochen und priorisiert, um anschließend zu vereinbaren, welche identifizierten Strategieoptionen eingehender geprüft werden sollten. Ingesamt wurden vier Workshops mit allen Gesellschaftern durchgeführt.

Die Erkenntnisse der ersten Phase flossen in die nun folgende Analysephase ein. So wurden z. B. Standortinterviews vor Ort durchgeführt, um zu signalisieren, daß Standorte ein nicht mehr zu vernachlässigender Teil der Unternehmensidentität sind. Diese Phase diente auch dazu, bei den Gesellschaftern neue Kategorien unternehmerischen Denkens zu verankern. Es wurden neue Perspektiven (Kunden, Marktbeobachter usw.) und neue Dimensionen (Tiefe der Marktbearbeitung, Wettbewerber, Trends usw.) eingeführt. Die Organisationsstruktur wurde reflektiert, um die Wirkung der Organisation auf das Verhalten zu erkennen und die Aufmerksamkeit auf die Interdependenz von Strategie, Strukturen und Kultur zu lenken.

Tool Analyseworkshop

Der Analyseworkshop war eine Mischung aus fachlichen Inputs, Reflexion und individuellem Lernen. Er bestand aus sieben Schritten:

1. *Warming up*
   (Im Stuhlkreis ohne Tische.)
   Was beschäftigt sie aktuell, was für sie auch in einem Zusammenhang mit den strategischen Fragen steht?
2. *Fachinput von uns Beratern zu strategisch-strukturellen Themen*
   (Klassische »parlamentarische« Sitzordnung an Tischen.)
3. *Individuelle, inhaltliche Vertiefung*
   (Einzelstudium der schriftlichen Unterlage des Inputs im Raum.)
   Wir standen für individuelle Nachfragen zur Verfügung
4. *Diskussion der Teilnehmer im großen Kreis*
   (Von uns moderiert.)
5. *Mustererkennung*
   Wir spiegelten unsere Beobachtungen in Form wertschätzender Hypothesen bezüglich der erfolgreichen Vergangenheit und einer möglichst erfolgreichen Zukunft an das Klienten-System zurück. Wir sprachen auch die Blockaden und dysfunktionalen Muster an.
6. *Resonanzen auf unsere Reflexion*
   (Im Stuhlkreis.)
7. *Inhaltliche Weiterarbeit und Entscheidung*
   (Am Tisch.)

Die Einführung dieser Prozeßreflexionsschleifen in den Strategieprozeß verunsicherte die Gesellschafter zuerst, da sie davon ausgegangen waren, »Strategie« sei ein rein kognitiver Prozeß. Hier zeigten sich für uns erstmals auch Grenzen der Zumutbarkeit im Wechsel der Rollen zwischen Fach- und Prozeßberater. So wurde einmal, als wir über unsere Einschätzung zu einem Marktphänomen sprachen, gefragt, ob das »wirklich« so sei oder ob die Aussage nur gemacht würde, um »zu provozieren«. Vielleicht sorgten wir hier selbst nicht ausreichend für Rollenklarheit. Wir waren in der Komplexität gefangen, die durch den ständigen Wechsel der unterschiedlichen Perspektiven (Fach, Prozeß) verursacht wurde.

Parallel zur Analysephase lief der Umstellungsprozeß an. Dieser Prozeß band mehr Energien, als ursprünglich vorhergesehen werden konnte. Es stellte sich auch heraus, daß einige der Themen des ersten Teilprojekts noch nachbearbeitet werden mußten. Daher wurde das zweite Teilprojekt nach der Analysephase unterbrochen, um es später nach der Umwandlung der Gesellschaftsform fortzuführen.

Lessons learned

- Fachliche Themen lassen sich nur gut bearbeiten, wenn das Kunden-System arbeitsfähig ist. Daher ist zunächst darauf zu achten, daß die Arbeitsfähigkeit des Kunden-Systems hergestellt wird. Klienten sind aber meist nur an den fachlichen Anliegen interessiert. Daraus resultieren Ungeduld und ein großer Druck auf das Beratungs-System, sich endlich den »eigentlich relevanten« Fachthemen zuzuwenden; Fachberater tendieren dazu, diesem Druck nachzugeben, während Prozeßberater diese Ungeduld thematisieren und bearbeiten.
- Die Mächtigen im Klienten-System müssen eingebunden werden. Das kann auch zur Folge haben, daß das Berater-System vor und nach den Workshops zu Gesprächen mit Klienten verführt wird, die quasi »außerhalb« des Beratungsprozesses ablaufen. Die richtige Nähe und Distanz zu halten verlangt von den Beratern ein großes Maß an Reflexivität und Professionalität.
- Fachthemen werden von Beratern oftmals als jene Inhalte wahrgenommen, die anschlußfähiger sind als Prozeßthemen. Wir glauben aber, daß es eher die Unsicherheit der Berater selbst ist, welche zu dieser Annahme führt. Als Berater hört man im Gespräch über die Anliegen der Kunden jene Inhalte heraus, die man sich aufgrund der eigenen Kompetenz zutraut. Wird das Selbstverständnis mit dem komplementären Ansatz verbunden, wird das Anliegen des Klienten auch ganzheitlich gehört bzw. geschildert. Da Kunden

an »Lösungen« und »Erfolgen« interessiert sind, blenden sie die Komplexität, die eigenen Anteile und die Vielschichtigkeit der Situation eher aus. Deshalb ist die Kombination von Fach- und Prozeßberatung aus unserer Sicht die eigentliche Herausforderung für die ganze Beratungsbranche.

- Die Integration der Fach- und der Prozeßberatungsrolle durch ein und dieselbe Person im Beratungs-System wurde von uns als schwierige Grenzerfahrung empfunden. Die Fachberatungslogik konzentriert sich auf das »Für-den-Kunden-Denken«, auf Problemorientiertheit, kausales Denken in Strukturen und Prozessen, auf Benchmarks. Das läßt wenig Raum für Selbstverantwortung, Ressourcenorientierung und Metakommunikation. Für die Kunden und für die Berater ist es einfacher, die unterschiedlichen Rollen den Personen klar zuzuordnen.

4.9 Aufbau einer Fabrik – komplementärer Ansatz, nein danke!

Jürgen Gebhardt, Ebrû Sonuç

Ausgangssituation

Ein Automobilzulieferer, der bei einigen Fahrzeugkomponenten Weltmarktführer ist und sehr positive Ergebnisse erzielt, beschloß, mit einem unternehmerischen Kraftakt sein Portfolio um die Entwicklung ganzer Fahrzeuge und um den Bau von Nischenfahrzeugen zu erweitern. Dafür hatte er ein kreatives Entwicklungsunternehmen für komplette Automobile erworben. Er trat an K&N heran und fragte, ob der Aufbau einer Fahrzeugfertigung im neuen, fusionierten Unternehmen fachlich von uns begleitet werden könnte.

Schon in den ersten Kontakten wurde von mir (J. Gebhardt) darauf hingewiesen, daß aufgrund der Komplexität der Situation eine rein fachliche Begleitung nicht genügen würde. Die auftretenden Anforderungen und die zu erwartenden Auswirkungen des bevorstehenden Veränderungsprozesses in beiden Unternehmen würden auch auf der mentalen Ebene bedeutsam sein. Die Kulturen beider Unternehmen waren sehr unterschiedlich. Auf der einen Seite gab es handwerklich orientierte Produzenten von Komponenten und auf der anderen Seite kreative, etwas chaotische Entwickler.

Ziele des Projektes

Die Geschäftsleitung sah die Notwendigkeit einer zusätzlichen Prozeßbegleitung aber trotz dringender Empfehlung unsererseits nicht. Sie wollte die Planung einer Fahrzeugfertigung. Vor allem der Eigentümer ging davon aus, daß eine Begleitung des Integrationsprozesses nicht notwendig sei, da er »in der Vergangenheit bereits viele Fertigungsunternehmen erfolgreich ohne Berater integriert hätte«. Da er aber den Eindruck gewinnen mußte, die erwünschte fachliche Begleitung nur unter der Voraussetzung eines umfassenden Veränderungsprozesses zu bekommen, stimmte er halbherzig auch der Prozeßbegleitung zu. Die Folgen davon sollten wir später zu spüren bekommen. Bedeutsam scheint mir

(J. Gebhardt) auch zu sein, daß ich die ersten Gespräche alle alleine geführt habe und daß die Prozeßberatungskollegin erst später dazukommen konnte.

Vorgehensweise

Von unserer Seite wurde also eine Prozeßarchitektur vorgeschlagen, die als ersten Schritt eine Systemdiagnose vorsah. Die Ergebnisse der Systemdiagnose wurden in Hypothesen gefaßt, erste Ansatzpunkte für die Prozeßgestaltung wurden entwickelt und zuerst der Geschäftsführung und danach den im Zuge der Systemdiagnose interviewten Personen vorgestellt. Zudem wurde ein Steuerkreis gebildet, in dem dann die Teilprojekte definiert wurden, die sich intensiver mit den einzelnen gemeinsam aufgezeigten Verbesserungspotentialen auseinandersetzen sollten.

Prozeßverlauf

Für uns war das Teilprojekt »Planung einer Fahrzeugfertigung« nur ein Teil des gesamten Veränderungsprozesses. Aber auch dabei ging es um eine grundsätzliche Neuorientierung des ganzen Unternehmens und nicht nur um einen technischen Planungsprozeß. Der Teilprojektleiter der Fahrzeugfertigung sollte nach unserer Auffassung daher ebenfalls Mitglied des Steuerkreises sein. Dies wurde allerdings von der Geschäftsführung mit der Begründung abgelehnt, daß man sehr schnell Ergebnisse brauche, um in der Lage zu sein, am Markt Fahrzeugprojekte zu akquirieren. »Reden und Reflexion brauchen zuviel Zeit.« Beide Projekte, »Begleitung des Integrationsprozesses« und »Planung einer Fahrzeugfertigung«, liefen daher parallel und ohne Querbezug.

Nach der zweiten »Sounding-board«-Runde, mit der alle Beteiligten sehr zufrieden waren, wurde von seiten des Auftraggebers eine weitere ganzheitliche Begleitung des Integrationsprozesses als nicht mehr notwendig erachtet: »Alles ist jetzt gut auf Schienen.« Wir wurden gebeten, für weitere Workshops zwar noch zur Verfügung zu stehen – quasi auf Abruf – ohne aber den Prozeß steuern zu können. Das lehnten wir ab. Damit war auch der gesamte Auftrag beendet.

Ergebnisse

Das Projekt »Planung einer Fahrzeugfertigung« war nach Abbruch der Prozeßbegleitung schon soweit gediehen, daß erste Kundengespräche geführt werden konnten. Durch eine drastische Veränderung der wirtschaftlichen Lage des Unternehmens, bedingt durch einen Einbruch in der Automobilindustrie, wurde allerdings dann auch dieses Projekt nicht weiterverfolgt.

Fach- und Prozeßberatung wurden eigentlich getrennt »gekauft«, bzw. man wollte gar keine Prozeßberatung; beides lief nebeneinanderher. Die Fachberatung wurde hauptsächlich in eine reine Experten- und Managementrolle gedrückt, während die Bedeutung der Prozeßberatung diffus blieb und ihre Funktionalität für den Entwicklungsprozeß unklar war und blieb. Es gelang uns nicht zu verhindern, daß beide Ansätze letztlich unkoordiniert nebeneinander herliefen und die Prozeßberatung keine Akzeptanz beim Auftraggeber erlangte, obwohl die Involvierten den erlebten Mehrwert deutlich zum Ausdruck brachten. Die Fachberatung wurde in der von uns angestrebten, integrierten Kombination mit der Prozeßberatung nicht akzeptiert.

Lessons learned

Der Auftraggeber muß den integrierten Ansatz verstehen, und er muß ihn wollen, sonst ist das Scheitern des Beratungsprojekts vorprogrammiert. Der Anfang muß von Fach- und Prozeßberatern gemeinsam gestaltet werden, denn dort werden die Weichen gestellt.

4.10 Mediationsverfahren am Flughafen Wien – Ende gut, alles gut

Ulrich Königswieser, Josef Fröhlich

Ausgangssituation

Szenarios wiesen auf eine deutliche Steigerung des Flugaufkommens am Flughafen Wien hin. Die Flughafen Wien AG (VIE) reagierte auf diese Szenarios mit der Konzeption einer dritten Start- und Landebahn. In Österreich erfordern große Infrastrukturprojekte eine Umweltverträglichkeitsprüfung. Internationale Erfahrungen mit dem Bau zusätzlicher Pisten und eine Abschätzung des Konfliktpotentials am und rund um den Flughafen Wien ließen für eine Umweltverträglichkeitsprüfung (UVP) 300 bis 400 Einsprüche erwarten. Vor diesem Hintergrund und um mögliche Einsprüche und Konflikte vorwegzunehmen bzw. sie präventiv zu bearbeiten, entschloß sich die VIE im Jahr 2001, das bisher größte europäische Mediationsverfahren zu starten. An diesem Mediationsverfahren, welches 2005 erfolgreich abgeschlossen wurde, waren die Organisationen des unmittelbaren Flugbetriebs wie die VIE, die Austrian Airlines (AUA) und Austro Controll (AC), die Bundesländer Wien und Niederösterreich (W, NÖ), 9 Gemeindevertreter, 9 Bürgerinitiativen, die 2 Umweltanwaltschaften (W, NÖ), der Nationalpark Donau Auen, 4 politische Parteien (W, NÖ), 7 Interessensvertretungen, 6 Wiener Bezirksvertretungen und 3 Siedlervereine beteiligt. Das Mediationsverfahren stand unter juristischer Betreuung und wurde von drei Mediatoren geleitet.

Trotz mehr als 50 Einzelgutachten über unterschiedlichste Aspekte des Baus einer dritten Piste und dessen potentielle Auswirkungen gelang es innerhalb des Mediationsprozesses lange nicht, einen gesamtheitlichen Überblick über die Auswirkungen auf eine nachhaltige Entwicklung der »Region Ostösterreich«, die der Bau einer dritten Piste am Flughafen Wien haben würden, zu bekommen. Ein halbes Jahr nach Start des Mediationsverfahrens wurde daher die ARC Systems Research GmbH (vertreten durch J. Fröhlich) beauftragt, das Mediationsverfahren fachlich-wissenschaftlich zu unterstützen. Die Forscher sollten inhaltliche Inputs über das System der Ostregion geben und mögliche Szenarien entwickeln. Von den Juristen wurde erwartet, daß sie die nicht umstrittenen Punkte festhalten und die Vergleiche formulieren sollten. Von den Mediatoren wurde erwartet, daß sie die Konflikte innerhalb des Mediationsverfahrens bearbeiteten. Zusätzlich wurde eine wissenschaftliche Begleitforschung unter der Leitung von Prof. Peter Heintel (Universität Klagenfurt) eingerichtet. Ulrich Königswieser und Kollegen wurden dazu eingeladen, den Mediationsprozeß zu reflektieren und gegebenenfalls an die Akteure zurückzuspiegeln. Auftraggeber waren sämtliche an dem Mediationsverfahren beteiligte Parteien; finanziert wurden die dem Mediationsprozeß beigestellten Experten und Berater durch die VIE.

Ziele des Mediationsverfahrens

Folgende Ziele wurden formuliert:

- Die bei einer Umweltverträglichkeitsprüfung für den Bau einer zusätzlichen Start- und Landebahn zu erwartenden 300–400 Einsprüche sollten bereits im Mediationsverfahren behandelt und über Vergleiche abgewendet werden, um die mit UVP-Einsprüchen verbundenen Zeitverzögerungen und die hohen ökonomischen, ökologischen und sozialen (Folge-)Kosten zu minimieren.
- Dazu mußten die Annahmen, die zu der Absicht der VIE geführt hatten, eine dritte Piste zu bauen, kritisch beleuchtet werden und die möglichen Auswirkungen eines Pistenbaus auf das komplexe System »Ostregion« aus ökologischer, soziokultureller, juristischer und wirtschaftlicher Perspektive analysiert werden. Auf der Basis unterschiedlicher Szenarien sollten Konsequenzen für eine nachhaltige Entwicklung der Ostregion diskutiert und gegeneinander abgewogen werden.
- Die getroffenen Vereinbarungen sollte in einem Abschlußdokument verbindlich festgehalten werden, damit für den Bedarfsfall alle Voraussetzungen erfüllt waren.
- Das Projekt durfte nicht länger als vier Jahre dauern.

Vorgehensweise

J. Fröhlich: Etwa ein halbes Jahr nach seinem Start war das Mediationsverfahren zum Stillstand gekommen. Die Ursache lag vorwiegend in der Schwierigkeit, die Region Ostösterreich gesamtheitlich – und damit mit einer Fülle unterschiedlicher, komplexester Indikatoren – zu beschreiben und die Einflüsse, die diese Faktoren jeweils aufeinander haben, zu verstehen. Letzteres ist nötig, um Szenarien für die nachhaltige Entwicklung einer Region zu entwerfen. Immer dann, wenn die Komplexität eines Systems sehr hoch ist – und damit einfache kausale Schlüsse zu kurz greifen –, ist in Gruppen eine Tendenz des Rückzugs auf die vor dem Prozeß vorgefaßte Position zu verzeichnen. Bei einem Mediationsprozeß führt dies leicht zum Stillstand. Es muß ein interaktiver fachlicher Input zum betrachteten Gesamtsystem gegeben werden.

Um rasch und ohne Anlaufschwierigkeiten in den laufenden Mediationsprozeß einsteigen zu können, war es sehr hilfreich, daß unterschiedliche Gruppen bereits positive Erfahrungen mit der ARC Systems Research GmbH hatten. Mitgliedern der Bürgerinitiativen waren unsere Projekte zur Umwelt- und Nachhaltigkeitsforschung bekannt, die Ländervertreter waren mit unserer Forschung zur Forschungs-, Technologie- und Innovationspolitik vertraut, und die Leitung der VIE kooperierte mit uns in Projekten zu unterschiedlichen Fragen der Regionalentwicklung. Ausschlaggebend aber war unsere fachliche Expertise in der nachhaltigen Regionalentwicklung. Vor diesem Hintergrund war es uns möglich, mit dem Mediationsteam ein gemeinsames Modell für die Beschreibung der Region Ostösterreich zu entwickeln und Ergebnisse der Fachgutachten neu zu positionieren.

U. Königswieser: Der erste Teilerfolg war die Einigung auf ein zu entwickelndes Simulations-Modell. Der Projektleiter, eine starke Persönlichkeit, war gleichzeitig eine juristische Autorität. Er hatte Prozeßverständnis und war für die Anliegen der verschiedenen Interessengruppen und das Feedback von uns Beobachtern offen. Das Mediationsteam hatte meiner Meinung nach in diesem schwierigen Projekt zwar grundsätzlich gut gearbeitet, aber da viele Versammlungen ja Großveranstaltungen mit 100 und mehr Menschen waren, hätte es noch zusätzlich eines professionellen Großgruppenmoderations-Knowhow bedurft. Mit all den emotionalen, massenpsychologischen Phänomenen, die da zum Tragen kamen, war die Mediation natürlich sehr schwierig. Die Leute waren oft nicht in der Lage, die komplexen Inhalte und vielfältigen Zusammenhänge wirklich zu erfassen. Daher war die Einigung auf das methodische Vorgehen, d.h. auf das *Wie,* für den Bearbeitungsprozeß der erste Teilerfolg.

J. Fröhlich: Meiner Meinung nach war das auch deshalb so, weil zunächst die Inhalte in Untergruppen teilweise isoliert bearbeitet wurden und im Plenum dann keine Annäherung stattfinden konnte. Es fehlte also in dieser Phase an der Kopplung von Prozeß- und Fach-Know-how. Wir haben in unserer Arbeit darauf zu reagieren versucht und die Bereitschaft eingebracht, auch über das vereinbarte Projektdesign hinaus immer wieder Fragen der Mitglieder des Mediationsprozesses aufzunehmen, zu bearbeiten und zu beantworten: dies sowohl im Mediationsteam als auch mit einzelnen Gruppen, wobei die Erkenntnisse immer wieder in das Mediationsteam eingebracht wurden. Schlußendlich war aber damit sowohl die Dialog- und Verhandlungsbereitschaft der Mitglieder des Mediationsprozesses gewonnen als auch der fachliche Grundstein für Szenarien zur Entwicklung der Region gelegt und die Basis für Vergleiche zwischen unterschiedlichsten Interessenslagen geschaffen.

U. Königswieser: Die Tatsache, daß ein solcher Prozeß in dieser Weise behandelt worden war, kann man als eine große Innovation und als beachtliche Leistung bezeichnen. Es war ein Erfolg des Mediationsprozesses, daß es nach vier Jahren ein Abschlußdokument gab, auf das sich alle Parteien hatten einigen können. Dieses Ergebnis ist sicher europaweit herzeigbar.

Die wissenschaftlichen Berichte und Gutachten in Form von Diskussionsbeiträgen zu bekommen, war für die Beteiligten immer eine Erleichterung für ihre Meinungsbildung gewesen. Die inhaltlichen Beiträge der beauftragten Fachleute und Gutachter wurden als neutral erlebt, was die Gesprächsatmosphäre entspannte, denn die Komplexität der Fragestellung war unglaublich hoch. Ein wesentlicher Punkt war auch, daß alle Beteiligten Auftraggeber waren und nicht nur die Betreibergesellschaft, obwohl nur sie die Kosten trug. Solche Verfahren sind Instrumente der politischen Meinungsbildung, von Entscheidungs- und Steuerungsprozessen.

J. Fröhlich: Das Mediationsverfahren kann auch als Innovationsprozeß interpretiert werden, in dem unterschiedliche Akteure Wissen austauschten und damit ein gemeinsames Verständnis, ein neues Modell der nachhaltigen Regionalentwicklung erarbeiteten und für unterschiedlichste Zwecke nutzten.

Ergebnisse

J. Fröhlich und U. Königswieser: Die Ziele des Mediationsverfahrens wurden erreicht. Es kam zu einer Einigung der beteiligten Parteien. Auch für die (wissenschaftlichen) Berater und Beobachter war die Beteiligung an dem Projekt ein Lernprozeß. Allerdings gab es Optimierungsmöglichkeiten auf verschiedenen Ebenen.

Lessons learned

U. Königswieser: In diesem Projekt gab es zwei nicht integrierte Aufträge. Es gab kein gemeinsam komplementär agierendes Beraterteam, sondern zwei Beraterteams nebeneinander, die fast ausschließlich durch den Projektleiter koordiniert wurden. Darüber hinaus übernahm die wissenschaftliche Beobachtung weitgehend abgekoppelt vom Mediationsprozeß die Funktion, den Prozeß zu reflektieren. Wir regten an, daß eine Steuergruppe gebildet werden sollte. Sie hat sich als Integrationsplattform bewährt. Das heißt, es gab eine kleinere Kerngruppe, die alle Interessenströmungen repräsentierte. Sie wurde aber leider nicht extern – von außerhalb der Kerngruppe – moderiert, was die Prozeßreflexion erschwerte, d. h. es gab kaum Interventionsmöglichkeiten in das System. Es gab auch keine dezidierte Prozeßarchitektur für diesen Prozeß. Wir hatten ja die Rolle der wissenschaftlichen Beobachter und nicht die Rolle der Berater, obwohl wir durch unsere kontinuierlichen Rückmeldungen doch einiges in Bewegung setzen konnten. Das Ergebnis kann sich – trotz dieser Punkte, die man hätte besser machen können – sehen lassen.

J. Fröhlich: Eine enge Koppelung von uns, den wissenschaftlichen Fachberatern, mit den Prozeßberatern hätte sicherlich die Effizienz erhöht. Wir hätten die inhaltlichen Kernaussagen vorweg besprechen können und hätten damit den Mediatoren Hinweise für ihre Moderation und Interventionen liefern können.

Man hat sich zu oft auf Nebenschauplätzen statt auf Hauptschauplätzen bewegt.

Für die wissenschaftliche Weiterentwicklung der ARC Systems Research GmbH war die Beteiligung am Mediationsverfahren äußerst fruchtbar. Derzeit arbeitet ein Forschungsteam an der Entwicklung eines Monitoringsystems, welches in Anlehnung an das im Mediationsprozeß entwickelte Regionalentwicklungsmodell die Basis zur Beobachtung der Auswirkungen des Baus der dritten Piste bilden soll. Außerdem werden erste Versuche zur EDV-gestützten interaktiven Simulation komplexer Systeme und deren Entwicklung unternommen, um künftige ähnlich geartete Mediationsverfahren noch effizienter unterstützen zu können.

4.11 Entwicklungskonferenzen: Schnell – transparent – integrierend

Martin Hillebrand, Frank Gierschmann, Uwe Cichy, Lars Längauer

Die Kraft des Instruments Entwicklungskonferenzen[5] bzw. Panels soll in diesem Beitrag anhand von zwei Beispielen dargestellt werden. Mit dieser Form der Personalauswahl bzw. -entwicklung wird der Wert einer sorgfältigen Integration der harten Faktoren in die Gestaltung von Entwicklungsprozessen deutlich.

Es gibt einen reichhaltigen Methodenfundus von Personalauswahl- und Entwicklungstools. Sie reichen von qualitativen Interviews, Assessment-Centern bis zu Arbeitsproben, die es ermöglichen, praxistaugliche, genaue und nützliche, valide Entscheidungen zu treffen (vgl. z. B. Kompa 1989).

In Organisationen wird meist bei Neueinstellungen ein sehr hoher Aufwand betrieben, um den »richtigen« Kandidaten auszuwählen. Allerdings wird danach, abgesehen von Zielvereinbarungsprozessen, wenig Augenmerk auf die Weiterentwicklung der Mitarbeiter gelegt.

Ausgangssituation des ersten Beispiels

Nach einer Vielzahl von Akquisitionen befand sich das Unternehmen Deutsche Post AG im Jahr 2003 mitten in der Integrationsphase. Vor der Einführung von Panels für die wichtigsten Führungs- und Fachfunktionen gab es, historisch bedingt, je nach Unternehmensbereich noch sehr unterschiedliche Verfahrensweisen. Dadurch waren Quervergleiche des Personals zwischen verschiedenen Unternehmensbereichen nicht möglich, und der Austausch von Führungskräften zwischen den Bereichen war erheblich behindert. In einigen Bereichen existierten Assessment Center zur Identifizierung talentierter Nachwuchskräfte. Die Akzeptanz der Ergebnisse war dabei mitunter jedoch nicht sehr hoch. Mit der

[5] Entwicklungskonferenzen wurden das erste Mal in den 50er Jahren bei General Electric durchgeführt. Unter dem Titel »Session C«, eingebunden in einen festen jährlichen Strategie- und Planungsprozeß, setzten sich der CEO, der Vice President HR, die Führungskräfte und Personalverantwortlichen je Business Unit einen ganzen Tag zusammen, um die Toptalente des Unternehmens zu identifizieren und Konzepte für deren Weiterentwicklung zu entwickeln.

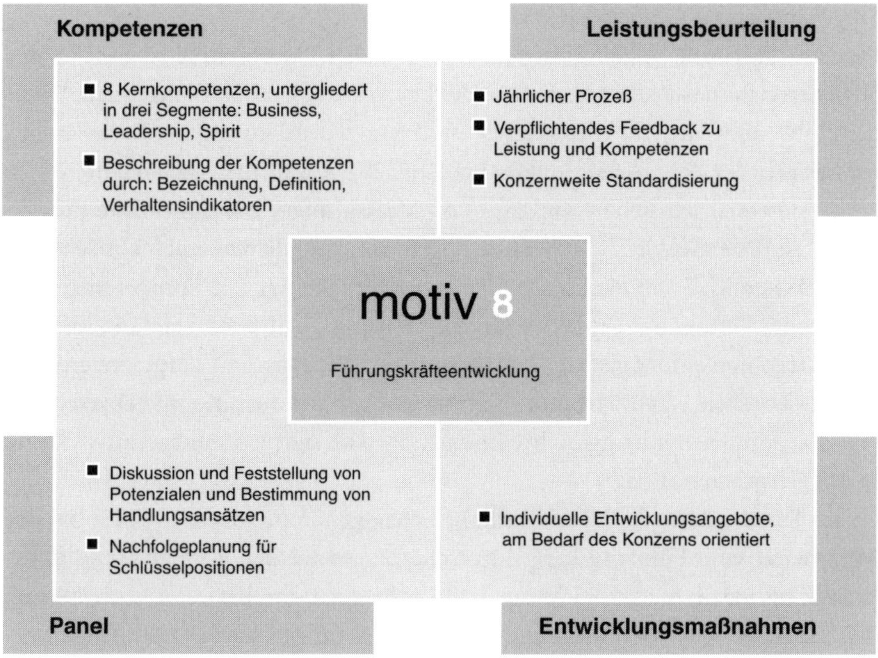

Abb. 27: Die vier Elemente der Führungskräfteentwicklung

Entscheidung für eine grundsätzliche Neuorganisation der Bereiche Express und Logistik entstand eine günstige Situation, um ein einheitliches Verfahren im Konzern zu etablieren.

Ziele des Projekts
Ziel war die Konzeption und Einführung eines im gesamten Konzern einheitlichen Prozesses der Führungskräfteentwicklung. Es sollten eine gemeinsame Leistungskultur gefördert sowie die Identifikation, Entwicklung und Plazierung interner Potentialträger mittels einer spezifischen Nachfolgeplanung für Schlüsselpositionen ermöglicht werden.

Vorgehensweise und Prozeßverlauf

Die Projektgruppe bestand aus HR-Kollegen aller Unternehmensbereiche; der Steuerkreis für das Projekt berichtete direkt an den Vorstandsvorsitzenden. Unter dem Titel »motiv8« (englisch gelesen: motivate) wurde ein auf vier Kernelementen basierender Prozeß formuliert (vgl. Abb. 27). Zusammen ergeben diese vier Elemente einen jährlichen Kreislauf von Maßnahmen. Die Grundlage für den gesamten Prozeß bilden acht Kompetenzen. Sie ermöglichen einen konzernweit einheitlichen Maßstab zur Einschätzung von Fähigkeiten. Die Kompetenzprofile wurden im Verlauf des Projektes für alle Führungspositionen neu konzipiert.

Im Rahmen einer Leistungsbeurteilung werden zwischen Vorgesetztem und Mitarbeiter Ziele vereinbart und Zielerreichungen wie auch Kompetenzen beurteilt. Die Mitarbeiter bringen ihre Erwartungen an die persönliche Entwicklung in das Gespräch mit ein.

Im Panel, auch »Entwicklungskonferenz« genannt, wird das Potential der Mitarbeiter vom Führungskreis eingeschätzt und werden etwaige Handlungsbedarfe bezüglich der Entwicklung der Mitarbeiter formuliert. Zur Vorbereitung des Panels benennt der Vorgesetzte seine Erwartungen an die zukünftige Entwicklung des Mitarbeiters. Im bestehenden Führungskreis mit den Kollegen der gleichen Führungsebene sowie dem nächsthöheren Vorgesetzten werden die Erfahrungen und Einschätzungen bezüglich der Mitarbeiter beschrieben und abgeglichen. Der Schwerpunkt liegt dabei auf besonders leistungsstarken Mitarbeitern mit weiterführendem Potential und auf leistungsschwächeren Mitarbeitern. Es werden Handlungsbedarfe formuliert und die laufende Entwicklung der Mitarbeiter überprüft sowie für Schlüsselpositionen mögliche Nachfolger benannt. Das Panel sorgt dafür, daß die Personen mit der größten direkten Erfahrung mit den besprochenen Mitarbeitern ein gemeinsames Bild von den Potentialen und Handlungsbedarfen formulieren. Damit verbleibt die Verantwortung bei den involvierten Führungskräften, was zu einer hohen Akzeptanz der Ergebnisse führt. Gleichzeitig werden vorhandene Potentiale in einem größeren Kreis von Führungskräften veröffentlicht. Dadurch wird ein Gesamtüberblick möglich. Für jeden Mitarbeiter wird ein Ergebnisblatt mit den besprochenen herausragenden Stärken, Entwicklungsfeldern und der möglichen zukünftigen Entwicklung erstellt. Die jährlich ablaufenden Panels führen zu einer kontinuierlichen Diskussion jedes einzelnen Mitarbeiters, selbst wenn der Vorgesetzte im Jahresverlauf gewechselt haben sollte.

Für die Personalabteilungen bedeuten die Vorbereitung, Durchführung und Nachbereitung einen erheblichen Aufwand. Es sind vielfältige Unterlagen zu erstellen (z. B. Leistungsbeurteilung, Entwicklungsempfehlungen der Vorgesetzten, Lebensläufe und Karriereerwartungen der Mitarbeiter). Alles ist »leicht verdaulich und übersichtlich« für das Panel aufzubereiten und gegebenenfalls im Vorfeld mit den Teilnehmern zu besprechen. Im Panel selbst sorgt der Bereich HR/HRD (Human Ressources / Human Ressources Development) für einen effektiven und effizienten Ablauf, indem die Moderation und die Dokumentation übernommen werden. Im Nachgang zu dem Panel unterstützt HR/HRD – wenn gewünscht – die weitere Umsetzung von vereinbarten Maßnahmen.

Lessons learned

Aufgrund der Entwicklungskonferenzen werden jährlich Personal- und Entwicklungsentscheidungen mit hoher Akzeptanz getroffen. Ein möglicher Nachteil könnte die im Vergleich zu einem gewissenhaft konstruierten und durchgeführten Assessment-Center geringere »Objektivität« und »Gültigkeit« sein. Jeder Führungskreis hat eingefahrene Spielregeln, die auch im Panel zutage treten. Unterschiedliche Diskussionskulturen oder Urteilshärten haben Einfluß auf die Ergebnisse im Panel. Die Moderation durch HR/HRD und die Einbindung mehrerer Perspektiven ist daher eine wichtige Konstante über unterschiedliche Panels hinweg, die einen Schritt zu einer optimierten »Objektivität« bedeutet.

Ausgangssituation des 2. Beispiels

In einem Handelsunternehmen waren die Konzepte für eine radikal neue Struktur verabschiedet worden. Es galt, etwa 900 Personalentscheidungen zu treffen und parallel dazu die Detailorganisation auf den unteren Hierarchieebenen festzulegen. 150 Mitarbeiter mußten den Bereich bzw. das Unternehmen verlassen. Zwei und in einigen Teilbereichen sogar mehr Hierarchiestufen wurden abgebaut. Es herrschte eine enorme Unruhe, denn jeder Mitarbeiter war mit der Frage konfrontiert: »Was geschieht mit mir?« Man spürte die Unsicherheit im ganzen Unternehmen.

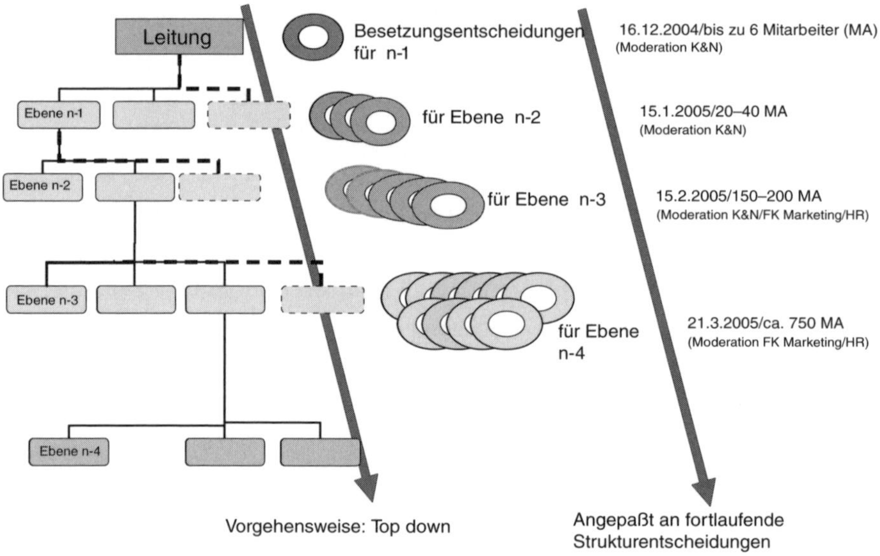

Abb. 28: Ablauf und Zeitplan der Panels

Ziele des Projektes

Es galt, zwei widersprüchliche Interessenlagen auszubalancieren. Die eine Strömung forderte einen sauberen, fairen, sorgfältigen und nachvollziehbaren Prozeß. Es ging um mehr als 1000 Einzelschicksale, die einen Anspruch auf einen »menschlichen und sorgsamen Umgang« hatten. »Das braucht seine Zeit«, war ein Motto dieser Strömung. Die Gegenströmung forcierte eine Strategie des »raschen Durchziehens« der Besetzungen, um die Unsicherheitsphase möglichst kurz zu halten: »Monatelang nicht zu wissen, was mit einem passiert, ist eine Folter«. Es bestand die Gefahr, daß sonst gerade Leistungsträger das Unternehmen verlassen würden. Ziel des Prozesses war es letztlich, zugleich sorgfältig und schnell vorzugehen und getroffene Entscheidungen zeitnah an alle Mitarbeiter zu kommunizieren.

Vorgehensweise und Prozeßverlauf

Der Ablauf der Panels, von einer kleinen Projektgruppe konzipiert, war für die Mitarbeiter auf allen Hierarchieebenen identisch. Top down, beginnend mit der Auswahl der ersten Führungsebene, wurden die Stellen besetzt und die so aus-

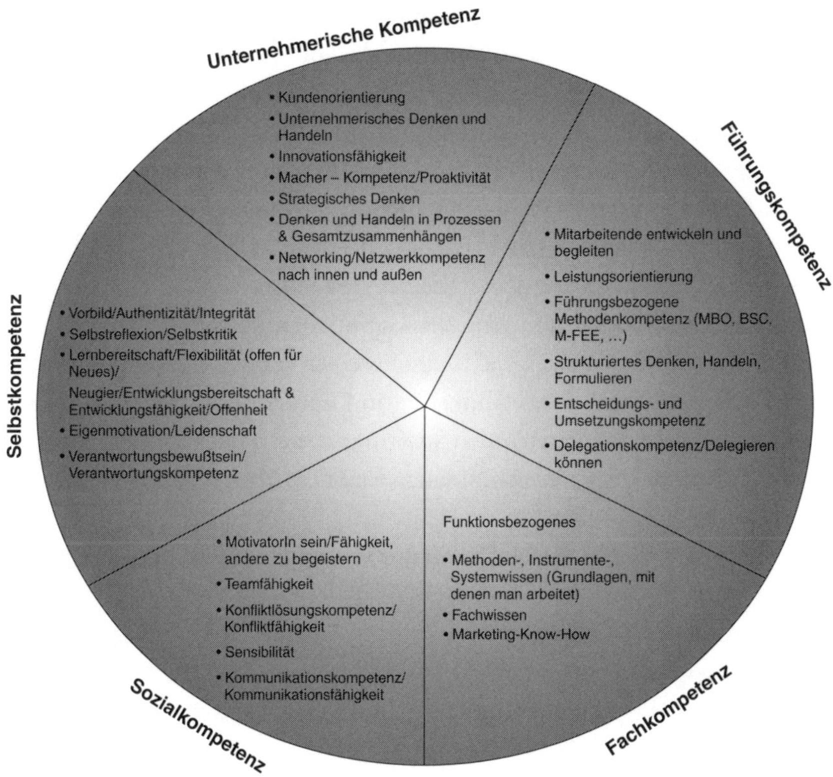

Abb. 29: Das Kompetenzrad

gewählten Mitarbeiter sofort in den Entwicklungsprozeß der Organisation und die Besetzung der folgenden Hierarchiestufe verantwortlich eingebunden. So waren bis zum Abschluß des Prozesses nach nur 10 Wochen insgesamt mehr als 180 Führungskräfte unmittelbar eingebunden.

Folgende Vorgehensweise wurde gewählt:

1. Nominierung der Kandidaten.
2. Beschaffung entscheidungsrelevanter Informationen.
3. Panelgespräch 1:
   Teilnehmer: zuständige Vorgesetzte und »Peers« der gleichen Ebene, ein Ver-

treter der nächsthöheren Hierarchieebene, Mitarbeiter Personal und ein externer Berater. Inhalte: Erstellen einer kurzen und prägnanten gemeinsamen Funktionsbeschreibung, Check des daraus abzuleitenden Anforderungsprofils auf Basis des, vom Subprojekt »Führung« entwickelten, für alle Mitarbeiter geltenden Kompetenzrads (vgl. Abb. 25), Diskussion über die Nominierten anhand eines Stärken-/Schwächenprofils sowie Treffen einer (Vor-)Entscheidung über die Stellenbesetzung. Bei der Entscheidung war immer der unmittelbare Vorgesetzte im Lead, die anderen Teilnehmer hatten eine beratende Funktion. Die Moderation trug die Verantwortung für die professionelle Durchführung der Panelgespräche und für einen »fairen Prozeß«. Gemeinsam mit den Personalvertretern nahm sie, wann immer nötig, die Rolle des auch ab und zu einmal unangenehmen Sparringpartners und Hinterfragers ein.

4. Interview mit den engeren Kandidaten, wenn die Entscheidung nicht bereits klar war.
5. Panelgespräch 2: mit denselben Teilnehmern zur endgültigen Entscheidung.
6. Information der Kandidaten.
7. Information der Organisation.
8. Weitere Schritte (z. B. Führungskräfte- und Personalentwicklung, Ausstiegsberatung).

Ergebnisse

Der sehr straffe Zeitplan wurde eingehalten. Innerhalb von knapp zehn Wochen (= 50 Arbeitstage!) konnten in 45 Panels fast alle 900 Stellen auf insgesamt fünf Hierarchieebenen besetzt werden. Doppelnominierungen wurden in einem bilateralen Abgleich der betroffenen Stellen vorweg geklärt. 150 Trennungsgespräche bzw. Überführungen in ein befristetes Angestelltenverhältnis wurden durchgeführt. Die Personaler überprüften mittels eines sogenannten »Crack-Checks«, daß keine eindeutigen Leistungsträger durch die Maschen fielen. Es wanderten in dieser Zeit nicht signifikant mehr Mitarbeiter aus dem Unternehmen ab. Die in den Prozeß eingebundenen Führungskräfte – und das waren bis zum Ende alle – haben das gewählte Vorgehen, nach anfänglicher Skepsis, – in weit überwiegender Mehrheit bejaht. Die Form des Auswahlprozesses hatte nachhaltige Wirkung auf die Führungskultur. *»Die Organisation ist seither nicht mehr dieselbe wie früher!«*

Lessons learned

Ob nun in der Führungskräfte-Entwicklung oder in der Personalauswahl, – es geht um zwei grundlegende Aspekte, die wir noch einmal besonders herausheben möchten:

Panelverfahren unterstützen zum einen *Einheitlichkeit und Integration*. Dabei geht es nicht nur um die Einheitlichkeit des Instruments, sondern es werden durch dieses Verfahren die Maßstäbe, die Führungsleitbilder vereinheitlicht. Durch die gemeinsam von der Führungskraft, dem Vorgesetzten, den Kollegen und der Personalfunktion im Dialog getroffene Personalentscheidung werden alle persönlichen Sichtweisen transparent und nähern sich an.

Das ist Unterstützung und Herausforderung gleichzeitig. Es hilft, kann aber auch unangenehm sein. In jedem Fall stellen die Panels die zu treffenden Entscheidungen auf eine breitere Basis. Gemeinsam werden die fachlichen und sozialen Kompetenzen der Mitarbeiter besprochen, Funktionsbeschreibungen und Anforderungsprofile erstellt, Potentiale identifiziert und Handlungsbedarfe festgelegt. Natürlich geschieht das nicht alles reibungslos. Und selbstverständlich wird der direkte Vorgesetzte nicht seiner letzten Verantwortung enthoben. Es werden mit den Panels auch nicht auf einen Schlag alle Abteilungs-, Bereichs- oder sonstige Egoismen überwunden. Aber Panels prägen die Unternehmenskultur. Der Horizont der Führungskräfte im Hinblick auf Potentialträger im Unternehmen wird quasi automatisch erweitert und beschränkt sich nicht mehr nur auf den eigenen Zuständigkeitsbereich. Dies führt mittelfristig fast von selbst zu einem höheren Personalaustausch zwischen den Unternehmensbereichen. Dadurch bekommt das Gesamtinteresse des Unternehmens mehr Gewicht und beginnt sich gegenüber den Partikularinteressen einzelner Bereiche durchzusetzen. Gemeinsam getroffene Entscheidungen schaffen in der Regel eine deutlich höhere Verbindlichkeit und lassen die Führungscrew näher zusammenwachsen, Integration findet auf vielen Ebenen statt.

Der zweite wichtige Aspekt ist die implizite *Qualifizierung* der beurteilenden Führungskräfte. Das Kennenlernen der Perspektiven der Kollegen führt zu mehr Verständnis füreinander. Das Bewußtsein für Komplexität und Wichtigkeit von Führung, insbesondere im Verlauf von tiefgreifenden Veränderungsprozessen, wird deutlich erhöht. Die Diskussion über notwendige Kompetenzen und deren Ausprägung führt fast automatisch zur Selbstreflexion. Durch den Vergleich der eigenen Person mit den Kandidaten werden die persönlichen Stärken und Schwächen bewußter wahrgenommen. So werden die eigene Reflexion und Kommunikationsfähigkeit, das differenzierte Wahrnehmen und der konstruktive Umgang mit Widersprüchen, Interessensgegensätzen und Konflikten zu einem Instrument der Persönlichkeitsentwicklung.

4.12 Nachhaltigkeit als Prinzip: OE – Stellenabbau – Zukunftskompetenz

Roswita Königswieser, Ebrû Sonuç, Jürgen Gebhardt, Martin Hillebrand

Der Forstwirtschaftswissenschaftler und Oberberghauptmann von Freiberg in Sachsen *Hans Carl von Carlowitz* veröffentlichte im Jahre 1713 eine Schrift mit dem Titel *Sylvicultura oeconomica, oder haußwirthliche Nachricht und naturmäßige Anweisung zur wilden Baum-Zucht.* Darin warnte er vor einer rücksichtslosen, kurzsichtigen Abholzung der heimischen Wälder für den steigenden industriellen Brennholzbedarf. Er forderte, daß nur soviel Holz geschlägert werden dürfe, als nachwachse, denn sonst würde es bald auch keine Silberschmelzöfen mehr geben, für die das Brennholz gebraucht würde.

Dieses von Carlowitz entwickelte Verständnis des ressourcenökonomischen Wirtschaftens war aus einer Krise geboren. Daran hat sich bis heute wenig geändert, denn auch der moderne »vorsorgliche Umweltschutz« steht in direktem Zusammenhang mit Klimaveränderung und Umweltkatastrophen. Der *Club of Rome* zeigte im Jahre 1972 eindringlich die Grenzen des Wachstums auf und 1987 formulierte die *Umweltkommission für Umwelt und Entwicklung* im sogenannten »Brundtland-Report« (»Our Common Future«) erstmals ein Leitbild für eine »integrative, nachhaltige Entwicklung«. Dieses Leitbild bildete schließlich die Grundlage für die *Agenda 21*, die im Jahre 1992 in Rio de Janeiro von der Konferenz der Vereinten Nationen für Umwelt und Entwicklung beschlossen wurde.

Das neue Nachhaltigkeitskonzept zielt darauf ab, die meist widersprüchlichen ökologischen, ökonomischen, politischen und sozialen Ziele miteinander in Einklang zu bringen und dabei auf die Gerechtigkeit zwischen den Generationen zu achten (vgl. Birke/Schwarz 2005). Dieses Leitbild einer »integrativen, nachhaltigen Entwicklung« ist inzwischen über ökologische Debatten hinaus zum zentralen Leitbild der globalen Zukunftsdiskussion geworden (vgl. Meier/Ammon 2005). Sinngemäß geht es dabei um das Denken und Handeln über die kurzfristigen egoistischen Interessen hinaus, über die eigenen Grenzen und über die eigene Lebenszeit hinaus, nach dem Motto: »Wie können wir unser Handeln vor künftigen Generationen verantworten?« Die Verantwortlichkeit, die Sinnbezüge und die Reflexion der Wirkungszusammenhänge erstrecken sich dabei über weite Raum- und Zeitspannen.

Wenn also »Nachhaltigkeit« etwas mit Nachdenken über andauernde, anhaltende Wirkungen und mit zurückhaltendem Handeln zu tun hat, dann hängt dieses »nachhaltige Denken und Handeln« auch unmittelbar mit einer verantwortungs- und respektvollen Haltung gegenüber Mensch und Natur zusammen (vgl. Ortner 2004a). Nachhaltigkeit ist daher nicht als fertiges Programm, sondern als regulative Idee zu verstehen. Dies gilt auch und vor allem für alle Bereiche der Wirtschaft und der Unternehmensführung.

Im Rahmen nachhaltigkeitsorientierter Forschung und Beratung sind mittlerweile eine Reihe von Managementinstrumenten zur Förderung einer nachhaltigen Wirtschaftsweise auf Unternehmensebene entwickelt worden. Dazu gehören z.B. die »*Sustainability Balanced Scorecard*« (SBSC) (vgl. Schaltegger u.a. 2003) oder der »*Sustainable-Excellence-Ansatz*« (vgl. Merten u.a. 2002). Letztlich geht es bei diesen Methoden und Instrumenten immer darum, ein lernendes, zukunftsfähiges Unternehmen zu entwickeln (vgl. Rohn 2003).

Wir haben bei vielen Beratungsprojekten die Erfahrung gemacht, daß die Integration von Fach- und Prozeßberatung in ihrer Balance zwischen Kurz- und Langfristigkeit ein gutes »Einstiegstor« in die »Erzeugung« von Nachhaltigkeit ist. Manchmal kommt uns dieser Ansatz wie ein »trojanisches Pferd« vor, bei dem erst später spürbar, sichtbar und den Beteiligten bewußt wird, daß es nicht nur um einfache, inhaltliche Lösungen geht, sondern um Bewußtheit, Wachheit, um Reflexionsprozesse, zu deren Wesen es gehört, daß sie Nachhaltigkeit erzeugen helfen. Wir spürten diese Sehnsucht nach einer »Versöhnung« von Kurzfristigkeit und Langfristigkeit, von Notwendigkeit, Zwang und Wunsch, Ziel, Vision bei fast allen Führungskräften des mittleren Managements und bei fast allen Mitarbeitern.

Je nachdem, welche Referenzebene betrachtet wird, – also z.B. die Abteilung, das Unternehmen, die Branche, das Wirtschaftssystem oder die Gesellschaft –, fällt auch die Antwort unterschiedlich aus, was »Nachhaltigkeit« jeweils konkret bedeutet. Dies kann an folgenden zwei Beispielen verständlich gemacht werden.

Beispiel »Abteilungsegoismus«

In der IT-Abteilung eines deutschen Pharmakonzerns legt man auf die Autonomie der fünf Abteilungen großen Wert. Das hat den Vorteil großer Gestaltungsfreiräume, aber auch den Nachteil, daß trotz vieler »bunter« Seminare (Outdoor, Filme drehen usw.) und punktuell erfolgreicher Workshops (Teilstrategien, Teamentwicklungen) – immer mit verschiedenen Trainern – kein gemeinsamer Entwicklungsprozeß stattfinden kann. Die Abteilungsleiter verstehen nicht, warum trotz all der Zeit, des Geldes und der Energie, die man in den einzelnen Abteilungen für Entwicklung aufwendet, die Gesamtabteilung »auf dem Fleck tritt«, »sich nichts bewegt.«

Beispiel »Nur das eigene Unternehmen zählt«

Im Salzkammergut arbeitet ein junger Hotelier seit längerer Zeit mit großem Engagement an der Servicequalität seines ererbten Familienhotels. Den geschäftlichen Durchbruch schafft er aber erst, als es ihm gelingt, die über Generationen konkurrierenden Nachbarhotels dazu zu bewegen, eine gemeinsame Werbekampagne zu starten und sich als Partner in einem Netzwerk zu begreifen, das eine gemeinsame Marke entwickelt: »Die attraktiven Hotels des schönen Salzkammergutes«.

An solchen Szenarien kann exemplarisch klargemacht werden, daß es bei einer Unternehmensentwicklung im Sinne von »Nachhaltigkeit« darum geht, durch Überdenken der eigenen Denk- und Handlungsmuster (Reflexionsschleifen) und durch offene Auseinandersetzung mit anderen (Dialog) die mittel- und längerfristigen Auswirkungen des eigenen Handelns (innerhalb und außerhalb des Unternehmens) zu hinterfragen bzw. sie explizit in Entscheidungen mit einzubeziehen. Dadurch werden dann – fast automatisch – solche inhaltlichen Lösungen als sinn- und zielführender erachtet, die ganzheitlich gesehen, auch langfristige Erfolge ermöglichen. Wie kann das in der Praxis aussehen?

Projekt »Aktiv in die Zukunft«

In einem deutschen Unternehmen aus der Energieversorgungsbranche mußten im Zuge der Deregulierung 20 Prozent der Arbeitsplätze abgebaut werden. Im Rahmen eines grundsätzlich angelegten Veränderungsprozesses, in dem es sowohl um neu zu strukturierende Geschäftsprozesse, um die Senkung der zu hohen Personalkosten als auch um Kulturwandel, z. B. den Übergang von Fremd- zu Selbstverantwortung, ging, war die Aufgabe des Arbeitsplatzabbaus einem Subprojekt überantwortet worden. Das gesamte Veränderungsprojekt wurde von uns begleitet.

Die Rahmenbedingungen waren gegeben, der Auftrag klar, das Top-Management stand dahinter, »brannte dafür«, es gab eine optimale *Prozeßarchitektur* mit *Steuergruppe*, *Board* usw., und auch die vom Stellenabbau Betroffenen waren in die konstruktive Bewältigung des Abbauprozesses miteinbezogen.

Aus dem zarten, schwächlichen Pflänzchen eines Projekts mit dem Namen *Aktiv in die Zukunft* wurde einerseits die umfassende Begleitung des Arbeitsplatzabbaus und gleichzeitig ein breit angelegtes Personalentwicklungsprojekt mit dem Ziel, eine wettbewerbsfähige Zukunftskompetenz zu entwickeln.

Zielgruppe waren daher mitnichten nur die, die gehen mußten, sondern als Betroffene wurden alle Mitarbeiter des Unternehmens gesehen. Diese Definition führte zu Angeboten bzw. zu Instrumenten wie einem gecoachten *Life-Planning* für alle, die daran interessiert waren, und führte zu interaktiven Großveranstaltungsreihen mit führenden Experten, Veranstaltungen, die sich um das Thema *Zukunft der Arbeit – Arbeit der Zukunft* drehten.

Die Mitarbeiter resümierten: »Arbeitsplatzverlust muß nicht stigmatisieren.« Die Fähigkeit, mit Unsicherheit umgehen zu können, ist die stabilste Form von Sicherheit. Da die traditionelle Loyalität der Mitarbeiter zum Unternehmen gebrochen war und es nun zentral um »Employability« ging, setzte sich das ganze Unternehmen bis hin zu den Betriebsräten mit den damit zusammenhängenden Widersprüchen auseinander.

Das Engagement für das Thema wuchs. Anfangs war es schwierig, das Projekt aus »der Abbauecke rauszubekommen«. Die damalige Projektleiterin erinnert sich: »Es wurde nicht verstanden, daß sich alle Menschen auf die neue Situation des Arbeitsmarktes einstellen, ihr Schicksal eigenverantwortlich selbst in die Hand nehmen müssen.« Es wurden ungewöhnliche Ideen kreiert. Es wurden

z. B. Spezialisten als kleine Unternehmen »teil-outgesourct«, wodurch eine paß- und bedarfsgerechte Verwendung menschlicher Arbeitskraft projektbezogen (kombiniert für mehrere Unternehmen) konzipiert werden konnte. Diese *Chapeau-claque-Organisation* (vgl. Mecke 2004) war ein Puzzleteil in einem weitestgehend sozialverträglichen Stellenabbau, sie ermöglichte die Bildung eines regionalen Netzwerkes, um einschlägige Erfahrungen auszutauschen, um Arbeitskräfte zu vermitteln und um voneinander zu lernen. Aus diesen Aktivitäten heraus wurde auch eine Stabs-Abteilung gegründet, die sich nachhaltig und grundsätzlich mit dieser Thematik beschäftigen sollte. Daraus entstand wieder ein Netzwerk von Fachleuten, Universitäten, verwandten Initiativen in der Region. Diese Aktivitäten werden noch heute weiterentwickelt.

Die damals kreierten *Symboliken*, – z. B. eine jährliche Preisverleihung für das am meisten zukunftsorientierte Team – wurden zwar etwas verändert, aber als solche institutionalisiert und genießen nach wie vor großes Ansehen in der Unternehmensöffentlichkeit.

Der Anlaß für den Veränderungsprozeß liegt zehn Jahre zurück. Die Steuergruppe als Reflexionsplattform für alle relevanten Entwicklungsthemen des Unternehmens gibt es nach wie vor, allerdings wechselt die Besetzung jährlich, Hand in Hand mit der Stafettenübergabe an den neuen Projektleiter, den immer der Vorstand ernennt. In dieser Zeit wurde auch der Führungskreis gebildet, seither wird eine jährliche Mitarbeiterbefragung durchgeführt. Alles in allem: Das Unternehmen hat gelernt, »systemisch zu denken und zu handeln«. Es gibt weiterhin die unternehmensinterne Einheit zum Thema »Zukunft der Arbeit«. Das Unternehmen setzt Standards in der Branche, wie mit dem von ihm entwikkelten *Frühwarnsystem* Probleme geortet und behandelt werden können.

Man kann also sagen, daß sich in diesem Beispiel Nachhaltigkeit selbst erzeugt hat, denn niemand hätte gewagt, so langfristige, über das Unternehmen hinausgehende Institutionalisierungen von vornherein zu planen bzw. anzustreben.

Erfolgskriterien

Was waren die »Hebel«? Wir meinen, daß durch den damals intuitiv angewandten komplementären Beratungsansatz ein Kontext hergestellt worden ist, der die späteren Entwicklungen steuerte, ermöglichte und wachsen ließ. Harte

Fakten – wie 20 Prozent Stellenreduktion bzw. Kosteneinsparung, Veränderung von Strukturen und Prozessen – wurden in einem sorgfältigen Prozeß angepackt. Dazu gehörten folgende Prinzipien:

- das Miteinbeziehen der direkt und indirekt Betroffenen;
- die Musterveränderung an sich, z. B. präventiv zu denken, Selbstverantwortung oder kurz- und langfristige Ziele gleichzeitig im Auge zu haben;
- die Entwicklung von unternehmerischer Zukunftskompetenz und einer ganzheitlichen Sicht;
- Entwicklung eines *Double-Loop-Learnings* (vgl. Argyris 1997), einer Feedback-Kultur, die auch in den Zielvereinbarungen verankert ist;
- Das Öffnen des Dialogs zwischen Unternehmen und relevanten Umwelten (Region, außerbetriebliche Interessengruppen) durch *intermediäre Arrangements* (vgl. Birke/Schwarz 2005).

Das führte zur:

- Institutionalisierung von Ideen; Projekte wurden zur fixen Funktion mit neuen Rollen;
- Einrichtung von Strukturen, z. B. Fortsetzung der Steuergruppe, von Architekturelementen und damit zur Entwicklung von Reflexionsplattformen;
- bewußten Entwicklung von Symboliken und Ritualen.

So wie in diesem Beispiel funktioniert es allerdings nicht immer, auch nicht unbedingt dann, wenn wir oder das Unternehmen das beabsichtigen. Häufig gibt es massiven Gegenwind gegen nachhaltige Lösungen. Gerade das Top-Management, das ja immer Auftraggeber ist, ist eher an Lösungen mit kurzfristigen Wirkungen interessiert, an Gestaltungsschwerpunkten, die sich innerhalb seiner Vertragszeit auswirken.

Implementierte Errungenschaften nachhaltiger Organisationsentwicklungsprojekte müssen zwar institutionalisiert werden, aber so, daß sie, im Sinne der »Lernenden Organisation«, einer fortwährenden Reflexion und Überprüfung auf ihre Zweck- und Sinnhaftigkeit bedürfen. Sie sollten selbst nicht zu rigiden Strukturen erstarren, in denen dann kein Leben mehr pulsiert.

5. Schlußbemerkungen

Konsequenzen und Perspektiven des Modells der Komplementärberatung – oder: Aus dem warmen Nest in die rauhe Welt

Gerhard Jochum

Im Abschlußkapitel werden nach einem Resümee die relevanten Konsequenzen und Rahmenbedingungen für den komplementären Beratungsansatz beschrieben.

SIM – und mehr

Der Fortschritt sei eine Schnecke, formulierte schon vor gut 30 Jahren Günter Grass in seinem *Tagebuch einer Schnecke*. Auch wenn Grass dabei den Fortschritt im Schneckentempo auf gesellschaftspolitische Kontexte bezog, gilt sein Bild wohl auch für den Fortschritt in der Entwicklung von Beratungsmodellen. Die Entwicklung und Formulierung des SIM-Modells Ende der 90erJahre (Königswieser/Cichy/Jochum 2001) war ein weiterer Meilenstein auf dem Weg der Kreierung nachhaltig erfolgreicher Modelle des Veränderungs-Managements; dieses Modell wurde zur Diskussion gestellt – mit dem Wissen, daß damit keine »ultimative« Antwort auf die zunehmend komplexer werdenden Anforderungen an Management von und Beratung bei Veränderungen gefunden wurde. Strategie, Struktur und Kultur als die drei wesentlichen Dimensionen von Entwicklungs-Prozessen, Reflexionsschleifen und hypothesengestützte Interventionen, das Zusammenwirken weicher Faktoren und harter Fakten – all das, was das SIM-Modell ausmacht, gilt nach unserer Überzeugung und Erfahrung nach wie vor – und ist die entscheidende Grundlage erfolgreicher Beratung.

Und dennoch oder gerade deswegen ist der Erfahrungs- und Erkenntnisprozeß weitergegangen – und damit auch der Prozeß der Weiterentwicklung innovativer Beratungs-Modelle. Das in den letzten Jahren entwickelte, auf dem SIM-Modell aufbauende und in diesem Buch vor- und zur Diskussion gestellte

Modell der Komplementärberatung macht diesen steten Fluß der Entwicklung deutlich.

Motive, Ressourcen und Differenzierungsmöglichkeiten sind für uns dabei die »Kenngrößen« für die Entwicklung solcher Modelle und damit auch für die Weiterentwicklung von Beratungsunternehmen. Konkret: Wesentliches Motiv ist für uns das Interesse, nachhaltig und ganzheitlich zum Erfolg führende Modelle des Veränderungs-Managements zu entwickeln und zur Verfügung zu stellen. Dafür setzt K&N in erheblichem Umfang Ressourcen ein: Zeit und Geld für die Reflexion von Erfahrungen und den Austausch von Erkenntnissen, emotionales und intellektuelles Engagement, die Risikobereitschaft, Entwickeltes zu formulieren und zu publizieren, zu diskutieren, zu probieren. Daraus erwachsen – nicht zufällig, sondern gewollt und gezielt – zunehmende Differenzierungsmöglichkeiten für eine immer komplexere Welt: Komplementarität, Kompensation und integrierende Ergebnis-Orientierung sind solche Differenzierungs-Kategorien im Kontext des Modells der Komplementärberatung.

Das Motiv (nachhaltig und ganzheitlich wirkender Erfolg) für die Weiterentwicklung von Beratungsmodellen wirft damit die Frage auf: Was ist Erfolg? Wann ist ein Projekt ein Erfolg? Was macht – wann und für wen – Erfolg aus? Und was sind die Erfolgskriterien, woran »man« ablesen oder gar messen kann, daß ein Projekt Erfolg gebracht hat? Diese Erfolgsfragen führen direkt zur Subjektivität der Erfolgsmaßstäbe im Kunden-System. Erfolg ist das, was der Kunde als Erfolg ansieht; – wobei dieses Kriterium, je nachdem, wen man als »Kunden« betrachtet – die Organisation, die Führung, den formellen Auftraggeber –, durchaus differenziert betrachtet werden kann.

Die Effizienz-Vorstellung und -Erwartung des Kunden liefert die entscheidenden Maßstäbe. Bezogen auf das Modell der Komplementärberatung führt das zu der Konsequenz, daß nicht die vom Berater-System »gelieferte« Komplementarität den Erfolg darstellt, sondern die im Berater-Kunden-System entstehende und dann im Kunden-System wirkende »integrierende Ergebnis-Orientierung« den Erfolg ausmacht. Wenn damit aber der Kunde noch stärker zum »Maßstab« des Erfolgs wird, dann führt das auch zur Frage nach dem Verhältnis der Loyalitäten: Während im klassisch systemischen Ansatz der Loyalität gegenüber dem Berater-Staff hohe Bedeutung beigemessen wird, führt das Modell der Komplementärberatung zu einer deutlichen Verschiebung der Loyalitäten, und zwar eindeutig und sehr viel stärker als bislang hin zum Kunden-System und seinen Erfolgsmaßstäben.

Größere Loyalität zum Kunden-System – fundierte Haltungen und Werte machen's möglich

Diese Verschiebung bleibt nicht ohne Konsequenzen: Soll nämlich die Loyalität zum Kunden-System nicht zu »blinden Flecken« führen, dann werden Haltungen und Werte noch wichtiger: die eigenen Haltungen und Werte im Berater-System, die »angetroffenen« Haltungen und Werte im Kunden-System und die für das Modell der Komplementärberatung »notwendigen« Haltungen und Werte.

Die Kernfrage ist: Wieviel »Hineinziehen« in die im Kunden-System »angetroffenen« Haltungen und Werte kann noch als erfolgsrelevante »Anschlußfähigkeit« akzeptiert werden – und ab wann werden essentielle Werte des Berater-Systems zur Disposition gestellt? Was dabei auf den ersten Blick wie eine Gefahr aussieht, stellt bei näherem Hinsehen ein im wahrsten Sinne des Wortes »Wertvolles« Entwicklungspotential dar. Die Auseinandersetzung zu Haltungen und Werten und im weiteren auch zu Paradigmen und Perspektiven bietet die große und für den nachhaltigen und ganzheitlichen Erfolg des »Projekts« essentielle Chance für den Kunden, Gemeinsamkeiten zu entwickeln und mit erkannten Unterschieden besser umgehen zu lernen.

Und damit sind wir bei einer weiteren Konsequenz des Modells der Komplementärberatung. Im ganz praktischen Beratungsalltag nämlich sind auch »reflektierende Systemiker« nicht frei von Bequemlichkeit und Komfortbedürfnissen. Wenn dann aber die Auseinandersetzung mit unterschiedlichen Haltungen und Werten, mit unterschiedlichen Paradigmen, Perspektiven und unterschiedlichem Wissen in der »Einheit« der Person eines Komplementärberaters ausgetragen werden muß, dann ist die Gefahr allzu schneller »Einigung« evident. Anders herum: Es geschieht nicht nur wegen der praktischen Ressourcenverteilung (Welche Berater haben welche Erfahrungen?), sondern auch wegen der Qualitätsstandards, wenn im Berater-Staff die geschilderten Unterschiedlichkeiten auch in verschiedenen Personen sichtbar werden und in der Auseinandersetzung dieser Personen auch die Unterschiede zum Tragen kommen. Genau diese Unterschiedlichkeit nämlich ist Ausdruck der Komplexität des Kunden-

Systems und seiner relevanten Umwelt. Nachhaltig und ganzheitlich erfolgreich wirkende Veränderungsprozesse aber müssen sich mehr denn je diesen Unterschieden und auch Widersprüchlichkeiten der Paradigmen und Perspektiven stellen.

Konsequenzen der Komplementärberatung in allen drei SIM-Dimensionen

In der Logik des SIM-Modells ergeben sich in allen drei Dimensionen (Strategie, Struktur und Kultur) Konsequenzen:

In der Strategie

In der *Strategie-Dimension* bedeutet Komplementärberatung aus Sicht des Berater-Systems, das W*as* und *Wie* strategischer Fragestellungen des Kunden-Systems komplementär abbilden und bearbeiten zu können. Daraus ergeben sich konsequenterweise Anforderungen z. B. an Erfahrungen, Wissen, Zugänge zu diesen Strategie-Fragen und Antworten. Das aber ist in der Praxis kaum für jeden Beratungskontext leistbar. Oder anders formuliert: Will Komplementärberatung die intendierten nachhaltigen und ganzheitlich wirkenden Erfolge zeigen, dann muß sie sich auf einen leistbaren Ausschnitt von Branchen fokussieren. Nur so kann Komplementärberatung die notwendige Kompetenz und damit auch Qualität liefern, die ihr als Anspruch zugrunde liegen. Neben der Branchen-Fokussierung liegt aber auch die funktionale Fokussierung als Konsequenz qualitätsvoller Komplementärberatung nahe, z. B. auf Absatz- oder Beschaffungsfunktionen, auf HR- oder Materialwirtschaftsfunktionen, auf Strategie- oder Controllingfunktionen.

Konsequenzen ergeben sich in diesem Zusammenhang auch bezüglich der Geschäftsmodelle von Beratungsunternehmen: Wie wird der Wertschöpfungsprozeß der Beratung so gestaltet, daß für Kunden wie Berater der ideale Mehrwert generiert werden kann – und wie muß dann die »Produktion« der Beratungsleistung gestaltet werden, und wie müssen die Kompensations- und Honorierungsmodelle aussehen?

In der Struktur
Konsequenzen erfordert das Modell der Komplementärberatung auch in der SIM-Dimension »Struktur«. Begreift man dabei auch »Kunden« als Struktur-Merkmal, beziehen sich diese Konsequenzen sowohl auf die Kunden- als auch auf die »Leistungserbringungs-Seite« im Beratungsprozeß. Auf der Kundenseite erfordert das Modell der Komplementärberatung zunächst einmal das Bewußtsein, die Bereitschaft und die Fähigkeit, »nicht nur« eine mehr prozessuale oder eine mehr inhaltliche Beratungsleistung, sondern das typisch Komplementäre zu erwarten und anzufordern.

Alles in allem führt das Modell der Komplementärberatung perspektivisch zu einer spezifischen Selektion von Kunden, d.h. nur eine Auswahl von Kunden wird Komplementärberatung einkaufen. Wesentlich auf der Beraterseite dürften vor allem die Konsequenzen bezüglich der Strukturierung des Leistungserbringungsprozesses sein: Die im Modell der Komplementärberatung zum Ausdruck kommende Antwort auf die erhöhte Komplexität der relevanten Umwelten der Kunden-Systeme führt automatisch auch zu einer deutlich komplexeren Struktur auf der Beraterseite. Dabei geht es nicht nur um eine funktionale Differenzierung (Berater, Projektleiter etc.), sondern auch um eine fachliche Differenzierung der Berater, die die funktionale und Branchendifferenzierung abbildet. Schließlich ergeben sich solche strukturellen Konsequenzen auch vor dem Hintergrund der geschäftsmodell-spezifischen Umsetzung des Grundmodells der Komplementärberatung durch das einzelne Beratungsunternehmen: Wenn dort beispielsweise ein Ausbau der Internationalität als strategische Stoßrichtung verfolgt wird, ergeben sich hieraus weitere strukturelle Konsequenzen. Das Recruiting und die Entwicklung von Beratern für ein solch deutlich komplexeres Anforderungsprofil sind zweifellos nicht einfach, sind aber die Grundlage für entsprechende Projektergebnisse. Netzwerkstrukturen stehen, von diesen Anforderungen abgeleitet, wahre »Karrieren« bevor: weil sie flexibel sind, das passende Know-how bereithalten und durch die gemeinsamen Basiswerte sowie das gewachsene Vertrauen gleichzeitig elastisch und stabil bleiben (vgl. Ortner 2003).

In der Kultur

Konsequenzen gibt es schließlich auch in der dritten SIM-Dimension, der »Kultur«. Solche Konsequenzen auf der Kundenseite sind ansatzweise schon im Zusammenhang mit der Struktur-Dimension beschrieben worden. Auf der Beraterseite zeigen sich die zu bewältigenden Konsequenzen zunächst einmal im ganzheitlichen Annehmen der weitaus komplexeren Anforderungen der Komplementärberatung – ohne dabei den eigenen »Heimat-Qualitäten« und historischen Beratererfahrungen plötzlich nicht mehr die ihnen gebührende Wertschätzung entgegenzubringen. Der zu leistende kulturelle Wandel bezieht sich auf neue Geschäftsmodelle, Arbeitsweisen und Erfolgsmaßstäbe. Mehr noch: Aus der Gemeinschaft Gleich-Gesinnter wird eine Gemeinschaft »Gleich-Zieliger«. Aus der Community, die vor allem weiß, wer zu ihr gehört und woher sie kommt, wird die Expedition, die weiß, wohin sie will. Damit vollzieht sich eine tiefgreifende Entwicklung: »vom warmen Nest hinaus in die rauhe Welt«. Dieser Verlust von »Nestwärme«, oder etwas prosaischer formuliert: dieser Verlust an Zugehörigkeitsgefühl geht einher mit der Öffnung für das Komplementäre.

Generelle Konsequenzen aus dem Modell – und spezifische Konsequenzen aus den jeweiligen Geschäftsmodellen der Beratungsunternehmen

Konsequenzen also allerorten – genauso aber auch viele wichtige und wertvolle Perspektiven. Dabei sollte sinnvollerweise differenziert werden, was das Modell der Komplementärberatung »an sich« an Konsequenzen fordert und welche Perspektiven es bietet – und was sich aus einer ganz spezifischen Umsetzung des Modells der Komplementärberatung in ein Geschäftsmodell des jeweiligen konkreten Beratungsunternehmens an Konsequenzen und Perspektiven ergibt. Konkret stellt sich also z.B. die Frage: Was macht ein ganz bestimmtes Beratungsunternehmen aus dem Modell der Komplementärberatung, – und was kann es im Sinne der Differenzierung anders machen als andere Beratungsunternehmen, mit denen es im Wettbewerb steht? Erste konzeptionelle und instrumentelle Antworten (siehe z.B. die Vorstellung von Produkten) sind hier beschrieben. Branchen- und funktionale Fokussierung, mehr »push« statt nur »pull« in der gesamten Strategie, herausfordernde Wachstumsziele, mehr Internationalität, mehr Integration praktischer Managementerfahrungen, – das sind nur einige der Stichworte, die eine unternehmensspezifische Umsetzung des Modells der Komplementärberatung skizzieren.

Genauso aber wie die Frage zu stellen ist: »Was macht ein bestimmtes Beratungsunternehmen aus dem Modell der Komplementärberatung?«, genauso ist auch die Frage zu stellen: »Was macht das Modell der Komplementärberatung aus diesem Beratungsunternehmen?« Und auch auf diese Frage gibt es generelle wie spezifische (und nicht zuletzt: persönliche) Antworten. Generell lenkt das Modell der Komplementärberatung die Entwicklung etwas stärker weg von den »Gipfelstürmern« früherer Zeiten hin zu den »Gratwanderern« moderner Zeiten.

Und auch hier gilt wie bei allen Entwicklungen: Es gibt nie ein Ende, nie ein »Fertig«, sondern stets eine Neues aus der Reflexion des Alten.

Literatur

Andersen, T. (1990): Das reflektierende Team – Dialoge und Dialoge über die Dialoge. Dortmund: Verlag Modernes Lernen.

Andersen, T. (2002): Eine Zusammenarbeit, die einige Psychotherapie nennen. In: Greve, N. / Keller, T. (Hrsg.): Systemische Praxis in der Psychiatrie. Heidelberg: Carl-Auer Verlag (2., veränderte Aufl.), S. 123–140.

Anderson, H. (1999): Das therapeutische Gespräch. Der gleichberechtigte Dialog als Perspektive der Veränderung. Stuttgart: Klett-Cotta.

Argyris, C. (1997): Wissen in Aktion. Eine Fallstudie zur lernenden Organisation. Stuttgart: Klett-Cotta.

Baecker, D. (1994): Postheroisches Management. Berlin: Merve Verlag.

Baecker, D. (2003): Organisation und Management. Frankfurt a. M.: Suhrkamp.

Baecker, D. (2006): Die Haltung der systemischen Beratung. In: Hillebrand, M. / Sonuç, E. / Königswieser, R. (Hrsg.): Essenzen der systemischen Organisationsberatung, Konzepte, Kontexte und Kommentare. Heidelberg: Carl-Auer Verlag.

Barthelmess, M. (2003): Von der Hybris zur Expertise. Was ist eigentlich Beraterkompetenz? In: Familiendynamik 4/2003, S. 454–466.

Barnard, C. I. (1968): The Functions of the Executive. Cambridge, Mass.: Harvard University Press.

Bateson, G. (2001): Ökologie des Geistes. Frankfurt a. M.: Suhrkamp.

Beck, U. (2005): Was zur Wahl steht. Frankfurt a. M.: Suhrkamp.

Beck, U. / Beck-Gensheim, E. (1990): Das ganz normale Chaos der Liebe. Frankfurt a. M.: Suhrkamp.

Beck, U. / Beck-Gensheim, E. (1994): Riskante Freiheiten. Individualisierung in modernen Gesellschaften. Frankfurt a. M.: Suhrkamp.

Birke, M. / Schwarz, M. (2005): Nachhaltiges Wirtschaften im Spannungsfeld zwischen organisationalem und intermediärem Lernen. In: Profile 9/2005, S. 81–85.

Bohr, N. (1958): Atomphysik und menschliche Erkenntnis. Braunschweig: Friedr. Vieweg & Sohn.

Bosshart, D. / Frick, K. (2003): Trendreport Megatrends Basic. GDI.

Bourdieu, P. (1970): Zur Soziologie der symbolischen Formen. Frankfurt a. M.: Suhrkamp.

brand eins, Rückbau (2004): Weniger Menschen, weniger Arbeit, weniger Probleme. 6 (5), Juni 2004.

Buchhorn, E. (2004): Haltlos im Chaos. In: Managermagazin 1/2004, S. 130–136.
Claessens, D. (1974): Rolle und Macht. München: Juventa Verlag (3. Aufl.).
Copeland, T. / Koller, T. / Murrin, J. (2002): Unternehmenswert. Methoden und Strategien für eine wertorientierte Unternehmensführung. Frankfurt a. M.: Campus.
De Botton, A. (2004): Statusangst. Frankfurt a. M.: S. Fischer Verlag.
De Shazer, S. (2004): Der Dreh – Überraschende Wendungen und Lösungen in der Kurzzeittherapie. Heidelberg: Carl-Auer Verlag.
Deissler, K. G. (1990): Zur Konstruktion eines systemtherapeutischen Kontexts an einer psychiatrischen Landesklinik. Z. system. Ther. 8 (4), S. 238–247.
Deissler, K. / Keller, T. / Schug, R. (1995): Kooperative Gesprächsmoderation. In: Königswieser, R. / Haller, M. / Maas, P. / Jarmai, H. (Hrsg.): Risiko-Dialog. Köln: Deutscher Instituts-Verlag, S. 249–274.
Deissler, K. / Keller, T. / Schug, R. (1998): Kooperationsfördernde Gesprächsmoderation. In: Königswieser, R. / Exner, A.: Systemische Intervention. Architekturen und Designs für Berater und Veränderungsmanager. Stuttgart: Klett-Cotta, S. 264–265.
Deutschmann, C. (1996): Lean Production, der kulturelle Kontext. In: Braczyk, J.-J. / Schienstock, G. (Hrsg.): Kurswechsel in der Industrie. Lean Production in Baden-Württemberg, Stuttgart / Berlin / Köln: Kohlhammer, S. 140–153.
Dörner, D. (1997): Die Logik des Mißlingens. Strategisches Denken in komplexen Situationen. Reinbek bei Hamburg: Rowohlt.
Doujak, A. / Endres, T. / Schubert, H. (2004): IT & Change mit Wirkung. In: Boos, F. / Heitger, B. (Hrsg.): Veränderung – systemisch. Management des Wandels. Praxis, Konzepte und Zukunft. Stuttgart: Klett-Cotta, S. 193–216.
Dowideit, A. (2005): Auf dem Sprung an die Spitze. In: Die Welt, 14.07.2005.
Drucker, P. (1993): Post-Capitalist Society. New York: HarperCollins.
Ferrari, E. / Königwieser, R. (2001): Spieglein, Spieglein an der Wand. In: Königswieser, R. / Cichy, U. / Jochum, G. (Hrsg.): SIMsalabim. Veränderung ist keine Zauberei. Systemisches IntegrationsManagement. Stuttgart: Klett-Cotta, S. 117–198.
French, W. L. / Bell, C. H. (1977): Organisationsentwicklung. Sozialwissenschaftliche Strategien zur Organisationsveränderung. Bern / Stuttgart: UTB / Haupt.
Froschauer, U. (2002): Artefaktanalyse. In: Kühl, S. / Strodtholz, P. (Hrsg.): Methoden der Organisationsforschung. Reinbek bei Hamburg: Rowohlt, S. 361–394.
Froschauer, U. / Lueger, M. (2003): Das qualitative Interview. Zur Praxis interpretativer Analyse sozialer Systeme. Wien: WUV.
Froschauer, U. / Lueger, M. (2006, im Druck): Qualitative Organisationsdiagnose als Grundlage für Interventionen und als Intervention. In: Frank, H. (Hrsg.): Corporate Entrepreneurship. Wien: Facultas, S. 233–287.
Gabor, A. (2000): The Capitalist Philosophers. New York: Random House.

Gabriel, Y. (1999): Organizations in Depth. The Psychoanalysis of Organizations. London: Sage Publications.

Gebert, D. / Boerner, S. (2005): Manager im Dilemma. Frankfurt a. M.: Campus.

Gergen, K. (2002): Konstruierte Wirklichkeiten. Eine Hinführung zum sozialen Konstruktionismus. Stuttgart: Kohlhammer.

Glotz, P. (1999): Die beschleunigte Gesellschaft. Kulturkämpfe im digitalen Kapitalismus. München: Kindler Verlag.

Goffman, E. (1971): Interaktionsrituale. Über Verhalten in direkter Kommunikation. Frankfurt a. M.: Suhrkamp.

Goffman, E. (2003): Wir alle spielen Theater. Die Selbstdarstellung im Alltag. München: Piper Verlag.

Graham, P. (Hrsg.) (1995): Mary Parker Follet: The Prophet of Management. Boston: Harvard Business School Press.

Gross, P. (1994): Die Multioptionsgesellschaft. Frankfurt a. M.: Suhrkamp.

Grunwald, W. (2005): Was haben ethische Prinzipien mit Konfliktregelung zu tun? Führungskräfte zwischen Sein und Schein. In: SEM-Radar 4, Jg. 4, 01/2005, S. 53–82.

Hammer, M. / Champy, J. (1994): Reengineering the Corporation – A Manifesto for Business Revolution. New York: HarperCollins.

Handy, C. (1993): Understanding Organizations. How Understanding the Ways Organizations Actually Work Can Be Used to Manage Them Better. New York / Oxford: Oxford University Press.

Handy, C. (1994): The Age of Paradox. Boston: Harvard Business School Press.

Hauff, V. (Hrsg.) (1987): Unsere gemeinsame Zukunft. Der Brundtland-Bericht der Weltkommission für Umwelt und Entwicklung. Greven: Eggenkamp.

Herbstrith, M. (2004): Rund oder eckig? – Sowohl als auch! Vielfalt und Unterschiedlichkeiten als bereicherndes – unternehmerisches Gestaltungsprinzip. In: Hernsteiner 2/2004, S. 19–24.

Hesse, J. / Schrader, H. C. (1996): Die Neurosen der Chefs. München: Piper Verlag.

Hillebrand, M. / Hagenauer, F. (2006, im Druck). Strategieentwicklung, ein Anfang. In: Tomaschek, N. (Hrsg.): Systemische Entwicklung und Beratung von Organisationen. Aktuelle Trends und neue Perspektiven. Ein Sammelband. Heidelberg: Carl-Auer Verlag.

Hillebrand, M. / Sonuç, E. / Königswieser, R. (2006): Essenzen der systemischen Organisationsberatung. Heidelberg: Carl-Auer Verlag.

Hoffman Hennessy, L. (1992): Für eine reflexive Kultur der Familientherapie. In: Schweitzer, J. / Retzer, A. / Fischer, H. R. (Hrsg.): Systemische Praxis und Postmoderne. Frankfurt a. M.: Suhrkamp, S. 16–38.

Hoffmann, E. (1997): The Right to Be Human. New York: Four World Press.

Joyce, W. / Nohria, N. (2003): What Really Works. New York: HarperCollins. Dt: Wie erfolgreiche Unternehmen arbeiten. Die 4+2-Formel für nachhaltigen Erfolg. Stuttgart: Klett-Cotta 2005.

Kakar, S. (1970): Frederick Taylor: A Study in Personality and Innovation. Cambridge, Mass.: MIT Press.

Keller, T. (1996): Systemisches Handeln im Alltag der psychiatrischen Klinik. In: Keller, T. / Greve, N. (Hrsg.): Systemische Praxis in der Psychiatrie. Bonn: Psychiatrie-Verlag, S. 323–340. (Leicht überarbeitet in 2. Aufl. 2002, Heidelberg: Carl-Auer Verlag.)

Keller, T. (2001): Verstehende Psychiatrie. Hermeneutische Ansätze zur therapeutischen Arbeit in psychiatrischen Kontexten. In: Zeitschrift für systemische Therapie 19 (2), S. 73–81.

Keller, T. (2002): Kooperationsgespräche »im Chaos der psychotischen Kommunikation«. Psychotherapie im Dialog 3 (3), S. 277–283.

Kets de Vries, M./ Miller, D. (1984): The Neurotic Organization. Diagnosing and Changing Counterproductive Styles of Management. San Francisco: Jossey-Bass Publishers.

Kieser A. (2002): Wissenschaft und Beratung. Heidelberg: Universitätsverlag C. Winter.

Klettke, H. / Sommerhoff, B. (2004): Benchmarkstudie EXBA 2003. Technikverliebte Führung. In: QZ 4/2004, S. 18–23.

Königswieser, R. (2003): Das Überbringen schlechter Nachrichten. In: Hernsteiner 2/2003, S. 29–34.

Königswieser, R. (2004): Unhörbares hören. Anleitung zur Selbstorganisation. In: von Mutius, B. (Hrsg.): Die andere Intelligenz. Wie wir morgen denken werden. Stuttgart: Klett-Cotta, S. 145–157.

Königswieser, R. (2006, im Druck): Kann man Netzwerke beraten? In: Sydow, J. / Manning, S. (Hrsg.): Netzwerke beraten. Wiesbaden: Gabler.

Königswieser, R. / Ahlemayer, H. (1998): Komplexität managen. Strategien, Konzepte und Fallbeispiele. Wiesbaden: Frankfurter Allgemeine, Gabler Verlag.

Königswieser, R. / Exner, A. (2002): Systemische Intervention. Architekturen und Designs für Veränderungsmanager. Stuttgart: Klett-Cotta (9. Aufl. 2006).

Königswieser, R. / Hillebrand, M. (2005a): Einführung in die systemische Organisationsberatung. Heidelberg: Carl-Auer Verlag (2. Aufl.).

Königswieser, R. / Hillebrand, M. (2005b). Systemic Consultancy in Organisations. Concepts – Tools – Innovations. Heidelberg: Carl-Auer Verlag.

Königswieser, R. / Hillebrand, M. (2005c): Kommentar zu »Die Grenzen der Strategieberatung liegen innen«. In: Seidl, D. / Kirsch, W. / Lindner, M. (Hrsg.): Grenzen der Strategieberatung. Bern: Haupt Verlag, S. 116–118.

Königswieser, R. / Hillebrand, M. (2006, im Druck): Haltung in der systemischen Beratung. In: Tomaschek, N. (Hrsg.): Systemische Organisationsentwicklung und Beratung bei Veränderungsprozessen in Organisationen. Heidelberg: Carl-Auer Verlag.

Königswieser, R. / Cichy, U. / Jochum, G. (2001): SIMsalabim. Veränderung ist keine Zauberei. Systemisches IntegrationsManagement. Stuttgart: Klett-Cotta.

Königswieser, R. / Artho, R. / Gebhardt, J. (2004): Blick in den erlauchten Kreis. Eine Studie über die Aufsichts- und Verwaltungsratspraxis. In: OrganisationsEntwicklung, Zeitschrift für Unternehmensentwicklung und Change Management 1/2004, S. 4–13.

Kolbeck C. (2001): Zukunftsperspektiven des Beratungsmarktes. Eine Studie zur klassischen und systemischen Beratungsphilosophie. Wiesbaden: Deutscher Universitätsverlag.

Kompa, A. (1989). Personalbeschaffung und Personalauswahl. Stuttgart: Enke Verlag.

Kotler, P. / Armstrong, G. / Saunders, J. (2002): Grundlagen des Marketing. München: Pearson Studium.

Kühl, S. (1998): Von der Suche nach Rationalität zur Arbeit an Dilemmata und Paradoxien – Ansätze für eine Organisationsberatung in widersprüchlichen Kontexten. In: Howaldt, J. / Kopp, R. (Hrsg): Sozialwissenschaftliche Organisationsberatung. Berlin: Edition Sigma.

Kühl, S. (2001): Professionalität ohne Profession. In: Soziologische Beratungsforschung. Opladen: Leske & Budrich, S. 209–237.

Kuhn, T. S. (1967): Die Struktur wissenschaftlicher Revolutionen. Frankfurt a. M.: Suhrkamp.

Kurbjuweit, D. (2003): Unser effizientes Leben – Die Diktatur der Ökonomie und ihre Folgen. Reinbek bei Hamburg: Rowohlt.

Lechner, C. / Gesing, N. / Kreutzer, M. / Müller-Stewens, G. (2005): Berater unter Druck. In: Harvard Business Manager 8/05, S. 6–8.

Lewin, K. (1920): Die Sozialisierung des Taylorsystems. Eine grundsätzliche Untersuchung zur Arbeits- und Berufspsychologie. Berlin: Verlag Gesellschaft und Erziehung.

Lewis, D. (2003): Intuitive Entscheidungen. In: GDI Impuls 2/2003, S. 14–19.

Lindblom C. E. (1959): The Science of Muddling Through. In: Public Administration Review 19, S. 79–88.

Littmann, P. / Jansen, S. (2000): »Oszillodox«. Virtualisierung – die permanente Neuerfindung der Organisation. Stuttgart: Klett-Cotta.

Lutz, C. (1997): Leben und Arbeiten in der Zukunft. München: Wirtschaftsverlag Langen Müller / Herbig (2. Aufl.).

Lyotard, J.-F. (1994): Das postmoderne Wissen. Ein Bericht. Wien: Edition Passagen.

March, J. G. (1988): Decisions and Organizations. Oxford / New York: Basil Blackwell.

March, J. G. (1990): Eine Chronik der Überlegungen über Entscheidungsprozesse in Organisationen. In: Ders. (Hrsg.): Entscheidung und Organisation: Kritische konstruktive Beiträge – Entwicklungen und Perspektiven. Wiesbaden: Gabler Verlag, S. 1–23.

Marrow, A. J. (1977): Kurt Lewin, Leben und Werk. Stuttgart: Klett-Cotta (vgl. S. 28 ff.).

Maslow, H. A. (1998): Maslow on Management. New York: John Wiley.

Mayo, E. (1975): The Social Problems of an Industrial Civilization. London: Routledge.

McGregor, D. (1985): The Human Side of Enterprise. New York: McGraw-Hill.

McK Wissen, »Wert«, Nr. 11/2004, S. 9–15.

Mecke, I. (2004): Die Chapeau-claque-Organisation. Eine Alternative zur Arbeitsplatzvernichtung. In: OrganisationsEntwicklung, Zeitschrift für Unternehmensentwicklung und Change Management 1/2004, S. 54–63.

Meier, S./ Ammon, U. (2005): Nachhaltige Entwicklung. Von der Entstehung des Leitbilds zu dessen Implementierung auf Organisationsebene. In: Profile 9/2005, S. 86–95.

Merten, T. / Lörcher, M. / Ebert, W. (2002): Exzellent nachhaltig wirtschaften – Das Nachhaltigkeits-EFQM-Modell im Praxistest. In: Unternehmen & Umwelt 2/2002: S. 24–25.

Meyer-Abich, K. M. (1976): Komplementarität. In: Ritter, J. / Gründer, K. (Hrsg.) (1995): Historisches Wörterbuch der Philosophie, Basel: Schwabe & Co.

Miegel, M. (2002): Die deformierte Gesellschaft. Wie die Deutschen ihre Wirklichkeit verdrängen. Berlin: Propyläen.

Mösel, M. (2005): Epochenwende. Gewinnt der Westen die Zukunft? Berlin: Propyläen Verlag.

Moldaschl M. (2001): Reflexive Beratung. Eine Alternative zu strategischen und systemischen Ansätzen. In: Degele, N. / Münch, T. / Pongratz, H. / Saam, N. (Hrsg.): Soziologische Beratungsforschung. Perspektiven für Theorie und Praxis der Organisationsberatung, Opladen: Leske & Budrich, S. 133–157.

Müller-Stewens, G. / Fontin, M. (1997): Management unternehmerischer Dilemmata: Ein Ansatz zur Erschließung neuer Handlungspotentiale. Stuttgart: Schäffer-Poeschel Verlag.

Nagel, R. / Wimmer, R. (2004): Systemische Strategie-Entwicklung. Modelle und Instrumente für Berater und Entscheider. Stuttgart: Klett-Cotta.

Nelson, D. (1980): Frederick W. Taylor and the Rise of Scientific Management. Madison: University of Wisconsin Press.

Nohria, N. / Joyce, W. / Roberson, E. (2003): What Really Works. In: Harvard Business Review 7/2003.

Neuberger, O. (2002): Führen und führen lassen. Stuttgart: UTB.

Neurath, O. (1995): Wissenschaftliche Weltauffassung, Sozialismus und Logischer Empirismus. Hrsg. von Hegselmann, R., Frankfurt a. M.: Suhrkamp, S. 81–101.

Ortner, J. (2002): Barrieren des Wissensmanagements. In: Bornemann, M. / Sammer, M. (Hrsg.): Anwendungsorientiertes Wissensmanagement. Wiesbaden: DUV / Gabler, S. 73–114.

Ortner, J. (2003): Funktion und Struktur von Netzwerken in Kommunikationsräumen. In: Graggober, M. / Ortner, J. / Sammer, M. (Hrsg.): Wissensnetzwerke. Wiesbaden: DUV / Gabler, S. 73–114.

Ortner, J. (2004a): Erwartungshorizonte und Erwartungslandschaften. In: Wyssusek, B. (Hrsg.): Wissensmanagement komplex. Perspektive und soziale Praxis. Berlin: Erich Schmidt Verlag, S. 309–333.

Ortner, J. (2004b): Optimierung von Geschäftsprozessen. In: Engelhardt, C. / Hall, K. / Ortner, J. (Hrsg.): Prozesswissen als Erfolgsfaktor. Wiesbaden: DUV / Gabler, S. 1–9.

O'Reilly, C. A. / Tushma, M. C. (2004): Neues schaffen, Altes bewahren. In: Harvard Business Manager, August 2004, S. 74–83.

Paulos, J. A. (2003): A Mathematician Plays the Stock Market, New York: Basic Books.

Porter, M. (1999): Wettbewerbsstrategie. Frankfurt a. M. / New York: Campus Verlag.

Porter, M. (2000): Wettbewerbsvorteile. Spitzenleistungen erreichen und behaupten. Frankfurt a. M. / New York: Campus Verlag.

Porter, M. (2005): Was erwartet Sie hinter Tür Nummer eins? In: Harvard Business Manager, April 2005, S. 109–120.

Riedl, R. (2004): Meine Sicht der Welt. Wien: Seifert.

Roethlisberger, F. (1977): The Elusive Phenomenon. Cambridge, Mass.: Harvard University Press.

Rohn, H. (2003): Vom Umweltmanagement zu einer zukünftigen Unternehmensentwicklung: Das Instrument SAFE – Sustainability Assessment for Enterprises. In: Brentel, H. / Klemisch, H. / Rohn, H. (Hrsg.): Lernendes Unternehmen. Konzepte und Instrumente für eine zukunftsfähige Unternehmens- und Organisationsentwicklung. Wiesbaden: Westdeutscher Verlag, S. 273–295.

Ruigrok, W. (2000): Komplementaritäten. In: GDI Impuls 2/2000, S. 49 ff.

Samuelson, P. A. (Interview): Der Markt hat kein Herz. In: Der Spiegel 38/2005, S. 86–90.

Schaltegger, S. / Dyllick, T. (Hrsg.) (2002): Nachhaltig managen mit der Balanced Scorecard. Wiesbaden: Gabler.

Schaltegger, S. / Kleiber, O. / Müller, J. (2003): Die ›Werkzeuge‹ des Nachhaltigkeitsmanagements. Konzepte und Instrumente zur Umsetzung unternehmerischer Nachhaltigkeit. In: Linne, G. / Schwarz, M. (Hrsg.): Handbuch Nachhaltige Entwicklung. Wie ist nachhaltiges Wirtschaften machbar? Opladen: Westdeutscher Verlag, S. 331–342.

Schein, E. H. (1999): The Corporate Culture Survival Guide. Sense and Nonsense About Cultural Change. San Francisco: Jossey-Bass Publishers.

Schein, E. H. (2000): Prozessberatung für die Organisation der Zukunft. Köln: EHP.

Schein, E. H. (2003): Organisationskultur. Köln: EHP.

Schirrmacher, T. (2005): Die Entdeckung der Komplementarität, ihre Übertragung auf die Theologie und ihre Bedeutung für das biblische Denken. In: Professorenforum-Journal 2005, Bd. 6, Nr. 3, S. 3–11.

Schmidbauer, W. (1977): Die hilflosen Helfer. Reinbek bei Hamburg: Rowohlt.

Senge, P. M. (2003): Die fünfte Disziplin. Stuttgart: Klett-Cotta (8. Aufl.).

Sennett, R. (1998): The Corrosion of Character: The Personal Consequences of Work in the New Capitalism. New York: W.W. Norton.

Sennett, R. (2005): Die Kultur des neuen Kapitalismus. Berlin: Berlin Verlag.

Simmel, G. (1968): Soziologie – Untersuchungen über die Formen der Vergesellschaftung. Berlin: Duncker & Humblot (5. Aufl.).

Soros, G. (1998): The Crisis of Global Capitalism. Open Society Endangement. London: Greenwood Press.

Sprenger, R. (2002): Vertrauen führt. Frankfurt a. M.: Campus.

Stadler, F. (2000): Elemente moderner Wissenschaftstheorie. Zur Interaktion von Philosophie, Geschichte und Theorie der Wissenschaften. Wien / New York: Springer.

Sutrich, O. (2003): Neuland für junge Berater am Horizont? Oder: Wem und wozu nützt die Grenzziehung zwischen Expertenberatung und Prozessberatung noch? In: Profile 5 / 2003, S. 53–65.

Sutrich O. / Schindelbeck U. (2005): Es gibt viel zu tun – wer packt mit an? Nachhaltige Beratung als Verbindung von Fach- und Prozessexpertise im Beratungsprozess. In: Fatzer G. (Hrsg.): Gute Beratung von Organisationen. Auf dem Weg zu einer Beratungswissenschaft. Bergisch Gladbach: EHP, S. 269–301.

Toffler, A. (1970): Future Shock. New York: Random House.

Watzlawick, P. (Hrsg.) (1985): Die erfundene Wirklichkeit. Wie wissen wir, was wir zu wissen glauben? Beiträge zum Konstruktivismus. München: Piper Verlag.

Weber, J. / Hirsch, B. / Müller, G. (2004): Die Zukunft des Shareholder-Value. In: Harvard Business Manager, Juli 2004, S. 17–20.

Weick, K. E. (1985): Der Prozeß des Organisierens. Frankfurt a. M.: Suhrkamp.

Wertheimer, M. (1925): Was ist, will Gestalttheorie? Vortrag vor der Kant-Gesellschaft. In: Gestalt Theorie, 7 (1985), Nr. 2, S. 99–120, Opladen: Westdeutscher Verlag.

Wimmer, R. (2004): Organisation und Beratung. Systemtheoretische Perspektiven für die Praxis. Heidelberg: Carl-Auer Verlag.

Wimmer, R. / Domayer, E. / Oswald, M. / Vater, G. (1996): Familienunternehmen – Auslaufmodell oder Erfolgstyp? Wiesbaden: Gabler Verlag.

Wippermann, P. (1993/1995): Trendbuch. (Bd. 1 und 2). Berlin: Econ.

Herausgeber und Autoren

Herausgeber

Dr. Roswita Königswieser
Vorsitzende der Geschäftsführung und Gesellschafterin von Königswieser & Network, Systemische Beratung und Entwicklung GmbH, Wien, Bremen, München, Zürich.
Tätigkeitsschwerpunkte: Systemische Beratung in komplexen Veränderungsprozessen in internationalen Unternehmen, Integration von Prozeß- und Fachberatung, wissenschaftliches Arbeiten und Publikationen, Coaching von Top-Managern, Weiterbildung für Veränderungsmanager und Berater.

Ebrû Sonuç
Geschäftsführende Gesellschafterin von Königswieser & Network, Systemische Beratung und Entwicklung GmbH, Wien, Bremen, München, Zürich.
Tätigkeitsschwerpunkte: Begleitung komplexer Veränderungsprozesse; Team- und Gruppenentwicklung; Coaching; Systemdiagnosen – »cultural due diligence«; Weiterbildung von Veränderungsmanagern und Beratern (auch international).

Jürgen Gebhardt
Bis Dez. 2005 geschäftsführender Gesellschafter von Königswieser & Network, Systemische Beratung und Entwicklung GmbH, Wien, Bremen, München, Zürich.
Langjährige Erfahrungen in der Automobilbranche, ehem. Vorstand bei Audi. Tätigkeitsschwerpunkte: komplexe Changeprozesse, Lean Production, Personal- und technische Fachberatung. Seine spezielle Kompetenz liegt in der Integration von Fach- und Prozeßberatung.

Martin Hillebrand
Geschäftsführender Gesellschafter von Königswieser & Network, Systemische Beratung und Entwicklung GmbH, Wien, Bremen, München, Zürich.
Tätigkeitsschwerpunkte: Gestaltung und Begleitung von komplexen und nachhaltigen Veränderungsprozessen, Entwicklung und Umsetzung von Strategien bezüglich Planungs-, Zielvereinbarungs- und Vergütungssystemen, Weiterbildung von Veränderungsmanagern und Beratern (auch international).

Informationen über Seminare zur Berater- und Managerweiterbildung:
Königswieser & Network
Systemische Beratung und Entwicklung GmbH
Hofzeile 29, A-1190 Wien
Tel.: 00 43 / 1 / 3 68 46 91
E-Mail: info@koenigswieser.net
Internet: www.koenigswieser.net

Autoren

Univ. Prof. Dr. Dirk Baecker
Professor für Soziologie an der Universität Witten/Herdecke, Mitgesellschafter des Management Zentrums Witten.
Forschungsschwerpunkte: allgemeine Soziologie, soziologische Theorie, Organisations- und Wirtschaftssoziologie und Managementlehre. Veröffentlichte zuletzt: *Organisation und Management* (Frankfurt a. M. 2003), *Wozu Soziologie?* (Berlin 2004).

Uwe Cichy
Projektleiter und Netzwerkpartner von Königswieser & Network. Selbständiger Unternehmensberater; 3 Jahre McKinsey-Spin-off, 4 Jahre Geschäftsbereichsleiter Finanzen & Controlling, seit 10 Jahren freiberuflicher Berater.
Tätigkeitsschwerpunkte: Ganzheitliche Veränderungsprozesse, Strategie-, Management- und Prozeßberatung mit dem Ziel einer integrierten und integrierenden Unternehmensentwicklung, Coaching.

Dr. Kai W. Dierke
Dierke Houben AG, Consultation in Organisational Dynamics, Zürich. Langjährige Erfahrung als Berater in einer führenden internationalen Strategieberatung (McKinsey), Vertriebsvorstand in einem internationalen Finanzdienstleistungskonzern, heute selbständiger Organisationsberater.
Tätigkeitsschwerpunkte: Integration von Fach- und Prozeßberatung in komplexen Veränderungsprozessen in Großunternehmen, Gestaltung und Begleitung von Transformationsprogrammen an der Schnittstelle zwischen Strategie- und Organisationsentwicklung, Einzel- und Gruppen-Coaching von Führungskräften und Führungsteams.

Univ. Doz. Dr. Josef Fröhlich
ARC Systems Research GmbH, Wien. Forschungsschwerpunkte: Innovationsforschung, Analyse und Transformation komplexer sozialer und natürlicher Systeme.
Beratungsschwerpunkte: Research, Innovation and Technology Policy Advise; Unterstützung von Konzernen im Innovations- und Forschungsmanagement, Strategieentwicklung / -management mit Infrastrukturanbietern und -betreibern.

Ass.-Prof. Mag. Dr. Ulrike Froschauer
Institut für Soziologie der Universität Wien.
Tätigkeitsschwerpunkte: qualitative Methoden, Systemdiagnosen und Evaluationen von Beratungsprozessen, Evaluationsforschung, Organisationssoziologie.

Frank Gierschmann
Deutsche Post World Net, Zentrale Bonn.
Tätigkeitsschwerpunkte: Systeme der Personal- und Führungskräfteentwicklung, Kompetenzmanagement, Verfahren zur Potentialanalyse.

Dr. Anke Houben
Dierke Houben AG, Consultation in Organisational Dynamics, Zürich.
Langjährige Führungserfahrung in einem internationalen Medienkonzern, Senior Managerin in einer internationalen Strategieberatung, heute freie Beraterin und Coach, u. a. am Insead Global Leadership Institute, Fontainebleau.
Tätigkeitsschwerpunkte: Integration von Fach- und Prozeßberatung in komplexen Veränderungsprozessen in Großunternehmen, Gestaltung und Begleitung von Transformationsprogrammen an der Schnittstelle zwischen Strategie- und Organisationsentwicklung, Einzel- und Gruppen-Coaching von Führungskräften und Führungsteams.

Gerhard Jochum
Er war 10 Jahre lang als Berater und knapp 20 Jahre lang als Manager in der Energiewirtschaft aktiv – zuletzt als Mitglied des Vorstandes der EnBW Energie Baden-Württemberg AG, Karlsruhe, als Vorsitzender des Vorstandes der Neckarwerke AG, Stuttgart, und davor als Vorsitzender des Vorstandes der swb AG, Bremen (früher: Stadtwerke Bremen AG).
Seit 2003 nimmt er in Deutschland, Österreich und der Schweiz Beratungs- und Gremien-Mandate mit Schwerpunkt auf strategischen und insbesondere kooperations-strategischen Fragen in der Energiewirtschaft und an der Nahtstelle von Energiewirtschaft und Energiepolitik wahr.

Thomas Keller
Chefarzt an den Rheinischen Kliniken Langenfeld, Mitbegründer der Kölner Gruppe & Partner, Netzwerkpartner von Königswieser & Network. Tätigkeitsschwerpunkte: Lehrtherapeut und lehrender Supervisor des Verbandes internationaler Institute für Systemische Arbeitsformen, Marburg und Redaktionsmitglied der *Zeitschrift für Systemische Therapie und Beratung*, Gründungsvorsitzender des Langenfelder Instituts für Systemische Praxis und Forschung.

Ulrich Königswieser
Projektleiter und Netzwerkpartner von Königswieser & Network. Selbständiger Unternehmensberater und Geschäftsführer von Care-Ring, Pflegevermittlungs- und -dienstleistungs GmbH, Wien. Tätigkeitsschwerpunkte: Systemische Beratung, Integration von Fach- und Prozeß-Know-how in Veränderungsprozessen, Führungskräfte- und Personalentwicklung in nationalen und internationalen Organisationen. Lehrtätigkeiten an der Webster University Vienna und der Universität Wien.

Erik Lang
Gesellschafter von Königswieser & Network, Systemische Beratung und Entwicklung GmbH, Wien, Bremen, München, Zürich.
Er arbeitete mehrere Jahre in verschiedenen Führungsfunktionen in der Versicherungsbranche; zuletzt war er als Vorstand für Unternehmensentwicklung in einer großen Geschäftseinheit eines internationalen Versicherungsunternehmens tätig.
Tätigkeitsschwerpunkte: Strategieentwicklung und -implementierung, Gestaltung und Begleitung von komplexen und nachhaltigen Veränderungsprozessen, Neudefinition und Implementierung von Geschäftskern- und Führungsprozessen sowie das Management großer internationaler Projekte.

Lars Längauer
Bis Februar 2006 Leiter Strategische Entwicklung im Departement Marketing, Migros-Genossenschafts-Bund. Ab März 06, COO Neue Brünnen AG, Unternehmung der Genossenschaft Migros Aare, Projektleitung WESTside.
Betriebswirtschafter Uni Bern und Generalist mit systemischem Background. Projektleiter Reorganisation im Marketing des Migros-Genossenschafts-Bundes. Diverse interne und externe Beratungs- und Moderationstätigkeiten im Bereich Strategieentwicklung.

A. o. Univ.-Prof. Mag. Dr. Manfred Lueger
Institut für Soziologie und empirische Sozialforschung der Wirtschaftsuniversität Wien.
Tätigkeitsschwerpunkte: empirische (insbesondere qualitative) Sozialforschung und Evaluierung, Organisationssoziologie, Gründungsforschung.

Dr. Christian Matul
Projektleiter und Netzwerkpartner von Königswieser & Network. Selbständiger Unternehmensberater.
Tätigkeitsschwerpunkte: Veränderungsbegleitung in Organisationen, Integration von instrumentellen Ansätzen der Managementlehre und Prozeß-Knowhow, Seminare zu betriebswirtschaftlichen Themen, Beratung von Nonprofit-Organisationen. Diverse Publikationen.

Ass. Prof. Dr. Johann Ortner
Langjährige Forschungs- und Lehrtätigkeit in Japan, USA, Österreich, Schwerpunkt Sozial- und Sprachphilosophie, Erkenntnistheorie. Wissenschaftliche Mitarbeit bei K&N und freier Wissenschaftler, 8 Jahre General-Manager für Osteuropa, Medizintechnik. Tätigkeitsschwerpunkte: Forschungsprojekte und Publikationen zu Wissensmanagement, Intellectual Capital, Soziale Netzwerke, IKT und blended learning, systemische Erkenntnistheorie.

Patricia van Overstraeten
Netzwerkpartnerin von Königswieser & Network. Arbeitet seit 10 Jahren in Deutschland und Belgien in der Logistik- und Dienstleistungsbranche. Tätigkeitsschwerpunkte: Managementerfahrungen in den Bereichen Vertrieb und Marketing, Strategieentwicklung, Mergers & Acquisitions und Beteiligungsmanagement in allen Lebenszyklusphasen eines Unternehmens (von der Gründung bis zur Schließung).

Peter Panholzer
Projektleiter und Netzwerkpartner von Königswieser & Network.
Selbständiger Unternehmensberater. Er arbeitete u. a. fünf Jahre als interner Troubleshooter und Vorstand in einem exportorientierten Industrieunternehmen. Tätigkeitsschwerpunkte: komplementäre Sanierungs- und Reorganisationsberatung, Management auf Zeit, Reengineering von Geschäftsprozessen, Entwicklung von Management-Informations-Systemen, Gestaltung und Begleitung von Veränderungsprozessen.

Rupprecht Graf von Pfeil
Licencié en psychologie et travail, Université de Neuchâtel, Schweiz. Partner bei Christoph H. Vaagt & Partner, München.
Tätigkeitsschwerpunkte: Beratung von Professional Service Firms in komplexen Veränderungsprozessen, Personal- und Führungsprozessen, Partnerschaftsfragen und strategischen Überlegungen.

Michael Rochow
Projektleiter und Netzwerkpartner von Königswieser & Network. Selbstständiger Berater.
Er hat langjährige Erfahrung in der Arbeit mit konflikthaften sozialen Systemen. Tätigkeitsschwerpunkte: Begleitung komplexer Veränderungsprojekte auf Basis des systemischen Ansatzes; das Thema Streßmanagement in Organisationen ist ein zusätzliches Interessengebiet.

Uwe Scheutz
Projektleiter und Netzwerkpartner von Königswieser & Network.
Bank- und Exportkaufmann, Selbständiger Unternehmensberater Scheutz & Partner, Wieselburg.
Tätigkeitsschwerpunkte: Beratung und Begleitung von Entwicklungsprozessen (Integration, Strategie), Team- und Leadershipentwicklung, Coaching, Führungs- und Generationswechsel.

Christoph H. Vaagt
Rechtswissenschaftliche und kunstgeschichtliche Ausbildungen, Rechtsanwalt, systemische Weiterbildung, Partner bei Christoph H. Vaagt & Partner, München. Tätigkeitsschwerpunkte: Beratung von Professional Service Firms in komplexen Veränderungsprozessen, Strategie, Organisation und kultureller Wandel, Generationswechsel.

Markus Weigl
Master of Science in systemischem Coaching und OE. Beratungsleiter und langjähriger Projektmanager im betriebswirtschaftlichen IT-Umfeld (SAP). Tätigkeitsschwerpunkte: Change Management, Geschäftsprozeßoptimierung, Unternehmenssteuerung und Organisationsentwicklung, Prozeß- und Managementberatung, Coaching.